高等学校"十三五"规划教材

复变函数与积分变换

Fubian Hanshu yu Jifen Bianhuan

主　编　冯建中
副主编　李小飞　朱智慧　胡中波

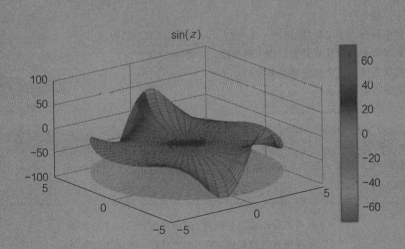

华中科技大学出版社
http://www.hustp.com
中国·武汉

内 容 提 要

本书在内容的选择上力图通俗易懂,密切与专业联系,包括复变函数和积分变换 2 个部分共 8 章,有复数与复变函数、解析函数、复变函数的积分、级数、留数及其应用、共形映射、傅里叶变换、拉普拉斯变换等内容.每章后精心选择了大量难度适中的习题,书后附有参考答案.书末附有傅里叶变换简表和拉普拉斯变换简表,便于读者查阅使用.

本书可作为高等工科院校各专业,尤其是自动控制、通信、电子信息、机械工程、地球物理勘探、地球物理测井等本科生的专业复变函数与积分变换课程教材,也可供科技、工程技术人员参考阅读.

图书在版编目(CIP)数据

复变函数与积分变换/冯建中主编.—武汉:华中科技大学出版社,2017.5(2023.8重印)
ISBN 978-7-5680-2865-3

Ⅰ.①复… Ⅱ.①冯… Ⅲ.①复变函数-高等学校-教材 ②积分变换-高等学校-教材 Ⅳ.①O174.5 ②O177.6

中国版本图书馆 CIP 数据核字(2017)第 108444 号

复变函数与积分变换
Fubian Hanshu yu Jifen Bianhuan

冯建中　主编

策划编辑:袁　冲
责任编辑:刘　静
封面设计:孢　子
责任监印:朱　玢
出版发行:华中科技大学出版社(中国·武汉)　　电话:(027)81321913
　　　　　武汉市东湖新技术开发区华工科技园　　邮编:430223
录　　排:武汉正风天下文化发展有限公司
印　　刷:武汉市籍缘印刷厂
开　　本:787mm×1092mm　1/16
印　　张:13.25
字　　数:336千字
版　　次:2023年8月第1版第5次印刷
定　　价:29.00元

本书若有印装质量问题,请向出版社营销中心调换
全国免费服务热线:400-6679-118　竭诚为您服务
版权所有　侵权必究

前　　言

　　复变函数与积分变换是运用复变函数的理论知识解决微分方程和积分方程等实际问题的一门基础课程,是现代科学技术的重要理论基础.本书根据教育部高等院校复变函数与积分变换课程的基本要求,依据工科数学复变函数与积分变换教学大纲,并结合本学科的发展趋势,在积累多年教学实践的基础上编写而成.复变函数具有严谨且系统的理论体系,在应用方面有着独到的作用,它既能简化计算,又能体现明确的物理意义,在许多领域有广泛应用,如电气工程、通信与控制、信号分析与图像处理、流体力学、地质勘探与地震预报等工程技术领域等.通过本课程的学习,不仅可以掌握复变函数与积分变换的基础理论及工程技术中的常用数学方法,同时还可以为后续有关课程的学习奠定必要的数学基础.

　　基于全国高等院校普遍压缩学时的大环境,本书利用有限的学时对复数与复变函数、解析函数、复变函数的积分、级数、留数及其应用、共形映射、傅里叶变换、拉普拉斯变换等内容做了较为系统的介绍.基本概念的引入尽可能做到深入浅出,突出其物理意义;基本理论的推导循序渐进,适合工科专业的特点;基本方法的阐述简洁明了,富有启发性,以期达到培养学生创新能力的目的.为了使学生更好地理解复变函数的方法与应用,提高学生掌握教学内容并提升自身实际应用的能力,我们选择了较多的典型例题.本书内容较多,但采用不同编排方法,以适应不同的专业和学校、不同的学时要求.本书可以适用于32～48学时等不同层次的教学要求.

　　本书是作者多年教学的一些心得体会,由冯建中任主编,李小飞、朱智慧、胡中波任副主编.其中第1、3、4、7、8章由冯建中编写;第5章由李小飞编写;第2章、本书的大部分习题采集和整理及部分图稿由朱智慧完成;第6章由胡中波编写.全书由长江大学何先平教授和赵天玉教授主审,由冯建中统稿.在审稿过程中,赵教授身体有恙仍坚持通读全部书稿,提出了很多中肯的、建设性的修改意见,向两位审稿教授表示敬意与谢忱,并预祝赵教授早日康复.在编写的过程中我们得到了长江大学教务处的大力支持与资助,长江大学信息与数学学院各位同人对本书的完成做出了很大的贡献,在此表示衷心感谢.本书引用了参考文献中的众多内容以及例题、习题,在此谨向各位作者表示感谢.

　　本书写作期间,恰逢2017年春节,河南老家的父亲已是恶性肿瘤晚期,含着眼泪将父母接到荆州,一起度过这说不清味道的新春佳节.本书完成之时,父亲已在天国.父爱如山,愿父亲一路走好,天堂没有病痛!

　　限于作者自身水平,书中疏漏及不妥之处在所难免,恳请读者不吝赐教并批评指正,以期日后进一步修改完善.

编　者
2017 年 2 月于长江大学

目　　录

第1章 复数与复变函数

我们将要讨论的复变函数论是单复变函数的理论,有人称之为解析函数论,又因为复变函数是高等数学中的一元实变函数的推广,其自变量和因变量均取复数,是变动的矢量间相互联系规律的表现,所以也有人把它称为复分析.本章中我们首先对复数及其运算性质有一个清晰的认识,再介绍复数的各种表示方法及平面点集的一般概念和复数表示,然后将极限与连续性等概念推广到复变函数,为进一步学习解析函数论奠定必要的基础.

1.1 复数的概念及运算

1.1.1 复数及其代数运算

复数是出于解代数方程的需要而提出的.1484年法国的舒开(Chuque)首先提出了一种天才的猜测 —— 每个代数方程都应该有根.1545年意大利数学家卡尔丹诺(Cardano)在解标准的二次方程 $x^2 - 10x + 40 = 0$ 时首次引入了复数,他认为该方程的两个根可以写为 $x_1 = 5 + \sqrt{-15}$ 和 $x_2 = 5 - \sqrt{-15}$.而我们知道二次方程 $x^2 + 1 = 0$ 在实数范围内显然无根,为此规定一个新数 i 满足方程 $x^2 + 1 = 0$,这个数称为虚数单位并有 $i^2 = -1$,这样方程 $x^2 + 1 = 0$ 就有两个根 i 和 $-i$.又经过达朗贝尔、棣莫弗、欧拉、笛卡儿等人的不懈工作,最后由高斯给出了复数的正式定义.

对于任意两个实数 x, y,我们称 $z = x + iy$ 或 $z = x + yi$ 为复数,x 和 y 分别称为 z 的实部和虚部,分别记作 $x = \text{Re}(z)$,$y = \text{Im}(z)$.

如果 $\text{Im}(z) = 0$,则 z 可以看成一个实数;如果 $\text{Im}(z) \neq 0$,那么 z 称为一个虚数;如果 $\text{Im}(z) \neq 0$,而 $\text{Re}(z) = 0$,则称 z 为一个纯虚数.因此,实数集是复数集(全体复数构成的集合)的一个子集,复数集是实数集的扩充.

复数 $z_1 = x_1 + iy_1$ 和 $z_2 = x_2 + iy_2$ 相等是指它们的实部与虚部分别相等.一个复数 z 等于 0,必须它的实部和虚部同时为 0.与实数不同,一般来说,任意两个复数不能比较大小.

两个复数 $z_1 = x_1 + iy_1, z_2 = x_2 + iy_2$ 的加法、减法及乘法定义如下:

$$(x_1 + iy_1) \pm (x_2 + iy_2) = (x_1 \pm x_2) + i(y_1 \pm y_2), \tag{1.1.1}$$

$$(x_1 + iy_1)(x_2 + iy_2) = (x_1 x_2 - y_1 y_2) + i(x_1 y_2 + x_2 y_1). \tag{1.1.2}$$

并分别称以上两式右端的复数为复数 z_1 与 z_2 的和、差与积.

显然,当 z_1 与 z_2 均为实数时,分别依据上述运算法则与实数的相应运算法则求得的结果一致,并可验证,与实数类似,复数的运算也满足:

(1) $z_1 + z_2 = z_2 + z_1$;$z_1 \cdot z_2 = z_2 \cdot z_1$;

(2) $z_1 + (z_2 + z_3) = (z_1 + z_2) + z_3$;$z_1 \cdot (z_2 z_3) = (z_1 z_2) \cdot z_3$;

(3) $z_1 \cdot (z_2 + z_3) = z_1 z_2 + z_1 z_3$.

这表明复数的运算规律(交换律、结合律、分配律)与实数的运算规律是一样的. 由此可以推知,从这几条规律所推演出来的一切代数恒等式,无论它的数字形式是复数形式还是实数形式,结果都同样成立. 例如:

$$a^2 - b^2 = (a + b)(a - b),$$

$$a^n - b^n = (a - b)(a^{n-1} + a^{n-2} b + \cdots + b^{n-1}),$$

$$(a + b)^n = \sum_{k=0}^{n} C_n^k a^k b^{n-k},$$

等式中的 a 与 b 同时取复数,原式仍成立.

我们又称满足

$$z_2 z = z_1 (z_2 \neq 0)$$

的复数 $z = x + iy$ 为 z_1 除以 z_2 的商,记作 $z = \dfrac{z_1}{z_2}$,利用式(1.1.2)可知:

$$x_1 + iy_1 = (x_2 + iy_2)(x + iy) = (xx_2 - yy_2) + i(xy_2 + x_2 y).$$

由两个复数相等的定义,可以得到

$$x_1 = xx_2 - yy_2, y_1 = xy_2 + x_2 y,$$

由此解得

$$x = \frac{x_1 x_2 + y_1 y_2}{x_2^2 + y_2^2}, y = \frac{x_2 y_1 - x_1 y_2}{x_2^2 + y_2^2}.$$

所以

$$z = \frac{z_1}{z_2} = \frac{x_1 + iy_1}{x_2 + iy_2} = \frac{x_1 x_2 + y_1 y_2}{x_2^2 + y_2^2} + i \frac{x_2 y_1 - x_1 y_2}{x_2^2 + y_2^2}. \tag{1.1.3}$$

实部相等而虚部绝对值相等、符号相反的两个复数称为共轭复数,记复数 $z = x + iy$ 的共轭复数为 $\bar{z} = x - iy$.

共轭运算具有下列性质:

(1) $\overline{z_1 \pm z_2} = \overline{z_1} \pm \overline{z_2}, \overline{z_1 z_2} = \overline{z_1} \; \overline{z_2}, \overline{\left(\dfrac{z_1}{z_2}\right)} = \dfrac{\overline{z_1}}{\overline{z_2}}$;

(2) $\overline{\overline{z}} = z$;

(3) $z\bar{z} = [\operatorname{Re}(z)]^2 + [\operatorname{Im}(z)]^2 = x^2 + y^2$;

(4) $z + \bar{z} = 2\operatorname{Re}(z) = 2x, z - \bar{z} = 2i\operatorname{Im}(z) = 2iy$.

例 1.1　已知 $z = \dfrac{1}{i} - \dfrac{3i}{1-i} + 2i^{-15}$,求其实部与虚部及 $\bar{z}$.

解
$$z = \frac{-i}{i(-i)} - \frac{3i(1+i)}{(1-i)(1+i)} + \frac{2 \cdot i}{i^{15} \cdot i} = \frac{3}{2} - \frac{1}{2}i,$$

故 $\operatorname{Re}(z) = \dfrac{3}{2}, \operatorname{Im}(z) = -\dfrac{1}{2}, \bar{z} = \dfrac{3}{2} + \dfrac{1}{2}i$.

例 1.2　试确定等式 $(3 - 6i)x + (5 + 9i)y = 6 + 7i$ 中的实数 x, y.

解　原式化简为:$(3x + 5y) + (-6x + 9y)i = 6 + 7i$. 由复数相等知:

$$\begin{cases} 3x + 5y = 6, \\ -6x + 9y = 7. \end{cases}$$

解此二元方程组得

$$\begin{cases} x = \dfrac{1}{3}, \\ y = 1. \end{cases}$$

例 1.3　设 $z_1 = x_1 + \mathrm{i}y_1$ 和 $z_2 = x_2 + \mathrm{i}y_2$，证明 $z_1\overline{z_2} + \overline{z_1}z_2 = 2\mathrm{Re}(z_1\overline{z_2})$.

证　$z_1\overline{z_2} + \overline{z_1}z_2 = (x_1 + \mathrm{i}y_1)(x_2 - \mathrm{i}y_2) + (x_1 - \mathrm{i}y_1)(x_2 + \mathrm{i}y_2)$

$$= (x_1x_2 + y_1y_2) + \mathrm{i}(y_1x_2 - x_1y_2) + (x_1x_2 + y_1y_2) + \mathrm{i}(x_1y_2 - y_1x_2)$$

$$= 2(x_1x_2 + y_1y_2) = 2\mathrm{Re}(z_1\overline{z_2}).$$

或者

$$z_1\overline{z_2} + \overline{z_1}z_2 = z_1\overline{z_2} + \overline{z_1\overline{z_2}} = 2\mathrm{Re}(z_1\overline{z_2}).$$

同样的思想也可证明：

$$z_1\overline{z_2} - \overline{z_1}z_2 = 2\mathrm{i}\,\mathrm{Im}(z_1\overline{z_2}).$$

1.1.2　复数的几何表示

在一平面上取定一个笛卡儿直角坐标系，设其原点为 O，二坐标轴为 Ox 与 Oy（见图 1.1），则任意一个复数 $z = x + \mathrm{i}y$ 便可以由一对有序实数 (x, y) 唯一确定，所以复数的全体与该平面上点的全体就构成一一对应关系，从而复数 $z = x + \mathrm{i}y$ 可以用该平面上坐标为 (x, y) 的点来表示，这是复数的一种常用表示方法. 此时 Ox 轴称为实轴，Oy 轴称为虚轴，两轴所在的平面称为复平面 $\mathbf{C}$ 或 z 平面. 复平面赋予了复数直观的集合意义，它建立了"复数"和"复点"的联系，以后我们不去区分"复数"和"复点"，例如复数 $2 + 3\mathrm{i}$，我们常说成复点 $2 + 3\mathrm{i}$，反之亦然. 这种一一对应的关系，能让我们借助几何语言和方法来研究复变函数的问题，进而也为复变函数应用于实践奠定了良好基础.

由于点 $P(x, y)$ 与矢量 $\overrightarrow{OP}$ 是一一对应的，所以任一复数 $z = x + \mathrm{i}y$ 又可视为一个起点在原点、终点在点 $P(x, y)$ 的矢量，这是复数在复平面上的又一几何解释. 由于在很多实际应用问题中许多量都是矢量，所以复数的矢量表示的实际意义是明显的. 矢量 $\overrightarrow{OP}$ 的长度称为复数 z 的模（或绝对值）（见图 1.1），定义为：

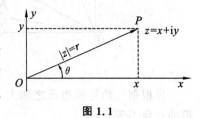

图 1.1

$$|z| = r = \sqrt{x^2 + y^2}.$$

显然，关于模与共轭复数有：

$$|x| \leqslant |z|,\ |y| \leqslant |z|,\ |z| \leqslant |x| + |y|,\ |z| = |\bar{z}|,\ z\bar{z} = |z|^2 = |z^2|.$$

在 $z \neq 0$ 的情况下，以正实轴为始边，以矢量 $\overrightarrow{OP}$ 为终边的角 θ 的弧度数称为复数 z 的辐角（见图 1.1），记作 $\mathrm{Arg}\,z$，这时有

$$\tan(\mathrm{Arg}\,z) = \frac{y}{x}. \tag{1.1.4}$$

辐角具有多值性，任一非零复数 z 都有无穷多个辐角. 若 θ_1 是其中一个辐角，那么

$$\mathrm{Arg}\,z = \theta_1 + 2k\pi \quad (k \in \mathbf{Z}) \tag{1.1.5}$$

就是 z 的全部辐角. 在非零复数 z 的辐角中, 把满足 $-\pi < \theta_0 \leqslant \pi$ 的 θ_0 称为 Arg$z$ 的主值, 记作 $\theta_0 = \arg z$; 当 $z = 0$ 时, 辐角不确定.

辐角主值 $\arg z (z \neq 0)$ 可由反正切函数 Arctan $\frac{y}{x}$ 的主值 arctan $\frac{y}{x}$ 按如下关系构造:

$$\arg z = \begin{cases} \arctan \dfrac{y}{x}, & \text{当 } x > 0, y \in \mathbf{R}. \\[2mm] \dfrac{\pi}{2}, & \text{当 } x = 0, y > 0. \\[2mm] \arctan \dfrac{y}{x} + \pi, & \text{当 } x < 0, y > 0. \\[2mm] \arctan \dfrac{y}{x} - \pi, & \text{当 } x < 0, y < 0. \\[2mm] -\dfrac{\pi}{2}, & \text{当 } x = 0, y < 0. \\[2mm] \pi, & \text{当 } x < 0, y = 0. \end{cases} \tag{1.1.6}$$

我们容易验证, 由于复数与矢量之间的对应关系, 两个复数 $z_1 = x_1 + iy_1$ 和 $z_2 = x_2 + iy_2$ 的加减运算与对应矢量的加减运算一致, 也可以用平行四边形法则或三角形法则求解.

由图 1.2 易见, 矢量 $\overrightarrow{Oz_1}$ 减去矢量 $\overrightarrow{Oz_2}$ 就是从点 z_2 到 z_1 的矢量, 这个矢量所对应的复数就是 $z_1 - z_2$, 也即 $\overrightarrow{z_2 z_1} = \overrightarrow{Oz_1} - \overrightarrow{Oz_2} = z_1 - z_2$. $|z_1 - z_2|$ 表示点 z_1 与点 z_2 之间的距离, 事实上,

$$|z_1 - z_2| = |(x_1 + iy_1) - (x_2 - iy_2)| = \sqrt{(x_1 - x_2)^2 + (y_1 - y_2)^2}.$$

这正是平面上两点欧几里得距离的表达式.

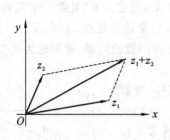 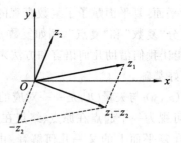

图 1.2

再根据三角形两边长之和大于第三边, 两边长之差小于第三边的法则, 可以得到关于复数模的三角不等式:

$$||z_1| - |z_2|| \leqslant |z_1 + z_2| \leqslant |z_1| + |z_2|; \tag{1.1.7}$$

$$||z_1| - |z_2|| \leqslant |z_1 - z_2| \leqslant |z_1| + |z_2|. \tag{1.1.8}$$

在复平面 C 上, 共轭复数 $\bar{z}$ 与 z 关于实轴对称, 因而 $|z| = |\bar{z}|$. 若 z 不在负实轴上且不为零, 则有 $\arg z = -\arg \bar{z}$.

1.1.3 复数的三角表示与指数表示

由极坐标与直角坐标的关系, 我们可以得到不为零的复数的实部、虚部与该复数的模、辐角间的关系:

$$\begin{cases} r = |z| = \sqrt{x^2 + y^2}, \\ \tan\theta = \tan(\mathrm{Arg}z) = \dfrac{y}{x}, \end{cases} \tag{1.1.9}$$

以及

$$\begin{cases} x = r\cos\theta, \\ y = r\sin\theta. \end{cases} \tag{1.1.10}$$

于是复数 z 又可表示为

$$z = x + \mathrm{i}y = r(\cos\theta + \mathrm{i}\sin\theta). \tag{1.1.11}$$

这种表示形式称为复数 z 的三角表示式.

再利用欧拉(Euler)公式

$$\mathrm{e}^{\mathrm{i}\theta} = \cos\theta + \mathrm{i}\sin\theta$$

可以得到

$$z = r\mathrm{e}^{\mathrm{i}\theta}. \tag{1.1.12}$$

这种表示形式称为复数的指数表示式.

复数的各种表示形式可以互相转换,以适应不同问题讨论时的需要. 若两复数的实部、虚部分别相等,则称这两复数相等,则可由式(1.1.9)和式(1.1.10)知两复数相等,这两复数的模相等,辐角可以相差 2π 的整数倍(若辐角都取主值,则应相等);反之,如果复数的模、辐角均对应相等,那么这两个复数必定相等. 也就是说,一个确定的复数的标准三角表示式是唯一的.

例 1.4　将复数 $z = -\sqrt{12} + 2\mathrm{i}$ 化为三角表示式和指数表示式.

解　$r = |z| = \sqrt{x^2 + y^2} = \sqrt{(-\sqrt{12})^2 + 2^2} = 4$,且复数 z 在第二象限,则

$$\arg z = \arctan\left(\frac{2}{-\sqrt{12}}\right) + \pi = -\arctan\frac{\sqrt{3}}{3} + \pi = \frac{5}{6}\pi.$$

因此,z 的三角表示式为 $z = 4\left[\cos\left(\frac{5}{6}\pi\right) + \mathrm{i}\sin\left(\frac{5}{6}\pi\right)\right]$,$z$ 的指数表示式为 $z = 4\mathrm{e}^{\mathrm{i}\cdot\frac{5}{6}\pi}$.

例 1.5　将复数 $z = 1 + \cos\theta + \mathrm{i}\sin\theta \left(0 < \theta < \frac{\pi}{2}\right)$ 化为三角表示式和指数表示式.

解　$z = 1 + \cos\theta + \mathrm{i}\sin\theta = 2\cos^2\frac{\theta}{2} + \mathrm{i}\cdot 2\sin\frac{\theta}{2}\cos\frac{\theta}{2}$

$$= 2\cos\frac{\theta}{2}\left(\cos\frac{\theta}{2} + \mathrm{i}\cdot\sin\frac{\theta}{2}\right),$$

且 $2\cos\frac{\theta}{2} > 0, 0 < \frac{\theta}{2} < \frac{\pi}{4}$,满足复数三角表示中的模和辐角的要求,所以该复数三角表示式为 $2\cos\frac{\theta}{2}\left(\cos\frac{\theta}{2} + \mathrm{i}\cdot\sin\frac{\theta}{2}\right)$,指数表示式为 $2\cos\frac{\theta}{2}\cdot\mathrm{e}^{\mathrm{i}\cdot\frac{\theta}{2}}$.

利用复数的三角表示,我们可以更简单地表示复数的乘法与除法:设 z_1、z_2 是两个非零复数,并设

$$z_1 = r_1(\cos\theta_1 + \mathrm{i}\sin\theta_1), z_2 = r_2(\cos\theta_2 + \mathrm{i}\sin\theta_2), \tag{1.1.13}$$

则有

$$z_1 z_2 = r_1 r_2\left[(\cos\theta_1\cos\theta_2 - \sin\theta_1\sin\theta_2) + \mathrm{i}(\sin\theta_1\cos\theta_2 + \cos\theta_1\sin\theta_2)\right]$$

$$= r_1 r_2\left[\cos(\theta_1 + \theta_2) + \mathrm{i}\sin(\theta_1 + \theta_2)\right]. \tag{1.1.14}$$

于是

$$|z_1 z_2| = |z_1| |z_2|, \tag{1.1.15}$$

$$\mathrm{Arg}(z_1 z_2) = \mathrm{Arg} z_1 + \mathrm{Arg} z_2, \tag{1.1.16}$$

即把两复数相乘,只要把它们的模相乘、辐角相加就可以了.

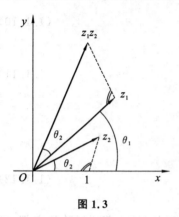

图 1.3

由此也可以得到两复数相乘的几何意义:当利用矢量来表示复数时,复数 $z_1 z_2$ 表示的矢量是将矢量 z_1 伸长(或缩短)$|z_2|$ 倍,然后再旋转 $\mathrm{Arg} z_2$ 得到的,如图 1.3 所示.

特别地,当 $|z_2| = 1$ 时,乘法便只是旋转.例如 $-\mathrm{i}z$ 相当于将 z 顺时针旋转 $90°$,$-z$ 相当于将 z 逆时针旋转 $180°$,这也与我们原先讨论的负矢量相对应;如果 $\mathrm{arg} z_2 = 0$ 时,乘法就便伸长(或缩短).

值得注意的是,式(1.1.16)应理解为集合相等.利用数学归纳法,上述乘积运算可以推广到 n 个复数的情况.假设 $z_k = r_k \mathrm{e}^{\mathrm{i}\theta_k}(k = 1, 2, \cdots, n)$,则有

$$z_1 z_2 \cdots z_n = r_1 r_2 \cdots r_n \mathrm{e}^{\mathrm{i}(\theta_1 + \theta_2 + \cdots + \theta_n)}$$

$$= r_1 r_2 \cdots r_n [\cos(\theta_1 + \theta_2 + \cdots + \theta_n) + \mathrm{i}\sin(\theta_1 + \theta_2 + \cdots + \theta_n)]. \tag{1.1.17}$$

同理,对除法($z_2 \neq 0$),有

$$\frac{z_1}{z_2} = \frac{r_1(\cos\theta_1 + \mathrm{i}\sin\theta_1)}{r_2(\cos\theta_2 + \mathrm{i}\sin\theta_2)} = \frac{r_1}{r_2}(\cos\theta_1 + \mathrm{i}\sin\theta_1)(\cos\theta_2 - \mathrm{i}\sin\theta_2)$$

$$= \frac{r_1}{r_2}[\cos(\theta_1 - \theta_2) + \mathrm{i}\sin(\theta_1 - \theta_2)]. \tag{1.1.18}$$

于是

$$\left|\frac{z_1}{z_2}\right| = \frac{|z_1|}{|z_2|}, \tag{1.1.19}$$

$$\mathrm{Arg}\left(\frac{z_1}{z_2}\right) = \mathrm{Arg} z_1 - \mathrm{Arg} z_2, \tag{1.1.20}$$

即把两复数相除,只要把它们的模相除、辐角相减就可以了.

例 1.6　化简 $\dfrac{(2 + 2\mathrm{i})(\cos\theta - \mathrm{i}\sin\theta)}{(1 - \mathrm{i})(\cos\theta + \mathrm{i}\sin\theta)}$.

解　因为

$$2 + 2\mathrm{i} = 2\sqrt{2}\left(\cos\frac{\pi}{4} + \mathrm{i}\sin\frac{\pi}{4}\right),$$

$$1 - \mathrm{i} = \sqrt{2}\left[\cos\left(-\frac{\pi}{4}\right) + \mathrm{i}\sin\left(-\frac{\pi}{4}\right)\right],$$

$$\cos\theta - \mathrm{i}\sin\theta = \cos(-\theta) + \mathrm{i}\sin(-\theta),$$

所以

$$原式 = \frac{2\sqrt{2}}{\sqrt{2}}\left(\cos\left[\frac{\pi}{4} - \left(-\frac{\pi}{4}\right)\right] + \mathrm{i}\sin\left[\frac{\pi}{4} - \left(-\frac{\pi}{4}\right)\right]\right)[\cos(-\theta - \theta) + \mathrm{i}\sin(-\theta - \theta)]$$

$$= 2\mathrm{i}(\cos 2\theta - \mathrm{i}\sin 2\theta).$$

例 1.7　已知正三角形的两个顶点为 $z_1=1$ 和 $z_2=2+i$,求它的另一个顶点.

解　所求顶点可以认为是在矢量 $\overrightarrow{z_1z_2}$ 基础上绕点 z_1 旋转 $\frac{\pi}{3}$（或者 $-\frac{\pi}{3}$）所得矢量的终点 z_3（或 z_3'）,如图 1.4 所示.

根据复数乘法的几何意义,可得

$$\overrightarrow{z_1z_3}=\overrightarrow{z_1z_2}\cdot e^{i\frac{\pi}{3}},$$

也即

$$z_3-z_1=(z_2-z_1)\cdot e^{i\frac{\pi}{3}}=(1+i)\left(\frac{1}{2}+\frac{\sqrt{3}}{2}i\right)$$
$$=\frac{1-\sqrt{3}}{2}+\frac{1+\sqrt{3}}{2}i.$$

所以

$$z_3=\frac{3-\sqrt{3}}{2}+\frac{1+\sqrt{3}}{2}i.$$

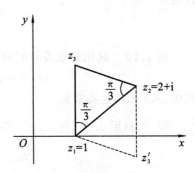

图 1.4

同理可求

$$z_3'=\frac{3+\sqrt{3}}{2}+\frac{1-\sqrt{3}}{2}i.$$

例 1.8　设 z_1、z_2 是两个复数,求证:

(1) $|z_1+z_2|^2=|z_1|^2+|z_2|^2+2\mathrm{Re}(z_1\overline{z_2})$;

(2) $|z_1+z_2|\leqslant|z_1|+|z_2|$.

证　(1) $|z_1+z_2|^2=(z_1+z_2)(\overline{z_1+z_2})=(z_1+z_2)(\overline{z_1}+\overline{z_2})$
$$=z_1\overline{z_1}+z_2\overline{z_1}+z_1\overline{z_2}+z_2\overline{z_2}$$
$$=|z_1|^2+|z_2|^2+2\mathrm{Re}(z_1\overline{z_2}).$$

(2) 由(1)得: $|z_1+z_2|^2=|z_1|^2+|z_2|^2+2\mathrm{Re}(z_1\overline{z_2})$
$$\leqslant|z_1|^2+|z_2|^2+2|z_1\overline{z_2}|$$
$$=|z_1|^2+|z_2|^2+2|z_1||z_2|$$
$$=(|z_1|+|z_2|)^2,$$

然后两边进行开方运算,即可证 $|z_1+z_2|\leqslant|z_1|+|z_2|$ 成立.

1.1.4　复数的几何意义与复球面

复数及其各种运算的几何意义主要用于以下几个方面:一是很多平面图形能利用复数形式的方程或不等式来表示;二是可通过给定的复数形式的方程或不等式来确定它所表示的平面图形的特征;三是可以利用复数的具体几何意义来证明一些几何命题.

例 1.9　求通过两点 $z_1=x_1+iy_1$ 和 $z_2=x_2+iy_2$ 的直线方程.

解　过 $(x_1,y_1),(x_2,y_2)$ 的直线参数方程为

$$\begin{cases}x=x_1+t(x_2-x_1),&(1)\\y=y_1+t(y_2-y_1).&(2)\end{cases}\quad(-\infty<t<+\infty)$$

$(1)+i\times(2)$ 可得

$$z=z_1+t(z_2-z_1)\quad(-\infty<t<+\infty).$$

通过 z_1 和 z_2 的直线方程为

$$z = z_1 + t(z_2 - z_1) \quad (0 \leqslant t \leqslant 1).$$

由此例中 z_1 和 z_2 的直线的复数形式的参数方程可知,平面上三点 z_1, z_2, z_3 共线的充要条件为

$$\frac{z_3 - z_1}{z_2 - z_1} = t \quad (t \in \mathbf{R}).$$

例 1.10 试用复数表示圆的方程:

$$a(x^2 + y^2) + bx + cy + d = 0 \quad (a \neq 0),$$

其中,a, b, c, d 是实常数.

解 利用 $z\bar{z} = |z|^2, x = \dfrac{z + \bar{z}}{2}, y = \dfrac{z - \bar{z}}{2i}$,代入方程得

$$az\bar{z} + \beta\bar{z} + \gamma z + d = 0 \quad (a \neq 0).$$

其中,$\beta = \dfrac{1}{2}(b - ic), \gamma = \dfrac{1}{2}(b + ic)$.

例 1.11 方程 $|z + i| = 2$ 表示什么曲线?

解 由解析几何知,方程表示动点 z 到定点 $-i$ 的距离恒为 2,故它表示的是一个圆:以点 $(0, -1)$ 为圆心,以 2 为半径,即 $x^2 + (y + 1)^2 = 4$.也可设 $z = x + iy$,易得该方程的直角坐标形式为

$$x^2 + (y + 1)^2 = 4.$$

例 1.12 证明三角形内角和等于 π.

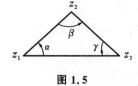

图 1.5

证 设三角形三个顶点分别为 z_1, z_2, z_3,对应的三个顶角分别为 α, β, γ(见图 1.5).则

$$\alpha = \arg \frac{z_2 - z_1}{z_3 - z_1},$$

$$\beta = \arg \frac{z_3 - z_2}{z_1 - z_2},$$

$$\gamma = \arg \frac{z_1 - z_3}{z_2 - z_3},$$

且

$$\frac{z_2 - z_1}{z_3 - z_1} \cdot \frac{z_3 - z_2}{z_1 - z_2} \cdot \frac{z_1 - z_3}{z_2 - z_3} = -1.$$

根据复数乘法的几何意义

$$\arg \frac{z_2 - z_1}{z_3 - z_1} + \arg \frac{z_3 - z_2}{z_1 - z_2} + \arg \frac{z_1 - z_3}{z_2 - z_3} = \arg(-1) + 2k\pi \quad (k \text{ 为某个整数}).$$

由于三角形内角要求 $0 < \alpha < \pi, 0 < \beta < \pi, 0 < \gamma < \pi$,所以

$$0 < \alpha + \beta + \gamma < 3\pi.$$

故 $k = 0$,因而 $\alpha + \beta + \gamma = \pi$.

复数除了可以用复平面上的点或矢量表示外,还可以用球面上的点来表示.该方法是借用地图学中将地球投影到平面上的测地投影法,建立复平面与复球面上点与点之间的一一对应关系,并引入无穷远点.

在点坐标是 (x, y, u) 的三维空间中,把 xOy 面看作就是 $z = x + iy$ 面.考虑球面 S:

$$x^2 + y^2 + u^2 = 1,$$

取定球面上一点 $N(0,0,1)$,称为球的北极.作连接 N 与 xOy 面上任一点 $P(x,y,0)$ 的直线,设该直线与球面的交点是 $P'(x',y',u')$,且称 P' 为 P 在球面上的球极射影(见图 1.6).利用 P, P',N 三点共线,我们有

$$\frac{x-0}{x'-0} = \frac{y-0}{y'-0} = \frac{0-1}{u'-1},\tag{1.1.21}$$

再利用

$$|z|^2 = x^2 + y^2 = \frac{(x')^2 + (y')^2}{(1-u')^2} = \frac{1+u'}{1-u'},\tag{1.1.22}$$

于是有

$$x' = \frac{z+\bar{z}}{|z|^2+1}, \quad y' = \frac{z-\bar{z}}{|z|^2+1}, \quad u' = \frac{|z|^2-1}{|z|^2+1}.\tag{1.1.23}$$

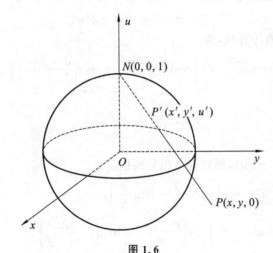

图 1.6

　　这样我们可以建立一个复平面 C 与 S-$\{N\}$ 之间的一一对应关系.z 的模越大,那么它的球极射影就越接近于球的北极 N.由于球上只有一个北极 N,我们约定复平面上有一个理想或者非正常的点,称为无穷远点,记为 ∞,它的球极射影为北极 N,并称 $C \cup \{\infty\}$ 为扩充复平面,记为 C_∞.不包括无穷远点的复平面 C 称为有限复平面,以后若没有特意说明,我们所说的复平面都是有限复平面.

　　关于 ∞,其实部、虚部、辐角无意义,模等于 $+\infty$。它的基本运算为

$$a \pm \infty = \infty \pm a = \infty,$$
$$a \cdot \infty = \infty \cdot a = \infty \quad (a \neq 0),$$
$$\frac{a}{0} = \infty \; (a \neq 0), \quad \frac{a}{\infty} = 0 \; (a \neq \infty),$$

其中,a 为有限复数.

1.1.5　复数的乘幂与方根

　　利用复数的三角表示,我们也可以考虑复数的乘幂:设 $|z| = r$,$\mathrm{Arg}z = \theta$,则

$$z^n = |z|^n(\cos n\mathrm{Arg}z + \mathrm{i}\sin n\mathrm{Arg}z) = r^n(\cos n\theta + \mathrm{i}\sin n\theta).\tag{1.1.24}$$

特别是当 $r = 1$ 时,即 $z = \cos\theta + \mathrm{i}\sin\theta$ 时,由上式有

$$(\cos\theta + i\sin\theta)^n = \cos n\theta + i\sin n\theta. \tag{1.1.25}$$

这就是棣莫弗(De Moivre)公式.

令 $z^{-n} = \dfrac{1}{z^n}$,则

$$z^{-n} = r^{-n}[\cos(-n\theta) + i\sin(-n\theta)]. \tag{1.1.26}$$

当 z 已知且不为零时,满足 $w^n = z$(n 为大于1的整数)的复数 w 称为 z 的 n 次方根,记为 $\sqrt[n]{z}$. 为求出 w,令

$$z = r(\cos\theta + i\sin\theta), \quad w = \rho(\cos\varphi + i\sin\varphi),$$

则由 $w^n = z$ 及乘方运算有

$$\rho^n(\cos n\varphi + i\sin n\varphi) = r(\cos\theta + i\sin\theta), \tag{1.1.27}$$

利用复数相等及辐角的多值性,得到

$$\rho^n = r, \quad n\varphi = \theta + 2k\pi,$$

最后得到 z 的方根运算的计算式,为

$$w = \sqrt[n]{z} = r^{\frac{1}{n}}\left[\cos\left(\frac{\theta + 2k\pi}{n}\right) + i\sin\left(\frac{\theta + 2k\pi}{n}\right)\right]. \tag{1.1.28}$$

也可以写成指数形式:

$$w = \sqrt[n]{z} = r^{\frac{1}{n}}\mathrm{e}^{i\frac{\theta + 2k\pi}{n}}. \tag{1.1.29}$$

其中 $k \in \mathbf{Z}, \theta = \arg z$.

当 $k = 0, 1, 2, \cdots, n-1$ 时,得到 n 个相异的根:

$$w_0 = r^{\frac{1}{n}}\left(\cos\frac{\theta}{n} + i\sin\frac{\theta}{n}\right),$$

$$w_1 = r^{\frac{1}{n}}\left[\cos\left(\frac{\theta + 2\pi}{n}\right) + i\sin\left(\frac{\theta + 2\pi}{n}\right)\right],$$

$$\vdots$$

$$w_{n-1} = r^{\frac{1}{n}}\left\{\cos\left[\frac{\theta + 2(n-1)\pi}{n}\right] + i\sin\left[\frac{\theta + 2(n-1)\pi}{n}\right]\right\}.$$

当 k 取其他整数时,上述 n 个值将重复出现. 因此,一个非零复数 z 的 n 次方根有且仅有 n 个相异值,即

$$w = \sqrt[n]{z} = r^{\frac{1}{n}}\left[\cos\left(\frac{\theta + 2k\pi}{n}\right) + i\sin\left(\frac{\theta + 2k\pi}{n}\right)\right] \quad (k = 0, 1, 2, \cdots, n-1). \tag{1.1.29}$$

上述 n 个相异方根具有相同的模 $r^{\frac{1}{n}}$,而每两个相邻值间辐角相差 $\dfrac{2\pi}{n}$,故在几何上,这 n 个相异方根就是以原点为中心、以 $r^{\frac{1}{n}}$ 为半径的圆的内接正 n 边形的 n 个顶点.

例 1.13 求 $(\sqrt{3} - i)^5$ 的值.

解 $\sqrt{3} - i = 2\left[\cos\left(-\dfrac{\pi}{6}\right) + i\sin\left(-\dfrac{\pi}{6}\right)\right]$,故

$$(\sqrt{3} - i)^5 = 2^5\left[\cos\left(-\frac{5\pi}{6}\right) + i\sin\left(-\frac{5\pi}{6}\right)\right]$$

$$= 2^5\left(-\frac{\sqrt{3}}{2} - \frac{i}{2}\right) = -16\sqrt{3} - 16i.$$

例 1.14 求 $\sqrt[3]{1-\mathrm{i}}$ 的所有值.

解 由于 $1-\mathrm{i} = \sqrt{2}\left[\cos\left(-\dfrac{\pi}{4}\right)+\mathrm{i}\sin\left(-\dfrac{\pi}{4}\right)\right]$,所以有

$$\sqrt[3]{1-\mathrm{i}} = (\sqrt{2})^{\frac{1}{3}}\left(\cos\dfrac{-\dfrac{\pi}{4}+2k\pi}{3}+\mathrm{i}\sin\dfrac{-\dfrac{\pi}{4}+2k\pi}{3}\right) \quad (k=0,1,2).$$

故

$$w_0 = \sqrt[6]{2}\left[\cos\dfrac{\pi}{12}-\mathrm{i}\sin\dfrac{\pi}{12}\right],$$

$$w_1 = \sqrt[6]{2}\left[\cos\dfrac{7\pi}{12}+\mathrm{i}\sin\dfrac{7\pi}{12}\right],$$

$$w_2 = \sqrt[6]{2}\left[\cos\dfrac{5\pi}{4}+\mathrm{i}\sin\dfrac{5\pi}{4}\right].$$

1.2 复平面上的点集

在高等数学中,我们讨论的函数一般都定义在一个区间内.同实函数类似,每一个复变函数都有自己的变化范围,在今后的讨论中,变化范围主要是指区域.

1.2.1 复平面上点集的基本概念

如上节所知,每一个复数和复平面的点一一对应,我们对二者不加以区分,因此可以把复数看成复点.对于一些特殊的平面点集,我们用复数所满足的等式或不等式来表示。首先介绍复平面上"邻域"的概念.

设 $z_0 \in C, \delta \in (0,+\infty)$,满足 $\{z \mid |z-z_0|<\delta, z \in C\}$ 的所有复数 z 构成的点集称为 z_0 的 δ- 邻域,记为 $N_\delta(z_0)$,满足 $\{z \mid 0<|z-z_0|<\delta, z \in C\}$ 的所有复数 z 构成的点集称为 z_0 的去心 δ- 邻域,例如

$$|z-3|<2, \quad 0<|z+1|<1$$

就分别表示 3 的圆邻域和 -1 的去心圆邻域.

在扩充复平面上,无穷远点的邻域应理解为以原点为中心的某圆周的外部,即 ∞ 的 δ- 邻域 $N_\delta(\infty)$ 是指满足条件 $|z|>\dfrac{1}{\delta}$ 的点集,∞ 的去心 δ 邻域是指满足条件 $\dfrac{1}{\delta}<|z|<+\infty$ 的点集.

利用刚才介绍的邻域概念,探讨复数与复点集间的关系.设 E 为一平面点集,z_0 是 E 中任意一点,若存在 z_0 的一个邻域,使得该邻域内的所有点都属于 E,则称 z_0 为 E 的内点.如果 E 内的每个点都是它的内点,则称 E 为开集.

若在 z_0 的任意邻域内,既有属于 E 的点,也有不属于 E 的点,则称 z_0 为 E 的边界点,所有 E 的边界点所组成的点集称为 E 的边界,常记作 ∂E.

平面上不属于点集 E 的点的全体称为 E 的余集,记作 E_c.开集的余集称为闭集.

$z_0 \in E$,若在 z_0 的某一邻域内除 z_0 外不含 E 的点,则称 z_0 是 E 的孤立点.E 的孤立点一定是 E 的边界点,边界可由几条曲线和一些孤立的点组成.

如果存在整数 M,对于点集 E 内的点,均满足条件 $|z|\leqslant M$,则称 E 是有界集,否则称 E 是无界集.

例 1.15　实轴、虚轴是无界集,复平面是无界开集.

例 1.16　集合 $\{z \mid |z-z_0| < r\}$ 是以 z_0 为圆心、以 r 为半径的圆的内部(不包括圆周本身),它是一有界开集,边界为 $|z-z_0| = r$.

例 1.17　集合 $\{z \mid r_1 < |z-z_0| < r_2\}$ 构成一个区域,而且是有界的,边界为 $|z-z_0| = r_1$ 和 $|z-z_0| = r_2$,常常把该集合称为圆环域.

1.2.2　区域、曲线

定义 1.2.1　复平面 C 上的集合 D,如果满足:

(1) D 是开集;

(2) D 是连通的,即 D 中任意两点可以用由有限条相衔接的线段所构成的折线连起来,而且这条折线上的点完全属于 D,

则称 D 是一个区域.

结合前面的定义,有有界区域、无界区域之分.定义中条件(2) 称为连通性,即区域是连通的开集.由区域 D 内及其边界上全部点所组成的集称为闭区域,记为 D.

扩充复平面 C_∞ 上不含无穷远点的区域的定义同上,含无穷远点的区域是 C 上的一个区域与无穷远点的一个邻域的并集.

先介绍几个有关平面曲线的概念.

设已给曲线

$$z = z(t) = x(t) + \mathrm{i}y(t) \quad (a \leqslant t \leqslant b), \tag{1.2.1}$$

如果 $\mathrm{Re}[z(t)]$ 和 $\mathrm{Im}[z(t)]$ 都在闭区间 $[a,b]$ 上连续,则称集合 $\{z(t) \mid t \in [a,b]\}$ 为一条连续曲线.当 $t \in [a,b]$ 时,若 $x'(t), y'(t)$ 都连续,且 $[x'(t)]^2 + [y'(t)]^2 \neq 0$,即如果 $\mathrm{Re}[z(t)]$ 和 $\mathrm{Im}[z(t)]$ 都在闭区间 $[a,b]$ 上连续,且有连续的导函数,$z'(t) \neq 0$,则称集合 $\{z(t) \mid t \in [a,b]\}$ 为一条光滑曲线.类似地,也可以定义分段光滑曲线.

如果对 $[a,b]$ 上任意但不同时是 $[a,b]$ 的端点的不同两点 t_1, t_2,有 $z(t_1) \neq z(t_2)$,那么上述集合称为一条简单连续曲线或若尔当曲线.若还有 $z(a) = z(b)$,则称为一条简单连续闭合曲线,或若尔当闭合曲线.

定理 1.2.1　(若尔当(Jordan)定理)任意一条简单闭合曲线把扩充复平面分成两个没有公共点的区域:一个是有界的,称为内区域;一个是无界的,称为外区域.这两个区域都以已给的简单闭曲线作为边界.

下面将区域分类.

定义 1.2.2　在复平面 C 上,如果区域 D 内任一简单闭合曲线的内区域中的每一点都属于 D,则称 D 为单连通区域,否则称 D 为多连通区域.

例 1.18　集合 $\{z \mid (1-\mathrm{i})z + (1+\mathrm{i})\bar{z} > 0\}$ 为半平面,它是一个单连通无界区域,其边界为直线

$$(1-\mathrm{i})z + (1+\mathrm{i})\bar{z} = 0,$$

即 $x + y = 0$.

例 1.19　集合 $\{z \mid 2 < \mathrm{Re}(z) < 3\}$ 为一个垂直带形,它是一个单连通无界区域,其边界为直线 $\mathrm{Re}(z) = 2$ 及 $\mathrm{Re}(z) = 3$.

例 1.20　集合 $\{z \mid 2 < \arg(z-\mathrm{i}) < 3\}$ 为一角形,它是一个单连通无界区域,其边界为半射线 $\arg(z-\mathrm{i}) = 2$ 及 $\arg(z-\mathrm{i}) = 3$.

1.3　复　变　函　数

复变函数的定义是微积分中一元实函数(又称实变函数) 定义的直接推广,只要将一元实函数定义中的"实数"改为"复数"就得到了复变函数的定义.

1.3.1　复变函数的概念

定义 1.3.1　设 G 是复数 $z = x + \mathrm{i}y$ 的一个集合. 如果存在一个确定的对应法则,按照这一法则,对于集合 G 中的每一个复数 z,就有集合 G^* 中一个或几个复数 $w = u + \mathrm{i}v$ 与之对应,那么就称复变数 w 是复变数 z 的函数,简称复变函数,记作

$$w = f(z).$$

若存在唯一 w,称 $f(z)$ 为单值函数,否则为多值函数. 在以后的讨论中,定义集合 G 常常是一个平面区域,称之为定义域. 并且,以后如无特别说明,所讨论函数均为单值函数.

设 $w = f(z)$ 是定义在 G 上的一个复变函数,令 $z = x + \mathrm{i}y, w = u + \mathrm{i}v$,那么 u 和 v 都随着 x,y 的变化而变化,从而该函数就确定了 G 上的两个二元实函数 $u = u(x,y)$ 和 $v = v(x,y)$.

例如考察函数 $w = z^2$. 令 $z = x + \mathrm{i}y, w = u + \mathrm{i}v$,则

$$u + \mathrm{i}v = (x^2 - y^2) + \mathrm{i}2xy.$$

因此函数 $w = z^2$ 就等价于两个二元实函数:

$$u(x,y) = x^2 - y^2, \quad v(x,y) = 2xy.$$

一个复变函数与两个二元实函数的这种对应关系,可以使我们利用研究实变函数问题的方法来研究复变函数问题,反过来,还可以利用复变函数的理论研究实变函数的某些问题.

在高等数学中,我们常常把函数用几何图形直观地表示出来,当研究函数形态时,这些几何图形给我们很多帮助. 那么,能否用几何图形来表示复变函数呢?我们的答案是否定的,因为复变函数实际上反映了两对实变量 x,y 与 u,v 之间的对应关系,不能借助于同一个平面或同一个三维空间中的几何图形来描述. 通常意义下,我们取两个复平面,分别称为复平面 z 和复平面 w,这时我们可以把复变函数关系理解为两个复平面上的点集间的对应(映射或变换),并称 $w \in G^*$ 是 $z \in G$ 在该映射下的像,而 z 为 w 在该映射下的原像.

复合函数与反函数的概念也可以推广到复变函数,而且在复变函数中它们的定义在形式上也与实变函数相同. 假设 $w = f(z)$ 的定义集合为 G,函数值集合为 G^*,则 G^* 中每一点必将对应着 G 中的一个或几个点,在 G^* 上就确定了一个函数 $z = \varphi(w)$(单值或多值),它是 $w = f(z)$ 的反函数,也叫逆映射,记作 $z = f^{-1}(w) = \varphi(w)$. 对于任意 $w \in G^*$,恒有 $w = f[f^{-1}(w)]$,当反函数是单值函数时,还有

$$z = f^{-1}[f(z)] \quad (z \in G).$$

若函数 $w = f(z)$ 与反函数 $z = \varphi(w)$ 都是单值的,则称 $w = f(z)$ 是从定义域 G 到值域 G^* 的一一映射,也称集 G 与 G^* 是一一对应的.

例 1.21　考虑映射 $w = z + \alpha$.

解　设 $$z = x + \mathrm{i}y, \quad w = u + \mathrm{i}v, \quad \alpha = a + \mathrm{i}b,$$

则有

$$u = x + a, \quad v = y + b,$$

这是一个 z 平面到 w 平面的双射,我们称为一个平移.

例 1.22　考虑映射 $w = \alpha z$,其中 $\alpha \neq 0$.

解　令 $\alpha = r(\cos\theta + \mathrm{i}\sin\theta)$,则它可以分解为以下两个映射的复合:

$$\omega = (\cos\theta + \mathrm{i}\sin\theta)z, \quad w = r\omega.$$

第一个映射是一个旋转(旋转角为 θ),第二个映射是一个以原点为中心的相似映射.

例 1.23　考虑映射 $w = \dfrac{1}{z}$.

解　它可以分解为以下两个映射的复合:

$$z_1 = \frac{1}{z}, \quad w = \overline{z_1}.$$

映射 $w = \overline{z_1}$ 是一个关于实数轴的对称映射;映射 $z_1 = \dfrac{1}{z}$ 把 z 映射成 z_1,其辐角与 z 的相同,为 $\mathrm{Arg}z_1 = -\mathrm{Arg}\overline{z} = \mathrm{Arg}z$,而模 $|z_1| = \left|\dfrac{1}{z}\right| = \dfrac{1}{|z|}$,满足 $|z_1||z| = 1$. 我们称 $z_1 = \dfrac{1}{z}$ 为关于单位圆的对称映射,z 与 z_1 称为关于单位圆的对称点.

若规定 $w = \dfrac{1}{z}$ 把 $z = 0, \infty$ 映射成 $w = \infty, 0$,则它是一个扩充 z 平面到扩充 w 平面的双射.

例 1.24　函数 $w = \dfrac{1}{z+1}$ 将 z 平面上的曲线 $x^2 + y^2 = 1$ 变成 w 平面上的什么曲线?

解　令 $z = x + \mathrm{i}y, w = u + \mathrm{i}v$,由函数关系 $w = \dfrac{1}{z+1}$ 可知

$$u = \frac{x+1}{x^2 + y^2 + 2x + 1},$$

$$v = -\frac{y}{x^2 + y^2 + 2x + 1}.$$

再利用 $x^2 + y^2 = 1$,化简得到

$$u = \frac{1}{2},$$

即圆 $x^2 + y^2 = 1$ 变成了直线 $u = \dfrac{1}{2}$.

1.3.2　复变函数的极限

为了研究复变函数的微积分,需要将实变函数的极限概念移植到复变函数中来.

定义 1.3.2　设函数 $w = f(z)$ 在集合 E 上有意义,z_0 是 E 的一个集点,若存在一个复常数 A,对任给 $\varepsilon > 0$,有一个与 ε 有关的正数 $\delta = \delta(\varepsilon) > 0$,使得当 $z \in E$,并且 $0 < |z - z_0| < \delta$ 时,有

$$|f(z) - A| < \varepsilon,$$

则称 A 为函数 $f(z)$ 当 z 趋于 z_0 时的极限,记作:

$$\lim_{z \to z_0, z \in E} f(z) = A \quad 或 \quad f(z) \to A(当 z \to z_0).$$

上述定义可以用 $\varepsilon\text{-}\delta$ 语言描述为:$\forall \varepsilon > 0, \exists \delta > 0$,当 $0 < |z - z_0| < \delta$ 时,恒有

$|f(z)-A|<\varepsilon$,则称 A 为当 $z\to z_0$ 时 $f(z)$ 的极限.

我们可以这样理解复变函数极限的几何意义:当变点 z 进入 z_0 的充分小 δ 去心邻域时,它的像 $f(z)$ 就落入 A 的一个给定的 ε 邻域中(见图 1.8).

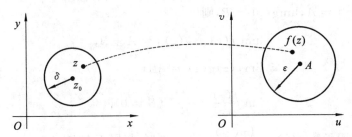

图 1.8

值得注意的是,虽然从形式和几何意义上看,复变函数的极限与一元实变函数的极限极其相似,但是 $z\to z_0$ 是当 z 任意趋近 z_0 的充分小 δ 去心邻域时,都要求 $f(z)$ 趋于同一个复常数 A.这比实变函数极限中仅要求 x 从 x_0 的左右两侧来趋近苛刻得多。这也从另一个方面告诉我们,复变函数中的许多概念与理论比实变函数中相应的概念与理论复杂得多,希望大家在以后学习中能做好归纳总结.

利用复变函数与两个二元实变函数间的对应关系,可以将复变函数极限理论与计算转化为二元实变函数极限的相应问题.有下列定理成立.

定理 1.3.1　设函数 $w=f(z)=u(x,y)+\mathrm{i}v(x,y)$ 在 $z_0=x_0+\mathrm{i}y_0$ 的去心邻域内有定义,$A=u_0+\mathrm{i}v_0$,则

$$\lim_{z\to z_0}f(z)=A\Leftrightarrow \lim_{\substack{x\to x_0\\y\to y_0}}u(x,y)=u_0,\quad \lim_{\substack{x\to x_0\\y\to y_0}}v(x,y)=v_0.$$

证　必要性.设 $\lim\limits_{z\to z_0}f(z)=A$,由定义,任给 $\varepsilon>0$,可以找到一个与 ε 有关的正数 $\delta=\delta(\varepsilon)>0$,使得当 $0<|z-z_0|<\delta$ 时,有

$$|f(z)-A|<\varepsilon,$$

即当 $0<\sqrt{(x-x_0)^2+(y-y_0)^2}<\delta$ 时,有 $\sqrt{(u-u_0)^2+(v-v_0)^2}<\varepsilon$. 此时,更有

$$|u-u_0|<\varepsilon,\quad |v-v_0|<\varepsilon,$$

故有

$$\lim_{\substack{x\to x_0\\y\to y_0}}u(x,y)=u_0,\quad \lim_{\substack{x\to x_0\\y\to y_0}}v(x,y)=v_0.$$

充分性.反之,若已知上述两个极限存在,则由定义,$\forall \varepsilon>0$,$\exists \delta>0$,当 $0<\sqrt{(x-x_0)^2+(y-y_0)^2}<\delta$ 时,有

$$|u-u_0|<\frac{\varepsilon}{2},\quad |v-v_0|<\frac{\varepsilon}{2},$$

从而

$$|f(z)-A|=|(u-u_0)+\mathrm{i}(v-v_0)|\leqslant |u-u_0|+|v-v_0|<\frac{\varepsilon}{2}+\frac{\varepsilon}{2}=\varepsilon.$$

故命题得证.

定理表明,复变函数的极限问题可以转化为两个二元实变函数的极限问题.根据该定理,下列结论对于复变函数同样成立,证明略.

(1) 若复变函数极限存在,则极限必唯一.

(2) 若 $\lim\limits_{z \to z_0} f(z) = A, \lim\limits_{z \to z_0} g(z) = B$,则

$$\lim_{z \to z_0}[f(z) \pm g(z)] = A \pm B,$$
$$\lim_{z \to z_0} f(z)g(z) = AB,$$
$$\lim_{z \to z_0} \frac{f(z)}{g(z)} = \frac{A}{B} \quad (B \neq 0).$$

例 1.25　证明函数 $f(z) = \dfrac{\mathrm{Im}(z^2)}{|z|^2}$ 当 $z \to 0$ 时,极限不存在.

证　令 $z = x + \mathrm{i}y$,$\mathrm{Im}(z^2) = 2xy$,$|z|^2 = x^2 + y^2$,故 $f(z) = \dfrac{2xy}{x^2 + y^2} = u + \mathrm{i}0$.若取 $z \to 0$ 沿直线 $y = kx$ 进行,则 $\lim\limits_{\substack{x \to 0 \\ y = kx}} f(z) = \lim\limits_{x \to 0} \dfrac{2xy}{x^2 + y^2} = \lim\limits_{x \to 0} \dfrac{2kx^2}{x^2 + k^2 x^2} = \dfrac{2k}{1 + k^2}$. 当 k 取不同值时,$f(z)$ 有不同的极限,由定理可知,原函数的极限不存在.

也可令 $z = r(\cos\theta + \mathrm{i}\sin\theta)$,则 $f(z) = \dfrac{2r\cos\theta \cdot r\sin\theta}{r^2} = \sin 2\theta$. $z \to 0$ 等价于 $r \to 0$,θ 任意,当 z 沿着不同射线趋于零时,$f(z)$ 趋于不同值,所以当 $z \to 0$ 时,原函数极限不存在.

1.3.3　复变函数的连续性

利用上述极限概念,引入复变函数连续性的问题.

定义 1.3.3　设函数 $w = f(z) = u(x,y) + \mathrm{i}v(x,y)$ 在集合 E 上确定,$z_0 \in E$,如果

$$\lim_{z \to z_0} f(z) = f(z_0)$$

成立,则称 $f(z)$ 在 z_0 处连续. 即 $\forall \varepsilon > 0, \exists \delta > 0$,当 $|z - z_0| < \delta$,恒有

$$|f(z) - f(z_0)| < \varepsilon.$$

如果 $f(z)$ 在 E 中每一点连续,则称 $f(z)$ 在 E 上连续.

由于例 1.25 中的函数 $f(z)$ 在当 $z \to 0$ 时,极限不存在,所以 $f(z)$ 在原点处不连续.

这里,复变函数连续性的定义与高等数学中一元实变函数连续性的定义相似,我们可以仿照证明下述结论.

(1) 在 z_0 处连续的两个复变函数 $f(z)$ 与 $g(z)$ 的和、差、积、商(分母在 z_0 处不为零)在 z_0 处仍连续.

(2) 设函数 $h = g(z)$ 在 z_0 处连续,函数 $w = f(h)$ 在 $h_0 = g(z_0)$ 处连续,则复合函数 $w = f[g(z)]$ 在 z_0 处连续.

定理 1.3.2　函数 $w = f(z) = u(x,y) + \mathrm{i}v(x,y)$ 在点集 E 内有定义,$z_0 = x_0 + \mathrm{i}y_0 \in E$,则 $f(z)$ 在 z_0 处连续的充要条件为:函数 $u(x,y)$ 及 $v(x,y)$ 在 (x_0, y_0) 处连续. 即

$$\lim_{x \to x_0, y \to y_0} u(x,y) = u(x_0, y_0),$$
$$\lim_{x \to x_0, y \to y_0} v(x,y) = v(x_0, y_0),$$

证　由于连续性是借助于函数极限概念而来的,只要把定理 1.3.1 中的 u_0 换成 $u(x_0, y_0)$,v_0 换成 $v(x_0, y_0)$,就可以得到证明.

讨论函数 $f(z) = \ln(x^2 + y^2) - i(x^2 - y^2)$,由于 $u(x, y) = \ln(x^2 + y^2)$ 除原点外,在复平面上处处连续,$v(x, y) = y^2 - x^2$ 在复平面上处处连续,所以函数 $w = f(z)$ 在复平面上除了原点外处处连续.

多项式函数 $w = P(z) = a_0 + a_1 z + a_2 z^2 + \cdots + a_n z^n$ 在复平面上处处连续.

若 $P(z), Q(z)$ 是两个无公因式的多项式函数,则称

$$w = \frac{P(z)}{Q(z)} = \frac{a_0 + a_1 z + a_2 z^2 + \cdots + a_n z^n}{b_0 + b_1 z + b_2 z^2 + \cdots + b_m z^m}$$

为有理分式函数,或简称为有理函数,其除去分母为 0 的点,也是连续的.

在以后学习中需要运用到函数在曲线上某点连续的知识,这里给出相应定义. 函数 $f(z)$ 在曲线 C 上 z_0 处连续,是指

$$\lim_{z \to z_0} f(z) = f(z_0) \quad (z \in C).$$

可以证明,在闭合曲线或者包括端点的曲线 C 上连续的函数 $f(z)$ 在该曲线 C 上有界,即存在一个正实数 M,在曲线 C 上恒有

$$|f(z)| \leqslant M \quad (z \in C).$$

第2章　解析函数

解析函数是复变函数研究的主要内容.本章我们首先给出复变函数导数的定义及求导法则,然后以此为基础着重介绍解析函数的概念及复变函数可导与解析的充要条件,最后把高等数学中熟知的初等函数推广到复变函数中来,研究其性质.

2.1　解析函数的概念

2.1.1　复变函数的导数与微分

定义 2.1.1　设 $w = f(z)$ 是在区域 D 内确定的单值函数,并且 $z_0 \in D$. 如果极限

$$\lim_{\Delta z \to 0} \frac{f(z_0 + \Delta z) - f(z_0)}{\Delta z} = \lim_{z \to z_0, z \in D} \frac{f(z) - f(z_0)}{z - z_0} \tag{2.1.1}$$

存在有限的极限值,则称 $f(z)$ 在 z_0 处可导.该极限值称为 $f(z)$ 在 z_0 处的导数,记作 $\dfrac{\mathrm{d}f}{\mathrm{d}z}\Big|_{z=z_0}$、$\dfrac{\mathrm{d}w}{\mathrm{d}z}\Big|_{z=z_0}$ 或 $f'(z_0)$. 用 ε-δ 语言描述就是:

$\forall \varepsilon > 0, \exists \delta > 0,$ 当 $z \in D$ 且 $0 < |z - z_0| < \delta$ 时,有

$$\left| \frac{f(z) - f(z_0)}{z - z_0} - f'(z_0) \right| < \varepsilon. \tag{2.1.2}$$

与复极限类似,这里也要注意 $\Delta z \to 0$ 或 $z \to z_0$ 的趋近方式是任意的,而极限始终不变;若不同趋近方式下,极限不存在或极限不相等,则称在 z_0 处不可导.

如果 $f(z)$ 在 D 内每一点处都可导,则称 $f(z)$ 在 D 内区域可导.这时 D 内每一点都对应 $f(z)$ 的一个导数值,因而在 D 内定义了一个函数,称为 $f(z)$ 在 D 内的导函数,简称 $f(z)$ 的导数,一般记为 $f'(z)$ 或 $\dfrac{\mathrm{d}f(z)}{\mathrm{d}z}$.

例 2.1　求 $f(z) = z^2$ 的导数.

解　$f(z) = z^2$ 在复平面上处处有定义,对于复平面上任一点 z,利用式(2.1.1)有

$$\lim_{\Delta z \to 0} \frac{f(z + \Delta z) - f(z)}{\Delta z} = \lim_{\Delta z \to 0} \frac{(z + \Delta z)^2 - z^2}{\Delta z} = \lim_{\Delta z \to 0} \frac{2z\Delta z + \Delta z^2}{\Delta z} = 2z,$$

即 $f(z) = z^2$ 在复平面上处处可导且 $f'(z) = 2z$.

设 n 为正整数,类似可以证明

$$(z^n)' = nz^{n-1}.$$

例 2.2　函数 $f(z) = 2x + y\mathrm{i}$ 是否可导?

解
$$\lim_{\Delta z \to 0} \frac{f(z + \Delta z) - f(z)}{\Delta z}$$
$$= \lim_{\substack{\Delta x \to 0 \\ \Delta y \to 0}} \frac{2(x + \Delta x) + (y + \Delta y)\mathrm{i} - 2x - y\mathrm{i}}{\Delta x + \Delta y \mathrm{i}}$$
$$= \lim_{\substack{\Delta x \to 0 \\ \Delta y \to 0}} \frac{2\Delta x + \Delta y \mathrm{i}}{\Delta x + \Delta y \mathrm{i}}.$$

于是比值当沿平行于虚轴的方向(见图 2.1)趋于 z(即 $\Delta x = 0$, $\Delta y \to 0$)时,极限值为 1;而当沿平行于实轴的方向(见图 2.1)趋于 z(即 $\Delta y = 0, \Delta x \to 0$)时,极限值为 2,故 $f(z) = 2x + y\mathrm{i}$ 的导数不存在.

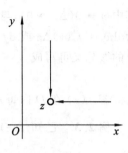

图 2.1

由高等数学知识我们知道,如果一个函数在一个点处可导,必然在该点处连续;反之,在一点处连续却不一定在该点处可导. 复变函数中也有类似结论. 观察例 2.2 我们发现,对于函数 $f(z) = 2x + y\mathrm{i}$,其实部函数 $u(x, y) = 2x$,虚部函数 $v(x, y) = y$ 在复平面上处处连续,所以 $f(z) = 2x + y\mathrm{i}$ 在复平面上处处连续,但却处处不可导.

如果复变函数在某点处可导,则一定在该点处连续. 实际上,若 $f(z)$ 在 z_0 可导,则对于任意 $\varepsilon > 0$,可以找到一个与 ε 有关的正数 δ,使得当 $z \in D$,且 $0 < |\Delta z| < \delta$ 时,
$$\left| \frac{f(z_0 + \Delta z) - f(z_0)}{\Delta z} - f'(z_0) \right| < \varepsilon.$$
令
$$\rho(\Delta z) = \frac{f(z_0 + \Delta z) - f(z_0)}{\Delta z} - f'(z_0),$$
则
$$f(z_0 + \Delta z) - f(z_0) = f'(z_0)\Delta z + \rho(\Delta z)\Delta z$$
左、右两边同取 $\Delta z \to 0$ 的极限,有
$$\lim_{\Delta z \to 0} [f(z_0 + \Delta z) - f(z_0)] = 0,$$
即
$$\lim_{\Delta z \to 0} f(z_0 + \Delta z) = f(z_0).$$
故 $f(z)$ 在 z_0 连续.

类似于实函数的求导法则,我们也有复变函数 $w = f(z)$ 的导数运算法则. 现将几个求导公式与法则罗列如下.

(1) $(C)' = 0$,其中 C 为复常数.

(2) $(z^n)' = nz^{n-1}$,其中 n 为正整数.

(3) $[f(z) \pm g(z)]' = f'(z) \pm g'(z)$.

(4) $[f(z)g(z)]' = f'(z)g(z) + g'(z)f(z)$.

(5) $\left[\dfrac{f(z)}{g(z)} \right]' = \dfrac{f'(z)g(z) - g'(z)f(z)}{g^2(z)}$ $(g(z) \neq 0)$.

(6) $(f[g(z)])' = f'(w)g'(z)$,其中 $w = g(z)$.

(7) $f'(z) = \dfrac{1}{\varphi'(w)}$,其中 $w = f(z)$ 与 $z = \varphi(w)$ 是两个互为反函数的单值函数,且 $\varphi'(w) \neq 0$.

同导数的情形一样,复变函数的微分概念在形式上与高等数学中的类似.

设 $w = f(z)$ 在 z 处可导,则

$$\lim_{\Delta z \to 0} \frac{\Delta w}{\Delta z} = f'(z),$$

由此得

$$\Delta w = f(z + \Delta z) - f(z) = f'(z)\Delta z + \eta \Delta z.$$

其中 $\eta \to 0 (\Delta z \to 0)$,与高等数学中一样,我们称 $f'(z)\Delta z$ 为函数 $w = f(z)$ 在 z 处的微分,记为 $\mathrm{d}w = f'(z)\Delta z$ 或 $\mathrm{d}f = f'(z)\Delta z$. 若 $w = f(z) = z$,则 $\mathrm{d}z = 1 \cdot \Delta z$,于是 $w = f(z)$ 在点 z 处的微分又可写成

$$\mathrm{d}w = f'(z)\mathrm{d}z \quad \text{或} \quad \mathrm{d}f = f'(z)\mathrm{d}z.$$

若 $f(z)$ 在 D 内每一点都可微,则称 $f(z)$ 在 D 内可微.

例 2.3 已知 $f(z) = \dfrac{z}{1-z}$,求 $f'(0)$ 和 $f'(-\mathrm{i})$.

解
$$f'(z) = \left(\frac{z}{1-z}\right)' = \frac{1}{(1-z)^2},$$

所以

$$f'(0) = 1, \quad f'(-\mathrm{i}) = \frac{1}{(1+\mathrm{i})^2} = -\frac{\mathrm{i}}{2}.$$

2.1.2 解析函数的概念

定义 2.1.2 如果 $f(z)$ 在 z_0 处及 z_0 的某个邻域内处处可导,则称 $f(z)$ 在 z_0 处解析;如果 $f(z)$ 在区域 D 内每一点处都解析,则称 $f(z)$ 在 D 内解析,也称 $f(z)$ 是 D 内的一个解析函数.

若 $f(z)$ 在 z_0 处不解析,则称 z_0 为 $f(z)$ 的奇点.

在一个点处的可导性是一个局部概念,而解析性是一个整体概念. 复变函数在一个点处解析,是指在这个点的某个邻域内都可导,因此在此点处可导;反之,由在一个点处的可导性不能推出在这个点处解析. 但是,函数在一个区域内解析与在此区域内可导是等价的.

例如,函数

$$f(z) = \frac{1}{z},$$

当 $z \neq 0$ 时,$f'(z) = -\dfrac{1}{z^2}$,所以在除 $z = 0$ 外的复平面上,$f(z)$ 处处解析,$z = 0$ 为函数 $f(z)$ 的奇点.

例 2.4 $f(z) = z^2$ 在 z 平面上因为处处可导,所以处处解析;$f(z) = 2x + y\mathrm{i}$ 在 z 平面上没有可导点,所以处处不解析.

例 2.5 讨论 $f(z) = |z|^2$ 的解析性.

解 设 z_0 为复平面上任一点,则

$$\lim_{\Delta z \to 0} \frac{f(z_0 + \Delta z) - f(z_0)}{\Delta z} = \lim_{\Delta z \to 0} \frac{(z_0 + \Delta z)(\overline{z_0} + \overline{\Delta z}) - z_0 \overline{z_0}}{\Delta z}$$

$$= \lim_{\Delta z \to 0} \left(\overline{z_0} + \overline{\Delta z} + z_0 \frac{\overline{\Delta z}}{\Delta z}\right).$$

当 $z_0 = 0$ 时,上述极限为 0,即 $f'(0) = 0$;当 $z_0 \neq 0$ 时,且沿平行于 x 轴方向 $\Delta z \to 0$ 时,

上述极限等于 $\overline{z_0} + z_0 = 2x_0$；当沿平行 y 轴方向 $\Delta z \to 0$ 时，上述极限等于 $\overline{z_0} - z_0 = -2y_0 \mathrm{i}$.

故当 $z_0 \neq 0$ 时 $f(z) = |z|^2$ 不可导，函数 $f(z) = |z|^2$ 在 z 平面上处处不解析.

根据函数求导法则，不难证明以下定理.

定理 2.1.1　（1）若 $f(z)$ 和 $g(z)$ 在区域 D 内解析，那么 $f(z) \pm g(z)$，$f(z)g(z)$，$f(z)/g(z)$（除去分母为 0 的点）也在区域 D 内解析，并且有下面的求导运算法则：

$$[f(z) \pm g(z)]' = f'(z) \pm g'(z),$$

$$[f(z)g(z)]' = f'(z)g(z) + f(z)g'(z),$$

$$\left[\frac{f(z)}{g(z)}\right]' = \frac{f'(z)g(z) - f(z)g'(z)}{[g(z)]^2}.$$

（2）复合求导法则：设 $h = g(z)$ 在 z 平面上的区域 D 内解析，$w = f(h)$ 在 h 平面上的区域 G 内解析，而且当 $z \in D$ 时，$h = g(z) \in G$，那么复合函数 $w = f[g(z)]$ 在 D 内解析，并且有

$$\frac{\mathrm{d}f[g(z)]}{\mathrm{d}z} = \frac{\mathrm{d}f(h)}{\mathrm{d}h}\frac{\mathrm{d}g(z)}{\mathrm{d}z}.$$

从这个定理可以推知，任意多项式函数

$$P(z) = a_0 + a_1 z + \cdots + a_n z^n$$

在整个复平面内解析，并且有

$$P'(z) = a_1 + 2a_2 z + \cdots + na_n z^{n-1}.$$

任何有理函数 $R(z) = \dfrac{P(z)}{Q(z)}$，除去使分母为 0 的点外是解析的，它的导数的求法与 z 是实变量时相同.

例 2.6　讨论函数 $f(z) = \dfrac{3z+1}{4z^2+1}$ 的解析区域并求函数在该区域上的导数.

解　由上讨论知，当 $4z^2 + 1 \neq 0$ 时，函数 $f(z)$ 解析. 又方程 $4z^2 + 1 = 0$ 的解为 $z = \pm \dfrac{\mathrm{i}}{2}$，因此在全平面上除去这两点外处处解析，且导数为

$$f'(z) = \frac{3(4z^2+1) - (3z+1)(8z)}{(4z^2+1)^2} = \frac{-12z^2 - 8z + 3}{(4z^2+1)^2}.$$

2.2　解析函数的充要条件

通过对第 1 章的学习我们知道，如果仅仅研究极限或连续方面的问题，研究复变函数 $w = f(z)$ 与研究两个二元实函数 $u = u(x,y)$，$v = v(x,y)$ 是等价的. 在上一小节例 2.2 中，$f(z) = 2x + y\mathrm{i}$ 在复平面上实部、虚部处处有偏导数，但该函数却处处不可导. 这说明研究 $w = f(z)$ 是否有导数与研究 $u = u(x,y)$，$v = v(x,y)$ 是否有偏导数就不再等价了；并且函数在一点处解析比在一点处可导要求更为严格，若仅仅用定义来判定一个复变函数在区域 D 是否解析，是非常困难的. 下面给出判定复变函数在某一区域内是否解析的方法.

定理 2.2.1　设函数 $f(z) = u(x,y) + \mathrm{i}v(x,y)$ 在区域 D 内确定，那么 $f(z)$ 在点 $z = x + \mathrm{i}y \in D$ 处可微的充要条件是：

（1）实部 $u(x,y)$ 和虚部 $v(x,y)$ 在 (x,y) 处可微；

（2）$u(x,y)$ 和 $v(x,y)$ 满足柯西-黎曼条件（简称 C-R 方程），即满足

$$\frac{\partial u}{\partial x} = \frac{\partial v}{\partial y}, \quad \frac{\partial u}{\partial y} = -\frac{\partial v}{\partial x}. \tag{2.2.1}$$

证　必要性. 设 $f(z)$ 在 $z = x + \mathrm{i}y \in D$ 处有导数 $\alpha = a + \mathrm{i}b$，根据导数的定义，当 $z + \Delta z \in D (\Delta z \neq 0)$ 时，有

$$f(z + \Delta z) - f(z) = \alpha \Delta z + o(|\Delta z|) = (a + \mathrm{i}b)(\Delta x + \mathrm{i}\Delta y) + o(|\Delta z|).$$

其中，$o(|\Delta z|) = \rho(|\Delta z|)\Delta z, \Delta z = \Delta x + \mathrm{i}\Delta y$. 比较上式的实部与虚部，得

$$u(x + \Delta x, y + \Delta y) - u(x,y) = a\Delta x - b\Delta y + o(|\Delta z|),$$
$$v(x + \Delta x, y + \Delta y) - v(x,y) = b\Delta x + a\Delta y + o(|\Delta z|).$$

由二元实变函数的可微性定义知，$u(x,y)$ 和 $v(x,y)$ 在 (x,y) 处可微，并且有

$$\frac{\partial u}{\partial x} = a, \quad \frac{\partial u}{\partial y} = -b, \quad \frac{\partial v}{\partial x} = b, \quad \frac{\partial v}{\partial y} = a.$$

因此，柯西-黎曼方程成立.

充分性. 设 $u(x,y)$ 和 $v(x,y)$ 在 (x,y) 处可微，并且有柯西-黎曼方程成立：

$$\frac{\partial u}{\partial x} = \frac{\partial v}{\partial y}, \quad \frac{\partial u}{\partial y} = -\frac{\partial v}{\partial x}.$$

设 $\dfrac{\partial u}{\partial x} = a, \dfrac{\partial v}{\partial x} = b$，则由可微性的定义，有

$$u(x + \Delta x, y + \Delta y) - u(x,y) = a\Delta x - b\Delta y + o(|\Delta z|),$$
$$v(x + \Delta x, y + \Delta y) - v(x,y) = b\Delta x + a\Delta y + o(|\Delta z|).$$

令 $\Delta z = \Delta x + \mathrm{i}\Delta y$，当 $z + \Delta z \in D (\Delta z \neq 0)$ 时，有

$$f(z + \Delta z) - f(z) = \Delta u + \mathrm{i}\Delta v = \alpha \Delta z + o(|\Delta z|) = (a + \mathrm{i}b)(\Delta x + \mathrm{i}\Delta y) + o(|\Delta z|).$$

令 $\alpha = a + \mathrm{i}b$，则有

$$\lim_{\Delta z \to 0} \frac{f(z + \Delta z) - f(z)}{\Delta z} = \lim_{\Delta z \to 0} \left(\alpha + \frac{o(|\Delta z|)}{\Delta z} \right) = \alpha.$$

所以，$f(z)$ 在点 $z = x + \mathrm{i}y \in D$ 处可微.

根据复变函数区域可导与区域解析等价，可以得到判断函数在区域 D 内解析的一个充要条件.

定理 2.2.2　设函数 $f(z) = u(x,y) + \mathrm{i}v(x,y)$ 在区域 D 内确定，那么 $f(z)$ 在区域 D 内解析的充要条件是：

（1）实部 $u(x,y)$ 和虚部 $v(x,y)$ 在 D 内可微；

（2）$u(x,y)$ 和 $v(x,y)$ 在 D 内满足柯西-黎曼条件，即满足

$$\frac{\partial u}{\partial x} = \frac{\partial v}{\partial y}, \quad \frac{\partial u}{\partial y} = -\frac{\partial v}{\partial x}.$$

解析函数的实部与虚部不是完全独立的，它们是 C-R 方程的一组解，它们是在研究流体力学时得到的.

利用此定理，可以判断一个复变函数是否在一点处可微或在一个区域内解析：若 $f(z)$ 在区域 D 内不满足 C-R 方程，则 $f(z)$ 在区域 D 内不解析；若 $f(z)$ 在区域 D 内满足 C-R 方程，并且 $u(x,y)$ 和 $v(x,y)$ 具有一阶连续偏导数，则 $f(z)$ 在区域 D 内解析.

利用柯西-黎曼方程，还可以得到解析函数的导数公式：

$$f'(z) = \frac{\partial u}{\partial x} + \mathrm{i}\frac{\partial v}{\partial x} = \frac{\partial v}{\partial y} + \mathrm{i}\frac{\partial v}{\partial x} = \frac{\partial u}{\partial x} - \mathrm{i}\frac{\partial u}{\partial y} = \frac{\partial v}{\partial y} - \mathrm{i}\frac{\partial u}{\partial y}. \tag{2.2.2}$$

例如 $f(z)=z^2=(x^2-y^2)+2\mathrm{i}xy$ 在整个复平面内解析. 因为 $u(x,y)=x^2-y^2$ 和 $v(x,y)=2xy$ 具有一阶连续偏导数,且 $\dfrac{\partial u}{\partial x}=\dfrac{\partial v}{\partial y}=2x,\dfrac{\partial u}{\partial y}=-\dfrac{\partial v}{\partial x}=-2y$,故 $f(z)=z^2$ 在整个复平面内解析,且其导数为

$$f'(z)=\frac{\partial u}{\partial x}+\mathrm{i}\frac{\partial v}{\partial x}=2x+2y\mathrm{i}=2z.$$

函数 $f(z)=\mathrm{e}^x(\cos y+\mathrm{i}\sin y)$ 也有类似的结论.

$f(z)=x^2-\mathrm{i}y$ 在任何点处都不可微. 事实上,$\dfrac{\partial u}{\partial x}=2x,\dfrac{\partial u}{\partial y}=0,\dfrac{\partial v}{\partial x}=0,\dfrac{\partial v}{\partial y}=-1$. 只有当 $x=-\dfrac{1}{2}$ 时才满足 C-R 方程,故此函数在直线 $x=-\dfrac{1}{2}$ 上处处可导,但在整个复平面内处处不解析.

例 2.7　讨论 $f(z)=z\mathrm{Im}(z)$ 的可导性和解析性.

解　$f(z)=z\mathrm{Im}(z)=xy+\mathrm{i}y^2,\dfrac{\partial u}{\partial x}=y,\dfrac{\partial u}{\partial y}=x,\dfrac{\partial v}{\partial x}=0,\dfrac{\partial v}{\partial y}=2y$,只有当 $x=y=0$ 时才满足 C-R 方程,故函数在 $z=0$ 处可导且 $f'(0)=0$,在整个复平面内处处不解析.

例 2.8　如果函数 $f(z)$ 在区域 D 内解析且 $f'(z)=0$,证明 $f(z)$ 在 D 内为常数.

证　设 $f(z)=u(x,y)+\mathrm{i}v(x,y)$,则

$$f'(z)=\frac{\partial u}{\partial x}+\mathrm{i}\frac{\partial v}{\partial x}=\frac{\partial v}{\partial y}-\mathrm{i}\frac{\partial u}{\partial y}=0.$$

故

$$\frac{\partial u}{\partial x}=0,\quad \frac{\partial u}{\partial y}=0,\quad \frac{\partial v}{\partial x}=0,\quad \frac{\partial v}{\partial y}=0,$$
$$\Rightarrow u(x,y)=c_1,\quad v(x,y)=c_2.$$

故 $f(z)=c_1+\mathrm{i}c_2$,为常数.

例 2.9　设 $f(z)=u+\mathrm{i}v$ 为解析函数,且 $f'(z)\neq0$,那么曲线族 $u(x,y)=c_1$ 和 $v(x,y)=c_2$ 必互相正交,其中 c_1,c_2 为常数.

证　由于 $f'(z)=\dfrac{\partial v}{\partial y}-\mathrm{i}\dfrac{\partial u}{\partial y}\neq0$,故 $\dfrac{\partial u}{\partial y},\dfrac{\partial v}{\partial y}$ 不全为零. 若在曲线的交点处,$\dfrac{\partial u}{\partial y},\dfrac{\partial v}{\partial y}$ 均不为零,由隐函数的求导法则,曲线族 $u(x,y)=c_1$ 和 $v(x,y)=c_2$ 的斜率分别为

$$k_1=-\frac{\dfrac{\partial u}{\partial x}}{\dfrac{\partial u}{\partial y}},\quad k_2=-\frac{\dfrac{\partial v}{\partial x}}{\dfrac{\partial v}{\partial y}},$$

从而

$$k_1 k_2=\frac{\dfrac{\partial u}{\partial x}}{\dfrac{\partial u}{\partial y}}\frac{\dfrac{\partial v}{\partial x}}{\dfrac{\partial v}{\partial y}}=-1.$$

因此,曲线族 $u(x,y)=c_1$ 和 $v(x,y)=c_2$ 互相正交.

若在交点处,$\dfrac{\partial u}{\partial y}=0,\dfrac{\partial v}{\partial y}\neq0$,则 $\dfrac{\partial v}{\partial x}=0$,显然 $k_1=\infty,k_2=0$,曲线族 $u(x,y)=c_1$ 和 $v(x,y)=c_2$ 的切线是铅直和水平的,故正交. 另一种特殊情况也可类似讨论.

2.3　初　等　函　数

前文已经给出了多项式及有理分式函数的解析性结果.本节将把实变函数中的一些常用的基本初等函数推广到复数域,并研究它们的性质,尤其是解析性.从中我们可以发现,复平面上的基本初等函数与实变函数里的基本初等函数既有相似之处,也有本质差别.

2.3.1　指数函数

我们把实变函数中指数函数的定义扩充到整个复平面上,使得复变数 $z = x + \mathrm{i}y$ 的函数 $f(z)$ 满足下列条件:

(1) $f(z)$ 在整个复平面 C 上解析,且 $f'(z) = f(z)$;

(2) 满足加法原理:$f(z_1 + z_2) = f(z_1) \cdot f(z_2)$;

(3) 当 $\mathrm{Im}(z) = 0$ 时,$f(z) = f(x) = \mathrm{e}^x$,其中 $x = \mathrm{Re}(z)$.

可设 $z = x + \mathrm{i}y$,则

$$f(z) = f(x + \mathrm{i}y) = f(x) \cdot f(\mathrm{i}y) = \mathrm{e}^x \cdot f(\mathrm{i}y).$$

此时可设 $f(\mathrm{i}y) = A(y) + \mathrm{i}B(y)$,又利用 $f(z)$ 在整个复平面 C 上解析,其实部、虚部应满足 C-R 方程得

$$A(y) = B'(y), \quad A'(y) = -B(y). \tag{2.3.1}$$

可以证明只有当 $A(y) = \cos y, B(y) = \sin y$ 时才满足式(2.3.1).

此时 $f(z) = \mathrm{e}^x(\cos y + \mathrm{i}\sin y)$,我们称它为 z 的指数函数,记作 $\exp z$,以后常用 e^z 表示复变函数中的指数函数,也即

$$\mathrm{e}^z = \mathrm{e}^{x+\mathrm{i}y} = \mathrm{e}^x(\cos y + \mathrm{i}\sin y). \tag{2.3.2}$$

特别地,当 $x = 0$ 时,就是 Euler 公式:$\mathrm{e}^{\mathrm{i}y} = \cos y + \mathrm{i}\sin y$.

指数函数具有下列性质:

(1) $|\mathrm{e}^z| = \mathrm{e}^x$,$\mathrm{Arg}\,\mathrm{e}^z = y + 2k\pi$ $(k \in \mathbf{Z})$.

(2) $\mathrm{e}^{z_1} \cdot \mathrm{e}^{z_2} = \mathrm{e}^{z_1+z_2}$.

事实上,若 $z_1 = x_1 + \mathrm{i}y_1, z_2 = x_2 + \mathrm{i}y_2$,则有

$$\begin{aligned}\mathrm{e}^{z_1} \cdot \mathrm{e}^{z_2} &= \mathrm{e}^{x_1}(\cos y_1 + \mathrm{i}\sin y_1)\mathrm{e}^{x_2}(\cos y_2 + \mathrm{i}\sin y_2) \\ &= \mathrm{e}^{x_1+x_2}[\cos(y_1 + y_2) + \mathrm{i}\sin(y_1 + y_2)] \\ &= \mathrm{e}^{z_1+z_2}.\end{aligned}$$

同样也可证明 $\mathrm{e}^{z_1}/\mathrm{e}^{z_2} = \mathrm{e}^{z_1-z_2}$.

(3) e^z 具有周期性,周期为 $2k\pi\mathrm{i}$,即 $\mathrm{e}^z = \mathrm{e}^{z+2k\pi\mathrm{i}}$.方程 $\mathrm{e}^{z_1} = \mathrm{e}^{z_2}$ 的解为 $z_1 = z_2 + 2k\pi\mathrm{i}$.

(4) 指数函数 $w = \mathrm{e}^z$ 在整个复平面内有定义并且解析,且 $(\mathrm{e}^z)' = \mathrm{e}^z$,复变函数中的指数函数 $w = \mathrm{e}^z$ 是实变函数中的指数函数在复平面上的解析推广.

(5) 记号 e^z 是复指数函数的记法,不能理解成幂.

例 2.10　求 $\mathrm{e}^{1-4\mathrm{i}}$ 的值及其模、辐角、辐角主值.

解　$\mathrm{e}^{1-4\mathrm{i}} = \mathrm{e}^1[\cos(-4) + \mathrm{i}\sin(-4)] = \mathrm{e}[\cos 4 - \mathrm{i}\sin 4]$,所以

$$|\mathrm{e}^{1-4\mathrm{i}}| = \mathrm{e},$$
$$\mathrm{Arg}(\mathrm{e}^{1-4\mathrm{i}}) = -4 + 2k\pi,$$
$$\arg(\mathrm{e}^{1-4\mathrm{i}}) = -4 + 2\pi.$$

例 2.11　设 $z = x + \mathrm{i}y$，求 $\left|\mathrm{e}^{2-3z}\right|$，$\mathrm{Im}(\mathrm{e}^{\frac{1}{z}})$，$\mathrm{Re}(\mathrm{e}^{\mathrm{e}^{z}})$.

解
$$\left|\mathrm{e}^{2-3z}\right| = \mathrm{e}^{2-3x}.$$

$$\mathrm{Im}(\mathrm{e}^{\frac{1}{z}}) = \mathrm{Im}(\mathrm{e}^{\frac{1}{x+\mathrm{i}y}}) = \mathrm{Im}(\mathrm{e}^{\frac{x-\mathrm{i}y}{x^2+y^2}}) = -\mathrm{e}^{\frac{x}{x^2+y^2}} \cdot \sin\left(\frac{y}{x^2+y^2}\right).$$

$$\mathrm{Re}(\mathrm{e}^{\mathrm{e}^{z}}) = \mathrm{Re}[\mathrm{e}^{\mathrm{e}^{x}(\cos y + \mathrm{i}\sin y)}] = \mathrm{Re}(\mathrm{e}^{\mathrm{e}^{x}\cos y + \mathrm{i}\mathrm{e}^{x}\sin y}) = \mathrm{e}^{\mathrm{e}^{x}\cos y} \cdot \cos(\mathrm{e}^{x}\sin y).$$

2.3.2　对数函数

和实变函数一样，在复变函数中，对数函数定义为指数函数的反函数.

满足方程 $\mathrm{e}^{w} = z\,(z \neq 0)$ 的函数 $w = f(z)$ 称为对数函数，记为 $w = \mathrm{Ln}z$.

下面我们来推导 $w = \mathrm{Ln}z$ 的具体表达式.

令 $w = u + \mathrm{i}v, z = r\mathrm{e}^{\mathrm{i}\theta}$，那么 $r\mathrm{e}^{\mathrm{i}\theta} = \mathrm{e}^{u+\mathrm{i}v} = \mathrm{e}^{u}\mathrm{e}^{\mathrm{i}v}$，从而
$$r = \mathrm{e}^{u}, \quad \theta = v + 2k\pi.$$

故 $u = \ln r, \theta = v + 2k\pi$，此时
$$w = \mathrm{Ln}z = \ln|z| + \mathrm{i}\mathrm{Arg}z. \tag{2.3.3}$$

若 $|z| = r, \mathrm{arg}z = \theta$，上式也可写为
$$w = \mathrm{Ln}z = \ln r + \mathrm{i}\theta + 2k\pi\mathrm{i}. \tag{2.3.4}$$

由于 $\mathrm{Arg}z$ 为多值函数，故 $\mathrm{Ln}z$ 也是多值函数. 若规定 $\mathrm{Arg}z$ 取主值 $\mathrm{arg}z$，则 $\mathrm{Ln}z$ 为单值函数，记为 $\ln z$，称为 $\mathrm{Ln}z$ 的主值，即
$$\ln z = \ln|z| + \mathrm{i}\mathrm{arg}z. \tag{2.3.5}$$

有了对数函数主值的定义，则
$$w = \mathrm{Ln}z = \ln z + 2k\pi\mathrm{i} \quad (k \in \mathbf{Z}). \tag{2.3.6}$$

对于每一个固定的 k，上式为单值函数，称为 $\mathrm{Ln}z$ 的一个分支.

对数函数的基本性质如下：

(1) $\mathrm{Ln}(z_1 z_2) = \mathrm{Ln}z_1 + \mathrm{Ln}z_2$，

(2) $\mathrm{Ln}(z_1/z_2) = \mathrm{Ln}z_1 - \mathrm{Ln}z_2$.

可设 $z_1 = r_1\mathrm{e}^{\mathrm{i}\theta_1}, z_2 = r_2\mathrm{e}^{\mathrm{i}\theta_2}$，实际上 $z_1 z_2 = r_1 r_2 \mathrm{e}^{\mathrm{i}(\theta_1+\theta_2)}$，从而
$$\mathrm{Ln}(z_1 z_2) = \ln(r_1 r_2) + \mathrm{i}(\theta_1 + \theta_2)$$
$$= \ln|z_1| + \ln|z_2| + \mathrm{i}\mathrm{Arg}z_1 + \mathrm{i}\mathrm{Arg}z_2 = \mathrm{Ln}z_1 + \mathrm{Ln}z_2.$$

同理可证商的情况.

值得注意的是，上面两个性质应当理解为两端可能取的函数值的全体是相同的.

(3) 原先性质等式 $\mathrm{Ln}z^{n} = n\mathrm{Ln}z, \mathrm{Ln}\sqrt[n]{z} = \dfrac{1}{n}\mathrm{Ln}z\,(n > 1)$ 当 n 为正整数时不再成立.

例 2.12　验证 $\mathrm{Ln}z^{2} = 2\mathrm{Ln}z$ 不成立.

实际上，令 $z = \mathrm{i}$，左边 $= \mathrm{Ln}(-1) = \mathrm{i}\pi + 2k_1\pi\mathrm{i}\,(k_1$ 为整数)；右边 $= 2\mathrm{Ln}\mathrm{i} = 2(\mathrm{i}\frac{\pi}{2} + 2k_2\pi\mathrm{i})$ $= \pi\mathrm{i} + 4k_2\mathrm{i}\,(k_2$ 为整数).

当 $k_1 = 1$ 时，左边 $= 3\pi\mathrm{i}$，而右边不论 k_2 取何整数，都不等于 $3\pi\mathrm{i}$. 故等式不成立.

(4) $\mathrm{Ln}z$ 的各分支在除去原点及负实轴的平面内解析，且有相同的导数.

由式 (2.3.6) 我们知，$w = \mathrm{Ln}z = \ln z + 2k\pi\mathrm{i}\,(k \in \mathbf{Z})$，先讨论 $\ln z$. 显然，$\ln|z|$ 在原点处不连续，$\mathrm{arg}z$ 在原点不确定，当然不连续. $\mathrm{arg}z$ 在负实轴上也不连续，因为设 $z = x + \mathrm{i}y$，当 $x < 0$

时, $\lim\limits_{y\to 0^-}\arg z=-\pi$, $\lim\limits_{y\to 0^+}\arg z=\pi$. 故 $\arg z$ 在原点及负实轴上不连续,导致 $\ln z$ 在原点处及负实轴上不连续.

又 $z=\mathrm{e}^w$ 在区域 $-\pi<\theta=\arg z<\pi$ 内的反函数 $w=\ln z$ 是单值的,由反函数的求导法则可得

$$\frac{\mathrm{d}\ln z}{\mathrm{d}z}=\frac{1}{\dfrac{\mathrm{d}\mathrm{e}^w}{\mathrm{d}w}}=\frac{1}{\mathrm{e}^w}=\frac{1}{z}.$$

因此,$\ln z$ 在除去原点及负实轴的平面内解析.

又 $\mathrm{Ln}z=\ln z+2k\pi\mathrm{i}$,则 $(\mathrm{Ln}z)'=\dfrac{1}{z}$,也在除去原点及负实轴的平面内解析.

例 2.13 求 $\mathrm{Ln}(-3)$,$\mathrm{Ln}(-2+\mathrm{i})$ 以及与它们相应的主值.

解 $\mathrm{Ln}(-3)=\ln|-3|+\pi\mathrm{i}+2k\pi\mathrm{i}=\ln 3+(2k+1)\pi\mathrm{i}\quad(k\in\mathbf{Z})$,
其主值 $\ln(-3)=\ln 3+\pi\mathrm{i}$.

$$\mathrm{Ln}(-2+\mathrm{i})=\ln|-2+\mathrm{i}|+\mathrm{i}\left(\pi-\arctan\frac{1}{2}\right)+2k\pi\mathrm{i}$$
$$=\frac{1}{2}\ln 5+\mathrm{i}\left(\pi-\arctan\frac{1}{2}\right)+2k\pi\mathrm{i}\quad(k\in\mathbf{Z}),$$

其主值 $\ln(2-\mathrm{i})=\dfrac{1}{2}\ln 5+\mathrm{i}\left(\pi-\arctan\dfrac{1}{2}\right)$.

此例说明,复对数是实对数在复数范围内的推广. 在实数范围内"负数为对数"的说法,在复数范围内不成立,但可说成"负数无实对数,且正实数的对数也有无穷多值".

2.3.3 乘幂 a^b 与幂函数

利用指数函数和对数函数,可以定义乘幂:设 a 是不为零的复数,b 是任意复数,则定义乘幂为

$$a^b=\mathrm{e}^{b\mathrm{Ln}a}. \tag{2.3.7}$$

由于 $\mathrm{Ln}a=\ln|a|+\mathrm{i}(\arg a+2k\pi)$ 为多值的,因此 a^b 是多值的. 当 b 为整数时,由于
$$a^b=\mathrm{e}^{b\mathrm{Ln}a}=\mathrm{e}^{b[\ln|a|+\mathrm{i}(\arg a+2k\pi)]}=\mathrm{e}^{b(\ln|a|+\mathrm{i}\arg a)+2kb\pi\mathrm{i}}=\mathrm{e}^{b\ln a},$$
这时,a^b 具有单一的值.

当 $b=\dfrac{p}{q}(q>0,p,q$ 互质) 为有理数时,

$$a^b=\mathrm{e}^{b\mathrm{Ln}a}=\mathrm{e}^{\frac{p}{q}\ln|a|+\mathrm{i}\frac{p}{q}(\arg a+2k\pi)}$$
$$=\mathrm{e}^{\frac{p}{q}\ln|a|}\left\{\cos\left[\frac{p}{q}(\arg a+2k\pi)\right]+\mathrm{i}\sin\left[\frac{p}{q}(\arg a+2k\pi)\right]\right\}. \tag{2.3.8}$$

显然 a^b 具有 q 个值,即当 $k=0,1,2,\cdots,q-1$ 时,对应各个值,当 $k>q-1$ 时,值重复出现.

当 b 为其他值时,a^b 具有无穷多个值.

在 a^b 的定义中,当 b 为正整数 n 或分数 $\dfrac{1}{n}$ 时,a^n,$\sqrt[n]{a}$ 与第 1 章的意义一样. 实际上,

$$a^n=\mathrm{e}^{n\mathrm{Ln}a}=\mathrm{e}^{\mathrm{Ln}a+\mathrm{Ln}a+\cdots+\mathrm{Ln}a}=\mathrm{e}^{\mathrm{Ln}a}\cdot\mathrm{e}^{\mathrm{Ln}a}\cdots\cdot\mathrm{e}^{\mathrm{Ln}a}=a\cdot a\cdots\cdot a. \tag{2.3.9}$$

$$a^{\frac{1}{n}}=\mathrm{e}^{\frac{1}{n}\mathrm{Ln}a}=\mathrm{e}^{\frac{1}{n}[\ln|a|+\mathrm{i}(\arg a+2k\pi)]}$$
$$=\mathrm{e}^{\frac{1}{n}\ln|a|}\left[\cos\left(\frac{\arg a+2k\pi}{n}\right)+\mathrm{i}\sin\left(\frac{\arg a+2k\pi}{n}\right)\right]$$

$$= \mid a \mid^{\frac{1}{n}} \left[\cos\left(\frac{\arg a + 2k\pi}{n}\right) + \mathrm{i}\sin\left(\frac{\arg a + 2k\pi}{n}\right) \right] = \sqrt[n]{a}. \qquad (2.3.10)$$

其中 $k = 0, 1, \cdots, n-1$.

若取 $a = z$ 为一复变数,就得到一般的幂函数 $w = z^b$. 当 $b = n, \frac{1}{n}$ 时,就分别得到通常的

幂函数 $w = z^n$ 和 $w = \sqrt[n]{z}$,其中 $w = z^n$ 在复平面内单值解析,$w = \sqrt[n]{z}$ 是一个多值函数,具有 n 个分支.由于对数函数 $\mathrm{Ln}z$ 的各分支在除去原点及负实轴的平面内解析,因而 $w = \sqrt[n]{z}$ 的各分支在除去原点及负实轴的平面内解析,并且有

$$(z^{\frac{1}{n}})' = (\sqrt[n]{z})' = (\mathrm{e}^{\frac{1}{n}\mathrm{Ln}z})' = \frac{1}{n}z^{\frac{1}{n}-1}.$$

当 b 是其他数时,$w = z^b$ 也是一个多值函数,特别当 b 是无理数或复数时,它有无穷多个值,它的各分支在除去原点及负实轴的平面内解析,并且有

$$\frac{\mathrm{d}w}{\mathrm{d}z} = b \cdot \frac{1}{z} \mathrm{e}^{b\mathrm{Ln}z} = b \cdot \frac{z^b}{z} = bz^{b-1}.$$

因此,有下面的结论即幂函数的基本性质:

(1) 由于对数函数具有多值性,幂函数一般是一个多值函数;

(2) 当 b 是正整数时,幂函数是一个单值函数;

(3) 当 $b = \frac{1}{n}$(n 是正整数)时,幂函数是一个 n 值函数;

(4) 当 $b = \frac{m}{n}$ 是有理数时,幂函数是一个 n 值函数;

(5) 当 b 是无理数或虚数时,幂函数是一个无穷值多值函数.

例 2.14 求 $\mathrm{i}^\mathrm{i}, (1+\mathrm{i})^{\sqrt{2}}$ 的值.

解 $\qquad \mathrm{i}^\mathrm{i} = \mathrm{e}^{\mathrm{i}\mathrm{Ln}\mathrm{i}} = \mathrm{e}^{\mathrm{i}(\ln\mid \mathrm{i} \mid + \frac{\pi}{2}\mathrm{i} + 2k\pi\mathrm{i})} = \mathrm{e}^{-(\frac{\pi}{2} + 2k\pi)} \quad (k \in \mathbf{Z}).$

$$(1+\mathrm{i})^{\sqrt{2}} = \mathrm{e}^{\sqrt{2}\mathrm{Ln}(1+\mathrm{i})} = \mathrm{e}^{\sqrt{2}(\ln\mid 1+\mathrm{i} \mid + \frac{\pi}{4}\mathrm{i} + 2k\pi\mathrm{i})}$$
$$= \mathrm{e}^{\frac{1}{\sqrt{2}}\ln 2}\left[\cos\left(\frac{\sqrt{2}\pi}{4} + 2\sqrt{2}k\pi\right) + \mathrm{i}\sin\left(\frac{\sqrt{2}\pi}{4} + 2\sqrt{2}k\pi\right)\right] \quad (k \in \mathbf{Z}).$$

2.3.4 三角函数与双曲函数

由 Euler 公式,对任何实数 x,我们有

$$\mathrm{e}^{\mathrm{i}x} = \cos x + \mathrm{i}\sin x, \quad \mathrm{e}^{-\mathrm{i}x} = \cos x - \mathrm{i}\sin x,$$

所以有

$$\cos x = \frac{\mathrm{e}^{\mathrm{i}x} + \mathrm{e}^{-\mathrm{i}x}}{2}, \quad \sin x = \frac{\mathrm{e}^{\mathrm{i}x} - \mathrm{e}^{-\mathrm{i}x}}{2\mathrm{i}}.$$

因此,对任何复数 z,定义正弦函数和余弦函数如下:

$$\sin z = \frac{\mathrm{e}^{\mathrm{i}z} - \mathrm{e}^{-\mathrm{i}z}}{2\mathrm{i}}, \quad \cos z = \frac{\mathrm{e}^{\mathrm{i}z} + \mathrm{e}^{-\mathrm{i}z}}{2}. \qquad (2.3.11)$$

正弦函数和余弦函数有下面的基本性质:

(1) $\cos z$ 是偶函数,$\sin z$ 是奇函数.

$$\cos(-z) = \frac{\mathrm{e}^{\mathrm{i}(-z)} + \mathrm{e}^{-\mathrm{i}(-z)}}{2} = \frac{\mathrm{e}^{-\mathrm{i}z} + \mathrm{e}^{\mathrm{i}z}}{2} = \cos z,$$

$$\sin(-z) = \frac{e^{i(-z)} - e^{-i(-z)}}{2i} = \frac{e^{-iz} - e^{iz}}{2i} = -\sin z.$$

(2) $\cos z$ 和 $\sin z$ 是以 2π 为周期的周期函数.

$$\cos(z + 2\pi) = \frac{e^{i(z+2\pi)} + e^{-i(z+2\pi)}}{2} = \cos z.$$

(3) 实变函数中的三角恒等式,在复变函数中仍然成立,如

$$\sin(z_1 \pm z_2) = \sin z_1 \cos z_2 \pm \cos z_1 \sin z_2,$$
$$\cos(z_1 \pm z_2) = \cos z_1 \cos z_2 \mp \sin z_1 \sin z_2.$$

利用上述公式,可以推出

$$\cos(x + iy) = \cos x \operatorname{ch} y - i \sin x \operatorname{sh} y,$$
$$\sin(x + iy) = \sin x \operatorname{ch} y + i \cos x \operatorname{sh} y.$$

其中 $\cos iy = \operatorname{ch} y, \sin iy = i \operatorname{sh} y.$

(4) $\sin^2 z + \cos^2 z = 1$,但是 $\cos z$ 和 $\sin z$ 在复平面上无界.

例如 $z = 2i$ 时,有

$$\cos 2i = \frac{e^{-2} + e^2}{2} \geqslant 1, \quad |\sin 2i| = \left| \frac{e^{-2} - e^2}{2i} \right| \geqslant 1.$$

(5) $\cos z$ 和 $\sin z$ 在整个复平面解析,并且有

$$(\cos z)' = -\sin z, \quad (\sin z)' = \cos z.$$

(6) $\cos z$ 在复平面的零点是 $z = \frac{\pi}{2} + k\pi$,$\sin z$ 在复平面的零点是 $z = k\pi$.

其他几个三角函数,可利用 $\cos z$ 和 $\sin z$ 来定义.

$$\tan z = \frac{\sin z}{\cos z}, \quad \cot z = \frac{\cos z}{\sin z}.$$
$$\sec z = \frac{1}{\cos z}, \quad \csc z = \frac{1}{\sin z}.$$

同样可以讨论它们的周期性、奇偶性与解析性.

同样可定义双曲函数:

$$\operatorname{ch} z = \frac{e^z + e^{-z}}{2}, \quad \operatorname{sh} z = \frac{e^z - e^{-z}}{2}, \quad \operatorname{th} z = \frac{e^z - e^{-z}}{e^z + e^{-z}} = \frac{\operatorname{sh} z}{\operatorname{ch} z} \tag{2.3.12}$$

分别称为双曲余弦、正弦和正切函数. 当 z 为实数 x 时,上述定义与高等数学中定义的双曲函数一样.

$\operatorname{ch} z, \operatorname{sh} z$ 是以 $2\pi i$ 为周期的周期函数. $\operatorname{ch} z$ 是偶函数,$\operatorname{sh} z$ 是奇函数. 它们都在复平面上解析,且 $(\operatorname{ch} z)' = \operatorname{sh} z, (\operatorname{sh} z)' = \operatorname{ch} z$. 利用定义不难证明

$$\operatorname{ch} iy = \cos y, \quad \operatorname{sh} iy = i \sin y, \tag{2.3.13}$$
$$\operatorname{ch}(x + iy) = \operatorname{ch} x \cos y + i \operatorname{sh} x \sin y,$$
$$\operatorname{sh}(x + iy) = \operatorname{sh} x \cos y + i \operatorname{ch} x \sin y. \tag{2.3.14}$$

2.3.5 反三角函数

反三角函数定义为三角函数的反函数. 如果 $z = \sin w, z = \cos w, z = \tan w$,则称 w 分别为 z 的反正弦、反余弦和反正切函数,分别记作

$$w = \operatorname{Arcsin} z, \quad w = \operatorname{Arccos} z, \quad w = \operatorname{Arctan} z.$$

这里推导出 $w = \text{Arctan}z$ 的表达式.

由函数 $z = \tan w$ 可得

$$z = \frac{1}{i} \frac{e^{iw} - e^{-iw}}{e^{iw} + e^{-iw}}.$$

令 $e^{2iw} = \tau$,得到

$$z = \frac{1}{i} \frac{\tau - 1}{\tau + 1},$$

从而

$$\tau = \frac{-z + i}{z + i},$$

所以

$$w = \text{Arctan}z = \frac{1}{2i} \text{Ln} \frac{-z + i}{z + i} = -\frac{i}{2} \text{Ln} \frac{1 + iz}{1 - iz}. \tag{2.3.15}$$

显然它是一个多值函数,类似可得

$$w = \text{Arcsin}z = -i\text{Ln}(iz + \sqrt{1 - z^2}), \tag{2.3.16}$$

$$w = \text{Arccos}z = -i\text{Ln}(z + \sqrt{z^2 - 1}). \tag{2.3.17}$$

它们也都是多值函数.

第 3 章　复变函数的积分

复变函数的积分是研究解析函数的一个重要工具,解析函数的很多重要性质需要利用复变函数的积分来证明.例如要证明"解析函数的导函数连续"及"解析函数存在各阶导数"等命题,就需要用到复变函数的积分.本章首先介绍了复变函数积分(简称为复积分)的定义、存在条件、性质以及计算,然后给出了柯西-古萨基本定理、复合闭路定理、柯西积分公式、柯西型积分和高阶导数公式,最后阐述了解析函数与调和函数间的关系.

3.1　复变函数积分的概念

复变函数的积分主要研究沿复平面上曲线的积分,这里的曲线仅限于光滑曲线或者按段光滑的简单曲线.设 C 为复平面上一条光滑或按段光滑的曲线,选定 C 的两个可能方向中的一个作为正向,则 C 叫作有向曲线,记为 C,若 C 改变了正方向,记为 C^-.若 C 是简单不闭合曲线,对曲线 C 的两端 A 与 B,指定一端为起点,另一端为终点,从起点到终点就是 C 的正向.

若 C 是简单闭合曲线(简称为简闭曲线或者周线),利用左手定则把逆时针方向作为 C 的正向(即一人沿该方向前进时,内部区域总在此人的左边),以后不加特殊说明,简闭曲线都取正向.

3.1.1　复变函数积分的定义

设复变函数 $w = f(z) = u(x,y) + iv(x,y)$ 在区域 D 内有定义,C 为 D 内一条连接 A 及 B 两点的简单曲线,把曲线 C 用分点 $A = z_0, z_1, z_2, \cdots, z_{n-1}, z_n = B$ 分成 n 个更小的弧(见图 3.1),在这里分点 $z_k (k = 0, 1, 2, \cdots, n)$ 是在曲线 C 上按从 A 到 B 的次序排列的.如果 ξ_k 是 z_{k-1} 到 z_k 的弧上任意一点,作和式

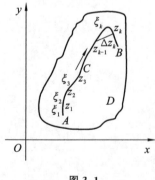

图 3.1

$$S_n = \sum_{k=1}^{n} f(\xi_k)(z_k - z_{k-1}) = \sum_{k=1}^{n} f(\xi_k)\Delta z_k,$$

这里 $\Delta z_k = z_k - z_{k-1}$,记 $\Delta s_k = \overarc{z_{k-1}z_k}$ 的长度.取 $\delta = \max\limits_{1 \leqslant k \leqslant n}\{\Delta s_k\}$,当 n 无限增加且 δ 趋于 0 时,无论对 C 的分法及 ξ_k 的取法如何,S_n 有唯一极限,那么称这个极限值为 $f(z)$ 沿曲线 C 的积分,记为 $\int_C f(z)\mathrm{d}z$,即

$$\int_C f(z)\mathrm{d}z = \lim_{n \to \infty} \sum_{k=1}^{n} f(\xi_k)\Delta z_k. \tag{3.1.1}$$

其中,$f(z)$ 称为被积函数,C 称为积分路线.

式(3.1.1)表示函数 $f(z)$ 沿曲线 C 从点 A 到 B 的积分, $\int_{C^-} f(z)\mathrm{d}z$ 表示函数 $f(z)$ 沿曲线 C 从点 B 到 A 的积分.

如果曲线 C 是由 $C_1,C_2,\cdots,C_n$ 等光滑曲线段依次相互连接所组成的按段光滑曲线,那么

$$\int_C f(z)\mathrm{d}z = \int_{C_1} f(z)\mathrm{d}z + \int_{C_2} f(z)\mathrm{d}z + \cdots + \int_{C_n} f(z)\mathrm{d}z.$$

若 C 为简闭曲线,积分记为 $\oint_C f(z)\mathrm{d}z$.

3.1.2　复积分的存在条件及计算

设简单曲线 C 的参数方程为: $z = z(t) = x(t) + \mathrm{i}y(t)$ $(\alpha \leqslant t \leqslant \beta)$,其中 α 对应起点 A , β 对应终点 B ,且 $z'(t) \neq 0$ $(\alpha \leqslant t \leqslant \beta)$. 若 $w = f(z) = u(x,y) + \mathrm{i}v(x,y)$ 在 D 上连续,则 $u(x,y),v(x,y)$ 均在 D 上连续,设 $\xi_k = \rho_k + \mathrm{i}\eta_k$,这时, $\Delta z_k = z_k - z_{k-1} = \Delta x_k + \mathrm{i}\Delta y_k$,从而

$$\begin{aligned}
S_n &= \sum_{k=1}^{n} f(\xi_k)\Delta z_k = \sum_{k=1}^{n} [u(\rho_k,\eta_k) + \mathrm{i}v(\rho_k,\eta_k)](\Delta x_k + \mathrm{i}\Delta y_k) \\
&= \sum_{k=1}^{n} u(\rho_k,\eta_k)\Delta x_k - \sum_{k=1}^{n} v(\rho_k,\eta_k)\Delta y_k \\
&\quad + \mathrm{i}\Big[\sum_{k=1}^{n} v(\rho_k,\eta_k)\Delta x_k + \sum_{k=1}^{n} u(\rho_k,\eta_k)\Delta y_k\Big].
\end{aligned} \tag{3.1.2}$$

由于 $u(x,y),v(x,y)$ 均连续,按照关于实变函数的线积分的结果,当曲线 C 上的分点 z_k 的个数无穷增加,即 $n \to \infty$ 且 $\delta \to 0$ 时,上面等号后的四个式子分别有极限:

$$\int_C u(x,y)\mathrm{d}x, \quad \int_C v(x,y)\mathrm{d}y, \quad \int_C v(x,y)\mathrm{d}x, \quad \int_C u(x,y)\mathrm{d}y,$$

这时,

$$\begin{aligned}
\int_C f(z)\mathrm{d}z &= \int_C u(x,y)\mathrm{d}x - v(x,y)\mathrm{d}y + \mathrm{i}\int_C v(x,y)\mathrm{d}x + u(x,y)\mathrm{d}y \\
&= \int_C (u + \mathrm{i}v)(\mathrm{d}x + \mathrm{i}\mathrm{d}y).
\end{aligned}$$

上式说明:

(1) 当 $f(z)$ 连续,而 C 光滑时, $\int_C f(z)\mathrm{d}z$ 一定存在.

(2) $\int_C f(z)\mathrm{d}z$ 可通过两个二元实变函数的线积分来计算.

具体的计算方法为

$$\begin{aligned}
&\int_C f(z)\mathrm{d}z \\
&= \int_\alpha^\beta \{u[x(t),y(t)]x'(t) - v[x(t),y(t)]y'(t)\}\mathrm{d}t + \mathrm{i}\int_\alpha^\beta \{v[x(t),y(t)]x'(t) + u[x(t),y(t)]y'(t)\}\mathrm{d}t \\
&= \int_\alpha^\beta \{u[x(t),y(t)] + \mathrm{i}v[x(t),y(t)]\}[x'(t) + \mathrm{i}y'(t)]\mathrm{d}t \\
&= \int_\alpha^\beta f[z(t)]z'(t)\mathrm{d}t.
\end{aligned} \tag{3.1.3}$$

3.1.3　复积分的性质

从积分的定义我们可以推得积分有下列一些简单性质,它们与实变函数中定积分的性质类似. 设 $f(z)$ 及 $g(z)$ 在简单曲线 C 上连续,则有

(1) $\int_C kf(z)\mathrm{d}z = k\int_C f(z)\mathrm{d}z$,其中 k 是一个复常数;

(2) $\int_C [f(z)+g(z)]\mathrm{d}z = \int_C f(z)\mathrm{d}z + \int_C g(z)\mathrm{d}z$;

(3) $\int_{C^-} f(z)\mathrm{d}z = -\int_C f(z)\mathrm{d}z$;

(4) 如果在 C 上,$|f(z)| \leqslant M$,曲线 C 的长度记为 L,其中 M 及 L 都是有限的正数,那么有

$$\left| \int_C f(z)\mathrm{d}z \right| \leqslant \int_C |f(z)|\,\mathrm{d}s \leqslant ML.$$

证　因为

$$\left| \sum_{k=1}^{n} f(\xi_k)\Delta z_k \right| \leqslant \sum_{k=1}^{n} |f(\xi_k)\Delta z_k| = \sum_{k=1}^{n} |f(\xi_k)| \cdot |\Delta z_k| \leqslant \sum_{k=1}^{n} |f(\xi_k)| \Delta s_k,$$

两边取极限即可得第一个不等式. 由 $\int_C |f(z)|\,\mathrm{d}s \leqslant M\int_C \mathrm{d}s = ML$,可得第二个不等式.

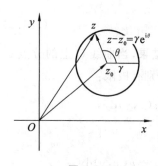

图 3.2

该不等式一般也常常被称作积分估值不等式,在以后的课程学习中,常常出现,非常重要.

例 3.1　设 C 是圆 $|z-z_0| = \rho$,其中 z_0 是一个复数,ρ 是一个正数(见图 3.2),证明

$$\oint_C \frac{\mathrm{d}z}{(z-z_0)^n} = \begin{cases} 2\pi\mathrm{i}, & n=1, \\ 0, & n \neq 1. \end{cases}$$

证　令 $z-z_0 = \rho e^{\mathrm{i}\theta}$,则 $\mathrm{d}z = \rho\mathrm{i}e^{\mathrm{i}\theta}\mathrm{d}\theta$,从而当 $n=1$ 时,有

$$\oint_C \frac{\mathrm{d}z}{z-z_0} = \int_0^{2\pi} \mathrm{i}\mathrm{d}\theta = 2\pi\mathrm{i};$$

当 $n \neq 1$ 时,有

$$\oint_C \frac{\mathrm{d}z}{(z-z_0)^n} = \frac{\mathrm{i}}{\rho^{n-1}}\int_0^{2\pi} [\cos(n-1)\theta - \mathrm{i}\sin(n-1)\theta]\mathrm{d}\theta = 0.$$

命题得证.

这个结果以后会经常用到,它的特点是积分值与积分路线圆周中心和半径无关.

例 3.2　计算 $\int_C \mathrm{Re}(z)\mathrm{d}z$ 和 $\int_C z\mathrm{d}z$. 其中 C 为

(1) 连接原点到 $1+\mathrm{i}$ 的直线段;

(2) 连接原点到 1 的直线段 C_2,再由 1 到 $1+\mathrm{i}$ 的直线段 C_3(见图 3.3).

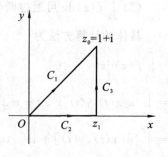

图 3.3

解　(1)C_1 的曲线方程为:$z(t) = (1+\mathrm{i})t$ $(0 \leqslant t \leqslant 1)$,故

$$\int_C \mathrm{Re}(z)\mathrm{d}z = \int_0^1 t(1+\mathrm{i})\mathrm{d}t = \frac{1+\mathrm{i}}{2},$$

$$\int_C z\mathrm{d}z = \int_0^1 t(1+\mathrm{i})(1+\mathrm{i})\mathrm{d}t = \frac{(1+\mathrm{i})^2}{2} = \mathrm{i}.$$

(2) C_2 的曲线方程为 $z(t) = t\ (0 \leqslant t \leqslant 1)$，$C_3$ 的曲线方程为 $z(\theta) = 1 + \mathrm{i}\theta (0 \leqslant \theta \leqslant 1)$，故

$$\int_C \mathrm{Re}(z)\mathrm{d}z = \int_{C_2} \mathrm{Re}(z)\mathrm{d}z + \int_{C_3} \mathrm{Re}(z)\mathrm{d}z = \int_0^1 t\mathrm{d}t + \int_0^1 1 \cdot \mathrm{i}\mathrm{d}\theta = \frac{1}{2} + \mathrm{i},$$

$$\int_C z\mathrm{d}z = \int_{C_2} z\mathrm{d}z + \int_{C_3} z\mathrm{d}z = \int_0^1 t\mathrm{d}t + \int_0^1 (1 + \mathrm{i}\theta) \cdot \mathrm{i}\mathrm{d}\theta = \frac{1}{2} + \mathrm{i} - \frac{1}{2} = \mathrm{i}.$$

例 3.3　设曲线 C 是单位圆周，证明

$$\left| \oint_C \frac{\sin z}{z^2}\mathrm{d}z \right| \leqslant 2\pi\mathrm{e}.$$

证　在 C 上，设 $z = x + \mathrm{i}y$ 且 $|z| = 1$，于是

$$\left| \oint_C \frac{\sin z}{z^2}\mathrm{d}z \right| = \left| \oint_C \frac{\mathrm{e}^{\mathrm{i}z} - \mathrm{e}^{-\mathrm{i}z}}{2\mathrm{i}z^2}\mathrm{d}z \right| \leqslant \oint_C \left| \frac{\mathrm{e}^{\mathrm{i}z} - \mathrm{e}^{-\mathrm{i}z}}{2\mathrm{i}z^2} \right| \mathrm{d}s$$

$$\leqslant \oint_C \frac{\mathrm{e}^y + \mathrm{e}^{-y}}{2}\mathrm{d}s \leqslant 2\pi\mathrm{e}.$$

3.2　柯西-古萨基本定理与复合闭路定理

3.2.1　柯西-古萨基本定理

由上一节例题可知，复积分 $\int_C f(z)\mathrm{d}z$ 的值，既与被积函数 $f(z)$ 有关，也与积分曲线 C 有关. 例 3.2 中的一个被积函数 $f(z) = \mathrm{Re}(z)$ 在复平面处处不解析，其值受到积分路线的影响，可以认为此时复积分与路径有关；而被积函数 $f(z) = z$ 在复平面上处处解析，它沿连接起点及终点的任何路径的积分值都相等，可以认为此时复积分与路径无关. 例 3.1 中，当 $n = 1$ 时，被积函数为 $f(z) = \dfrac{1}{z - z_0}$，它在圆周 C 内不是处处解析的，此时积分值为 $\oint_C \dfrac{\mathrm{d}z}{z - z_0} = 2\pi\mathrm{i} \neq 0$；如果将 z_0 除掉，虽然 $f(z) = \dfrac{1}{z - z_0}$ 在除去 z_0 的圆周 C 内处处解析，但是这个区域变成了多连通区域. 由此可见，积分值与路径无关，或沿简闭曲线积分值为零的条件，可能跟被积函数的解析性和积分曲线所围内部区域的单多连通性有关. 至于具体关系如何，1825 年法国数学家柯西给出了答案并进行了的证明，1900 年另一个法国数学家古萨给出了该定理的严格证明，故该定理被称为柯西-古萨(Cauchy-Goursat)基本定理，它是复变函数解析理论中最基本的定理. 严谨的定理证明，可参阅钟玉泉编著的《复变函数论》一书.

定理 3.2.1　（柯西-古萨基本定理）若复变函数 $f(z)$ 在单连通区域 D 内处处解析，C 为 D 内任意一条简闭曲线（见图 3.4），则

$$\oint_C f(z)\mathrm{d}z = 0. \tag{3.2.1}$$

其中，沿曲线 C 的积分是按逆时针方向取的.

这里给出一种以 C 是简闭曲线，且 $f'(z)$ 在 D 内连续条件下的简单证明.

证　设 $z = x + \mathrm{i}y$，$f(z) = u(x,y) + \mathrm{i}v(x,y)$，从而，

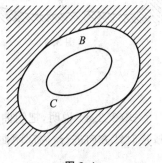

图 3.4

$$\oint_C f(z)\mathrm{d}z = \oint_C u\,\mathrm{d}x - v\,\mathrm{d}y + \mathrm{i}\oint_C v\,\mathrm{d}x + u\,\mathrm{d}y,$$

又 $f'(z) = \dfrac{\partial u}{\partial x} + \mathrm{i}\dfrac{\partial v}{\partial x} = \dfrac{\partial v}{\partial y} - \mathrm{i}\dfrac{\partial u}{\partial y}$，由 $f'(z)$ 的连续性，知 $\dfrac{\partial u}{\partial x}$，$\dfrac{\partial v}{\partial x}$，$\dfrac{\partial u}{\partial y}$，$\dfrac{\partial v}{\partial y}$ 都连续，且

$$\frac{\partial u}{\partial x} = \frac{\partial v}{\partial y}, \qquad \frac{\partial u}{\partial y} = -\frac{\partial v}{\partial x},$$

应用格林公式可得

$$\oint_C u\,\mathrm{d}x - v\,\mathrm{d}y = \iint_B \left(-\frac{\partial v}{\partial x} - \frac{\partial u}{\partial y}\right)\mathrm{d}x\mathrm{d}y = 0,$$

$$\oint_C v\,\mathrm{d}x + u\,\mathrm{d}y = \iint_B \left(\frac{\partial u}{\partial x} - \frac{\partial v}{\partial y}\right)\mathrm{d}x\mathrm{d}y = 0.$$

其中 B 为 C 所围区域，从而 $\oint_C f(z)\mathrm{d}z = 0$. 证毕.

定理中的 C 可以不是简闭曲线，事实上，任意一条闭曲线都可以看成是由有线条简单曲线连接而成的.

若 C 是 D 的边界，$f(z)$ 在闭区域 $\overline{D} = D \bigcup C$ 上解析，定理结论也成立.

若 C 是 D 的边界，$f(z)$ 在 D 内解析，在 $\overline{D} = D \bigcup C$ 上连续，定理结论仍成立.

例如 $\oint_C z^3 \mathrm{e}^z \mathrm{d}z = 0$，$\oint_C \dfrac{1}{z^2 + 4z + 8}\mathrm{d}z = 0$，其中 $C: |z| = 1$.

3.2.2　复合闭路定理

若 C 的内部不完全属于 D（见图 3.5），积分 $\oint_C f(z)\mathrm{d}z$ 是多少呢？C_1 的内部不完全属于 D，C 与 C_1 所夹区域被分成两个区域，边界是 $l_1 = AEBB'E'A'A$，$l_2 = AA'F'B'BFA$，则由柯西-古萨基本定理知

$$\oint_{l_1} f(z)\mathrm{d}z = 0, \qquad \oint_{l_2} f(z)\mathrm{d}z = 0,$$

即

图 3.5

$$\int_{AEB} f(z)\mathrm{d}z + \int_{BB'} f(z)\mathrm{d}z + \int_{B'E'A'} f(z)\mathrm{d}z + \int_{A'A} f(z)\mathrm{d}z = 0, \tag{3.2.2}$$

$$\int_{BFA} f(z)\mathrm{d}z + \int_{AA'} f(z)\mathrm{d}z + \int_{A'F'B'} f(z)\mathrm{d}z + \int_{B'B} f(z)\mathrm{d}z = 0. \tag{3.2.3}$$

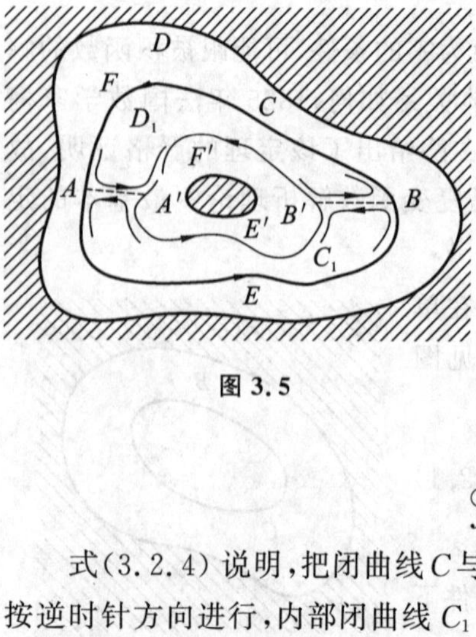

上面两式相加可得

$$\oint_C f(z)\mathrm{d}z + \oint_{C_1^-} f(z)\mathrm{d}z = 0, \tag{3.2.4}$$

$$\oint_C f(z)\mathrm{d}z = \oint_{C_1} f(z)\mathrm{d}z. \tag{3.2.5}$$

式（3.2.4）说明，把闭曲线 C 与 C_1 看成一条复合闭路 Γ，而且它的正向为：外面的闭曲线 C 按逆时针方向进行，内部闭曲线 C_1 按顺时针方向进行，则有

$$\oint_\Gamma f(z)\mathrm{d}z = 0.$$

式 (3.2.5) 说明，一个解析函数沿闭曲线的积分，只要在变形中曲线不经过函数 $f(z)$ 不解析的点，就不因闭曲线在区域内作连续变形而改变它的值，这个原理我们通常称为闭路变形原理.

用同样的方法，我们可以证明：

定理 3.2.2　（复合闭路定理）设 C 是多连通区域 D 内一条简闭曲线，$C_1, C_2, \cdots, C_n$ 是 C 内部的简闭曲线，它们互不包含也互不相交，并且以 $C, C_1, C_2, \cdots, C_n$ 为边界的区域全含于 D（见图 3.6），若 $f(z)$ 在 D 内解析，则

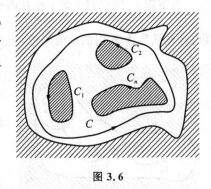

图 3.6

(1) $\qquad \displaystyle\int_C f(z)\mathrm{d}z = \sum_{k=1}^{n} \oint_{C_k} f(z)\mathrm{d}z,$

其中 $C, C_1, C_2, \cdots, C_n$ 均取逆时针方向；

(2) $\qquad \displaystyle\oint_\Gamma f(z)\mathrm{d}z = 0,$

这里 $\Gamma = C \cup \sum_{k=1}^{n} C_k^-$，其中积分是沿 Γ 按关于区域 D 的正向取的，即沿 C 按逆时针方向进行，沿 $C_1, C_2, \cdots, C_n$ 按顺时针方向进行.

例 3.4　计算 $\displaystyle\oint_C \frac{\mathrm{d}z}{z - z_0}$，其中 C 为包含 z_0 的任意一条分段光滑的闭曲线.

解　取 $\rho > 0$ 充分小，使得曲线 $\Gamma: |z - z_0| = \rho$ 包含在 C 的内部，由闭路变形原理知

$$\oint_C \frac{\mathrm{d}z}{z - z_0} = \oint_\Gamma \frac{\mathrm{d}z}{z - z_0} = 2\pi\mathrm{i}.$$

例 3.5　计算 $\displaystyle\oint_C \frac{2z}{z^2 + 1}\mathrm{d}z$，其中 $C: |z - 1| = 3$.

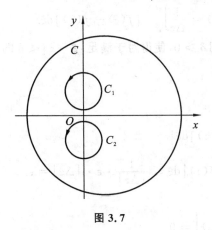

图 3.7

解　$\dfrac{2z}{z^2 + 1} = \dfrac{1}{z - \mathrm{i}} + \dfrac{1}{z + \mathrm{i}}$，用半径充分小的圆周 C_1, C_2，分别包含 $\mathrm{i}, -\mathrm{i}$，它们互不包含、互不相交，都在大圆之内，如图 3.7 所示，由复合闭路定理得

$$\oint_C \frac{2z}{z^2 + 1}\mathrm{d}z = \oint_{C_1} \frac{2z}{z^2 + 1}\mathrm{d}z + \oint_{C_2} \frac{2z}{z^2 + 1}\mathrm{d}z$$
$$= \oint_{C_1} \frac{1}{z - \mathrm{i}}\mathrm{d}z + \oint_{C_1} \frac{1}{z + \mathrm{i}}\mathrm{d}z$$
$$\qquad + \oint_{C_2} \frac{1}{z - \mathrm{i}}\mathrm{d}z + \oint_{C_2} \frac{1}{z + \mathrm{i}}\mathrm{d}z$$
$$= 2\pi\mathrm{i} + 0 + 0 + 2\pi\mathrm{i}$$
$$= 4\pi\mathrm{i}.$$

3.3　原函数与不定积分

根据柯西-古萨基本定理，我们有

定理 3.3.1　设 $f(z)$ 是单连通区域 B 内的解析函数，C 是在 B 内连接 z_0 及 z 两点的任一条简单曲线，那么沿 C 从 z_0 到 z 的积分值 $\displaystyle\int_C f(z)\mathrm{d}z$ 由 z_0 及 z 所确定，而不依赖于曲线 C，即与 C 无关. 这时

$$\int_{C_1} f(z)\mathrm{d}z = \int_{C_2} f(z)\mathrm{d}z = \int_{z_0}^{z} f(\xi)\mathrm{d}\xi, \tag{3.3.1}$$

并把 z_0 与 z 分别称为积分的下限和上限.

当下限 z_0 固定而上限 z 在 B 内变动时,则由积分 $\int_{z_0}^{z} f(\xi)\mathrm{d}\xi$ 在 B 内定义了上限 z 的一个函数,且该函数为 B 内的单值函数,记为 $F(z)$,即 $F(z) = \int_{z_0}^{z} f(\xi)\mathrm{d}\xi$.

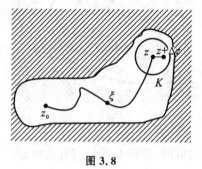

图 3.8

定理 3.3.2 设 $f(z)$ 是单连通区域 B 的解析函数(见图 3.8),那么 $F(z) = \int_{z_0}^{z} f(\xi)\mathrm{d}\xi$ 必是 B 内的一个解析函数,且有

$$F'(z) = f(z). \tag{3.3.2}$$

证 设 z 为 B 内任一点,以 z 为中心,作一个在 B 内的小圆 K,取 $|\Delta z|$ 充分小,使 $z + \Delta z$ 在 K 内,从而

$$F(z + \Delta z) - F(z) = \int_{z_0}^{z+\Delta z} f(\xi)\mathrm{d}\xi - \int_{z_0}^{z} f(\xi)\mathrm{d}\xi,$$

由于积分与路径无关,因此积分 $\int_{z_0}^{z+\Delta z} f(\xi)\mathrm{d}\xi$ 可先取从 z_0 到 z,再从 z 到 $z + \Delta z$,故

$$F(z + \Delta z) - F(z) = \int_{z_0}^{z} f(\xi)\mathrm{d}\xi + \int_{z}^{z+\Delta z} f(\xi)\mathrm{d}\xi - \int_{z_0}^{z} f(\xi)\mathrm{d}\xi = \int_{z}^{z+\Delta z} f(\xi)\mathrm{d}\xi,$$

又

$$\int_{z}^{z+\Delta z} f(z)\mathrm{d}\xi = f(z)\int_{z}^{z+\Delta z} \mathrm{d}\xi = f(z)\Delta z,$$

故

$$\frac{F(z + \Delta z) - F(z)}{\Delta z} - f(z) = \frac{1}{\Delta z}\int_{z}^{z+\Delta z} f(\xi)\mathrm{d}\xi - f(z) = \frac{1}{\Delta z}\int_{z}^{z+\Delta z} [f(\xi) - f(z)]\mathrm{d}\xi.$$

因 $f(z)$ 在 B 中解析,故在 B 中连续,因此 $\forall \varepsilon > 0, \exists \delta > 0$,使得对于满足 $|\xi - z| < \delta$ 的一切 ξ 都在 K 内,即当 $|\Delta z| < \delta$ 时,有

$$|f(\xi) - f(z)| < \varepsilon.$$

根据积分的估值式可得

$$\left| \frac{F(z + \Delta z) - F(z)}{\Delta z} - f(z) \right| = \left| \frac{1}{\Delta z}\int_{z}^{z+\Delta z} [f(\xi) - f(z)]\mathrm{d}\xi \right|$$

$$\leqslant \frac{1}{|\Delta z|}\int_{z}^{z+\Delta z} |f(\xi) - f(z)|\mathrm{d}\xi \leqslant \frac{1}{|\Delta z|} \cdot \varepsilon \cdot |\Delta z| = \varepsilon.$$

即

$$\lim_{\Delta z \to 0} \left| \frac{F(z + \Delta z) - F(z)}{\Delta z} - f(z) \right| = 0.$$

故

$$F'(z) = f(z).$$

与实变函数的情形一样,复变函数也有原函数的类似定义.

定义 3.3.3 设 $f(z)$ 及 $F(z)$ 是区域 D 内确定的函数,$F(z)$ 是 D 内的一个解析函数,并且在 D 内,有 $F'(z) = f(z)$,那么函数 $F(z)$ 称为 $f(z)$ 在区域 D 内的一个原函数.

根据定理 3.3.2,可知 $F(z) = \int_{z_0}^{z} f(\xi)\mathrm{d}\xi$ 为 $f(z)$ 的一个原函数. 而且还可以证明:$f(z)$ 的

任何两个原函数间相差一个常数.

事实上,设 $F(z)$ 及 $G(z)$ 为 $f(z)$ 的任何两个原函数,则有
$$[F(z) - G(z)]' = F'(z) - G'(z) = 0,$$
所以有
$$F(z) - G(z) = c, \tag{3.3.3}$$
其中 c 为任意常数.

因此,若 $f(z)$ 的一个原函数是 $F(z)$,则 $F(z) + c$ 也是 $f(z)$ 的原函数,即 $f(z)$ 的原函数有无穷多个. $f(z)$ 的原函数的一般表达式 $F(z) + c$ 称为 $f(z)$ 的不定积分,记为
$$\int f(z)\mathrm{d}z = F(z) + c. \tag{3.3.4}$$

利用原函数,我们可以推出与牛顿-莱布尼茨公式类似的解析函数的积分计算公式.

定理3.3.4　设 $f(z)$ 是区域 D 内处处解析,并且在 D 内有原函数 $F(z)$,如果 $\alpha, \beta \in D$,并且 C 是 D 内连接 α, β 的一条简单曲线,那么
$$\int_\alpha^\beta f(z)\mathrm{d}z = \int_C f(z)\mathrm{d}z = F(\beta) - F(\alpha). \tag{3.3.5}$$

证　因为 $\int_\alpha^z f(\xi)\mathrm{d}\xi$ 为 $f(z)$ 的一个原函数,故
$$\int_\alpha^z f(\xi)\mathrm{d}\xi = F(z) + c.$$

特别地,取 $z = \alpha$ 时,C 构成一条简闭曲线,由柯西-古萨基本定理知等式左端为零,即
$$c = -F(\alpha).$$
故
$$\int_\alpha^z f(\xi)\mathrm{d}\xi = F(z) - F(\alpha).$$
再取 $z = \beta$,可得
$$\int_\alpha^\beta f(z)\mathrm{d}z = \int_C f(z)\mathrm{d}z = F(\beta) - F(\alpha).$$

例 3.6　计算 $\int_\alpha^\beta z^2 \mathrm{d}z$.

解　因为被积函数 z^2 在复平面上处处解析,所以
$$\int_\alpha^\beta z^2 \mathrm{d}z = \frac{z^3}{3}\bigg|_\alpha^\beta = \frac{1}{3}(\beta^3 - \alpha^3).$$

例 3.7　计算 $\int_1^{1+i} z^2 \mathrm{e}^z \mathrm{d}z$.

解
$$\int_1^{1+i} z^2 \mathrm{e}^z \mathrm{d}z = \int_1^{1+i} z^2 \mathrm{d}\mathrm{e}^z = z^2 \mathrm{e}^z \bigg|_1^{1+i} - \int_1^{1+i} 2z\mathrm{e}^z \mathrm{d}z$$
$$= (1+i)^2 \mathrm{e}^{1+i} - \mathrm{e} - 2\int_1^{1+i} z\mathrm{d}\mathrm{e}^z$$
$$= 2i\mathrm{e}^{1+i} - \mathrm{e} - 2\left(z\mathrm{e}^z \bigg|_1^{1+i} - \int_1^{1+i} \mathrm{e}^z \mathrm{d}z\right)$$
$$= 2i\mathrm{e}^{1+i} - \mathrm{e} - 2(1+i)\mathrm{e}^{1+i} + 2\mathrm{e} + 2\mathrm{e}^z \bigg|_1^{1+i}$$
$$= -2\mathrm{e}^{1+i} + \mathrm{e} + 2\mathrm{e}^{1+i} - 2\mathrm{e} = -\mathrm{e}.$$

例 3.8　试沿区域 $\mathrm{Im}(z) \geqslant 0, \mathrm{Re}(z) \geqslant 0$ 内的圆弧 $|z| = 1$,计算 $\int_1^i \frac{\ln(z+1)}{z+1}\mathrm{d}z$ 的值.

解　函数 $\dfrac{\ln(z+1)}{z+1}$ 在所设区域内解析,它的一个原函数为 $\dfrac{1}{2}\ln^2(z+1)$,因此,

$$\int_1^{\mathrm{i}}\frac{\ln(z+1)}{z+1}\mathrm{d}z = \frac{1}{2}\ln^2(z+1)\Big|_1^{\mathrm{i}} = \frac{1}{2}\big[\ln^2(\mathrm{i}+1)-\ln^2 2\big]$$

$$= \frac{1}{2}\Big[\Big(\ln\sqrt{2}+\frac{\pi}{4}\mathrm{i}\Big)^2-\ln^2 2\Big]$$

$$= -\frac{\pi^2}{32}-\frac{3}{8}\ln^2 2+\frac{\pi\ln 2}{8}\mathrm{i}.$$

3.4　柯西积分公式

设 $f(z)$ 在单连通区域 D 内解析,z_0 为 D 内一点,C 为 D 内绕 z_0 的一条简闭曲线,由柯西-古萨基本定理可知,$f(z)$ 沿 C 的积分为零.现在考虑积分

$$I = \oint_C \frac{f(z)}{z-z_0}\mathrm{d}z,\tag{3.4.1}$$

则有

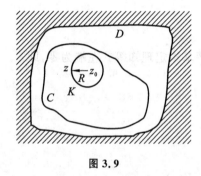

图 3.9

（1）被积函数在 C 上连续,积分 I 必然存在;

（2）被积函数 $\dfrac{f(z)}{z-z_0}$ 在 C 内部不解析,I 的值通常不为零.例如 $f(z)\equiv 1$ 时,$I=2\pi\mathrm{i}$.

现在考虑 $f(z)$ 为一般解析函数的情况.在 C 内作以 z_0 为中心、以 R 为半径的圆 C_R(见图 3.9),由闭路变形原理得

$$I = \oint_C \frac{f(z)}{z-z_0}\mathrm{d}z = \oint_{C_R}\frac{f(z)}{z-z_0}\mathrm{d}z.\tag{3.4.2}$$

令

$$z-z_0 = R\mathrm{e}^{\mathrm{i}\theta},$$

则有

$$I = \mathrm{i}\int_0^{2\pi} f(z_0+R\mathrm{e}^{\mathrm{i}\theta})\mathrm{d}\theta.\tag{3.4.3}$$

由此可见,I 的值只与 $f(z)$ 在点 z_0 附近的值有关,与 R 无关,又利用 $f(z)$ 在点 z_0 处的连续性,可以推测 I 的值与 $2\pi\mathrm{i}f(z_0)$ 比较接近,事实上,二者其实是相等的,即

$$I = \oint_C \frac{f(z)}{z-z_0}\mathrm{d}z = \oint_{C_R}\frac{f(z)}{z-z_0}\mathrm{d}z = 2\pi\mathrm{i}\cdot f(z_0).$$

事实上,当 R 趋于 0 时,有

$$\oint_C \frac{f(z)}{z-z_0}\mathrm{d}z = f(z_0)\oint_{C_R}\frac{1}{z-z_0}\mathrm{d}z + \oint_{C_R}\frac{f(z)-f(z_0)}{z-z_0}\mathrm{d}z.$$

由于 $f(z)$ 在点 z_0 处连续,所以 $\forall\varepsilon>0,\exists\delta>0(\delta\geqslant R)$,使得当 $0<R\leqslant\delta,z\in C_R$ 时,$|f(z)-f(z_0)|<\varepsilon$,因此

$$\left|\oint_{C_R}\frac{f(z)-f(z_0)}{z-z_0}\mathrm{d}z\right| \leqslant \frac{\varepsilon}{R}\cdot 2\pi R = 2\pi\varepsilon.$$

这表明积分 $\displaystyle\oint_{C_R}\frac{f(z)-f(z_0)}{z-z_0}\mathrm{d}z$ 的模可以任意小,只要 R 足够小.根据闭路变形原理,该

积分值与 R 无关. 归纳起来有:

定理 3.4.1　设 $f(z)$ 在 D 内处处解析, C 为 D 内任一条正向简闭曲线, 它的内部完全在 D 内, z_0 为 C 内任一点, 那么, 有

$$f(z_0) = \frac{1}{2\pi i} \oint_C \frac{f(z)}{z - z_0} dz. \tag{3.4.4}$$

式 (3.4.4) 称为柯西积分公式. 柯西积分公式是解析函数的最基本的性质之一, 对于复变函数理论本身及其应用都是非常重要的. 柯西积分公式的重要意义是把一个在 C 内部任一点的值用它在边界上的值来表示. 也就是说, 解析函数 $f(z)$ 在区域边界上的值一经确定, 它在该区域内部任一点的函数值就确定了, 这是解析函数的又一特征. 柯西积分公式不仅给出了一种计算复变函数沿简闭曲线积分的方法, 即

$$\oint_C \frac{f(z)}{z - z_0} dz = 2\pi i \cdot f(z)\big|_{z=z_0} = 2\pi i f(z_0), \tag{3.4.5}$$

而且给出了解析函数的一个积分表达式, 为进一步研究解析函数提供了有力的工具.

由定理 3.4.1, 有下面两个重要推论.

推论 3.4.1　(平均值公式) 取 C 为圆周 $z = z_0 + Re^{i\theta}$, 则式 (3.4.4) 变成

$$f(z_0) = \frac{1}{2\pi} \int_0^{2\pi} f(z_0 + Re^{i\theta}) d\theta. \tag{3.4.6}$$

这就是说, 一个解析函数在圆心处的值等于它在圆周上的平均值. 式 (3.4.6) 称为平均值公式.

推论 3.4.2　若函数 $f(z)$ 在由正向简闭曲线 C_1, C_2 所围成的闭域 $\overline{D}$ 上解析, z_0 为 D 内一点, 则

$$f(z_0) = \frac{1}{2\pi i} \oint_{C_1} \frac{f(z)}{z - z_0} dz - \frac{1}{2\pi i} \oint_{C_2} \frac{f(z)}{z - z_0} dz. \tag{3.4.7}$$

其中 C_2 在 C_1 的内部.

例 3.9　计算 $\oint_{|z|=4} \left(\frac{1}{z+1} + \frac{2}{z-3} \right) dz$.

解
$$\oint_{|z|=4} \left(\frac{1}{z+1} + \frac{2}{z-3} \right) dz = \oint_{|z|=4} \frac{1}{z+1} dz + \oint_{|z|=4} \frac{2}{z-3} dz$$
$$= 2\pi i \cdot 1 \big|_{z=-1} + 2\pi i \cdot 2 \big|_{z=3}$$
$$= 6\pi i.$$

例 3.10　计算 $\oint_{|z|=2} \frac{z}{(9-z^2)(z+i)} dz$.

解　被积函数的奇点为 $z_1 = -i, z_{2,3} = \pm 3$, 只有 $z = -i$ 在 $|z| = 2$ 内. 设 $f(z) = \frac{z}{9-z^2}$, 其在 $|z| = 2$ 内解析, 根据柯西积分公式, 有

$$\oint_{|z|=2} \frac{z}{(9-z^2)(z+i)} dz = \oint_{|z|=2} \frac{\frac{z}{9-z^2}}{z-(-i)} dz = 2\pi i \frac{z}{9-z^2} \big|_{z=-i} = \frac{\pi}{5}.$$

例 3.11　计算 $\oint_C \frac{e^z}{z^4-1} dz$, 其中 C 为圆周 $|z-2| = \sqrt{7}$.

解　$z^4 - 1 = (z-1)(z+1)(z-i)(z+i)$, 被积函数有四个奇点 $\pm 1, \pm i$, 但 C 只包含 1 和 $\pm i$ 三个奇点, 用三个互不包含、互不相交、完全落在 C 内的小圆周 C_1, C_2, C_3 分别包含这三

个奇点, 由复合闭路定理有

$$\oint_C \frac{e^z}{z^4-1}dz = \oint_{C_1} \frac{e^z}{z^4-1}dz + \oint_{C_2} \frac{e^z}{z^4-1}dz + \oint_{C_3} \frac{e^z}{z^4-1}dz$$

$$= \oint_{C_1} \frac{\frac{e^z}{(z+1)(z^2+1)}}{z-1}dz + \oint_{C_2} \frac{\frac{e^z}{(z+i)(z^2-1)}}{z-i}dz + \oint_{C_3} \frac{\frac{e^z}{(z-i)(z^2-1)}}{z+i}dz$$

$$= 2\pi i\left[\frac{e^z}{(z+1)(z^2+1)}\Big|_{z=1} + \frac{e^z}{(z+i)(z^2-1)}\Big|_{z=i} + \frac{e^z}{(z-i)(z^2-1)}\Big|_{z=-i}\right]$$

$$= 2\pi i\left[\frac{e}{4} - \frac{e^i}{4i} + \frac{e^{-i}}{4i}\right] = \frac{e\pi - 2\pi \sin 1}{2}i.$$

有时为了解决实际问题的需要, 我们还需要了解所谓的柯西型积分. 柯西型积分是解析函数的柯西积分公式在连续函数情形下的一种推广, 它在我们以后的复变函数高阶导数公式以及复变函数的泰勒级数展开和洛朗级数展开等知识中有着良好的应用.

设 C 为一条简单闭合曲线, $f(\xi)$ 在 C 上连续, C 内解析, 则积分

$$\oint_C \frac{f(\xi)}{\xi - z}d\xi$$

称为柯西型积分, 它确定一个关于 z 的复变函数, 不妨设为 $F(z)$, 也即

$$F(z) = \oint_C \frac{f(\xi)}{\xi - z}d\xi.$$

其值可通过利用柯西积分公式观察奇点 $\xi = z$ 与积分曲线 C 间的关系得到.

3.5 解析函数的高阶导数

利用柯西积分公式, 我们还可以证明解析函数的一个非常重要的性质: 解析函数在其解析区域内具有任意阶导数, 并且这些导数可以通过函数在边界上的值表示出来.

定理 3.5.1 解析函数 $f(z)$ 的导数仍为解析函数, 它的 n 阶导数为

$$f^{(n)}(z_0) = \frac{n!}{2\pi i}\oint_C \frac{f(z)}{(z-z_0)^{n+1}}dz \quad (n = 1, 2, 3, \cdots). \tag{3.5.1}$$

其中 C 为在函数 $f(z)$ 的解析区域 D 内围绕 z_0 的任何一条简单正向闭曲线, 而且它的内部全含于 D.

证 设 z_0 为 D 内任一点 (见图 3.10), 先证明结论关于 $n = 1$ 时成立, 即

$$f'(z_0) = \frac{1}{2\pi i}\oint_C \frac{f(z)}{(z-z_0)^2}dz. \tag{3.5.2}$$

设 $z_0 + \Delta z \in D$, 是 D 内另一点, 由复变函数导数定义知

$$f'(z_0) = \lim_{\Delta z \to 0}\frac{f(z_0+\Delta z)-f(z_0)}{\Delta z},$$

又由柯西积分公式得

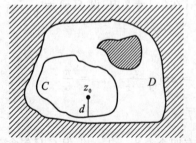

图 3.10

$$\frac{f(z_0+\Delta z)-f(z_0)}{\Delta z}=\frac{1}{2\pi i\Delta z}\Big[\oint_C\frac{f(z)}{z-z_0-\Delta z}dz-\oint_C\frac{f(z)}{z-z_0}dz\Big]$$

$$=\frac{1}{2\pi i}\oint_C\frac{f(z)}{(z-z_0)(z-z_0-\Delta z)}dz$$

$$=\frac{1}{2\pi i}\oint_C\frac{(z-z_0+\Delta z-\Delta z)f(z)}{(z-z_0)^2(z-z_0-\Delta z)}dz$$

$$=\frac{1}{2\pi i}\oint_C\frac{f(z)}{(z-z_0)^2}dz+\frac{1}{2\pi i}\oint_C\frac{\Delta zf(z)}{(z-z_0)^2(z-z_0-\Delta z)}dz.$$

我们令 $I=\dfrac{1}{2\pi i}\oint_C\dfrac{\Delta zf(z)}{(z-z_0)^2(z-z_0-\Delta z)}dz$，对其模进行估值，有

$$|I|=\frac{1}{2\pi}\Big|\oint_C\frac{\Delta zf(z)}{(z-z_0)^2(z-z_0-\Delta z)}dz\Big|\leqslant\frac{1}{2\pi}\oint_C\frac{|\Delta z||f(z)|}{|z-z_0|^2|z-z_0-\Delta z|}ds.$$

因为 $f(z)$ 在 C 上解析，故在 C 上连续，从而有界，即 $\exists M>0$，使得在 C 上，有 $|f(z)|\leqslant M$. 设 d 为从 z_0 到曲线 C 上各点的最短距离，并且取 $|\Delta z|$ 适当小，例如取 $|\Delta z|<\dfrac{1}{2}d$，那么当 $z\in D$ 时，$|z-z_0|>d$，$|z-z_0-\Delta z|\geqslant|z-z_0|-|\Delta z|>\dfrac{1}{2}d$，从而

$$\frac{1}{|z-z_0|}<\frac{1}{d},\quad\frac{1}{|z-z_0-\Delta z|}<\frac{2}{d}.$$

于是我们有

$$|I|=\Big|\frac{\Delta z}{2\pi}\oint_C\frac{f(z)}{(z-z_0-\Delta z)(z-z_0)^2}dz\Big|\leqslant\frac{|\Delta z|}{\pi}\cdot\frac{ML}{d^3}.$$

其中 L 为曲线 C 的长度. 因此当 Δz 趋近于 0 时，积分 I 的值趋于 0. 故

$$f'(z_0)=\lim_{\Delta z\to0}\frac{f(z_0+\Delta z)-f(z_0)}{\Delta z}=\frac{1}{2\pi i}\oint_C\frac{f(z)}{(z-z_0)^2}dz.$$

即 $n=1$ 时，式 $(3.5.1)$ 成立。

假设式 $(3.5.1)$ 当正整数 $n-1$ 成立，此时需要验证下式：

$$\frac{f^{(n-1)}(z_0+\Delta z)-f^{(n-1)}(z_0)}{\Delta z}=\frac{(n-1)!}{2\pi i\Delta z}\cdot\oint_C\Big[\frac{f(z)}{(z-z_0-\Delta z)^n}-\frac{f(z)}{(z-z_0)^n}\Big]dz.$$

当 $\Delta z\to0$ 时，以

$$\frac{n!}{2\pi i}\oint_C\frac{f(z)}{(z-z_0)^{n+1}}dz$$

为极限，即定理 3.5.1 对于 n 也成立. 利用数学归纳法逐步可以完成定理 3.5.1 的证明，即

$$f^{(n)}(z_0)=\frac{n!}{2\pi i}\oint_C\frac{f(z)}{(z-z_0)^{n+1}}dz\quad(n=1,2,3,\cdots).$$

定理 3.5.1 的条件也可以弱化为"函数 $f(z)$ 在简闭曲线 C 所围成的 D 内解析，在 $\overline{D}=D\cup C$ 上连续". 由高等数学我们知道，某个实函数 $f(x)$ 存在一阶导数 $f'(x)$ 却不一定存在 $f''(x)$ 或更高阶导数。而复变函数在其解析域内却具有任意阶导数，这是解析函数一个独特性质.

一般而言，解析函数高阶导数公式的作用，不在于通过积分求导数，而在于通过导数求积分.

例 3.12　计算 $\oint_C\dfrac{\cos z}{(z-1)^5}dz$，其中 C 为 $|z-1|=2$.

解　显然,$z=1$ 是被积函数的奇点且在积分曲线内,$\cos z$ 处处解析,应用高阶导数公式有

$$\oint_c \frac{\cos z}{(z-1)^5}dz = \frac{2\pi i}{4!}(\cos z)^{(4)}\Big|_{z=1} = \frac{2\pi i}{4!}\cos z\Big|_{z=1} = \frac{\cos 1}{12}\pi i.$$

例 3.13　讨论和计算积分 $\oint_c \dfrac{1}{z^3(z+1)(z-2)}dz$,其中 C 为 $|z|=r\ (r\neq 1,2)$.

解　(1) 当 $0<r<1$ 时,$\dfrac{1}{(z+1)(z-2)}$ 在 $|z|\leqslant r$ 上解析,奇点 0 在 C 内,由高阶导数公式得

$$\oint_c \frac{1}{z^3(z+1)(z-2)}dz = \frac{2\pi i}{2!}\left(\frac{1}{(z+1)(z-2)}\right)''\Big|_{z=0} = -\frac{3}{4}\pi i.$$

(2) 当 $1<r<2$ 时,在圆 $|z|=r$ 内有 $z=0,z=-1$ 两个奇点,在 C 内作分别包含这两个奇点的小圆 C_1,C_2,它们互不相交,互不包含,由复合闭路定理、柯西积分公式和高阶导数公式可得

$$\oint_c \frac{1}{z^3(z+1)(z-2)}dz = \oint_{C_1} \frac{1}{z^3(z+1)(z-2)}dz + \oint_{C_2} \frac{1}{z^3(z+1)(z-2)}dz$$

$$= -\frac{3}{4}\pi i + 2\pi i \frac{1}{z^3(z-2)}\Big|_{z=-1}$$

$$= -\frac{3}{4}\pi i + \frac{2}{3}\pi i = -\frac{1}{12}\pi i.$$

(3) 当 $r>2$ 时,在圆 $|z|=r$ 内有 $z=0,z=-1,z=2$ 三个奇点,在 C 内作分别包含这三个奇点的小圆 C_1,C_2,C_3,它们互不相交,互不包含,由复合闭路定理、柯西积分公式和高阶导数公式可得

$$\oint_c \frac{1}{z^3(z+1)(z-2)}dz = \oint_{C_1} \frac{1}{z^3(z+1)(z-2)}dz + \oint_{C_2} \frac{1}{z^3(z+1)(z-2)}dz + \oint_{C_3} \frac{1}{z^3(z+1)(z-2)}dz$$

$$= -\frac{3}{4}\pi i + \frac{2}{3}\pi i + 2\pi i \frac{1}{z^3(z+1)}\Big|_{z=2}$$

$$= -\frac{1}{12}\pi i + \frac{1}{12}\pi i = 0.$$

例 3.14　证明 $\dfrac{z^n}{n!} = \dfrac{1}{2\pi i}\oint_c \dfrac{e^{z\xi}}{\xi^{n+1}}d\xi$,其中 C 是绕原点的一条简闭曲线.

证　令 $f(\xi)=e^{z\xi}$,由于 $f(\xi)$ 在 ξ 平面上解析,由高阶导数公式有

$$\frac{1}{2\pi i}\oint_c \frac{e^{z\xi}}{\xi^{n+1}}d\xi = \frac{f^{(n)}(0)}{n!} = \frac{z^n}{n!}e^{z\xi}\Big|_{\xi=0} = \frac{z^n}{n!},$$

故命题得证.

利用高阶导数公式,我们可以得到关于导数模的一个估计式,称作柯西不等式.

定理 3.5.2　(柯西不等式) 设函数 $f(z)$ 在以 $C:|z-z_0|=\rho_0(0<\rho_0<+\infty)$ 为边界的封闭圆内解析且 $|f(z)|\leqslant M$,那么

$$|f^{(n)}(z_0)|\leqslant \frac{n!}{R^n}M \quad (n=1,2,\cdots). \tag{3.5.3}$$

证　令 C_R 为圆周 $|z-z_0|=R(0<R\leqslant\rho_0)$,那么由高阶导数公式有

$$|f^{(n)}(z_0)| = \left|\frac{n!}{2\pi i}\oint_c \frac{f(z)}{(z-z_0)^{n+1}}dz\right| \leqslant \frac{n!}{2\pi}\cdot\frac{M}{R^{n+1}}\cdot 2\pi R = \frac{n!}{R^n}M.$$

其中,$n=1,2,\cdots$.

在复平面 z 上处处解析的函数,我们称为整函数,如多项式函数、复指数函数 e^z、三角函数 $\sin z$ 和 $\cos z$ 等.利用刚才证明过的柯西不等式,给出关于整函数的刘维尔(Liouville)定理.

定理 3.5.3 (刘维尔定理) 如果整函数 $f(z)$ 在整个复平面上有界,则 $f(z)$ 必为一个复常数.

证 不妨设 $|f(z)| \leqslant M$,对于复平面 z 上任一点 z,可作一个以 z 为圆心、以任意正数 R 为半径的圆,由柯西不等式得

$$|f'(z)| \leqslant \frac{M}{R} \to 0 \quad (\text{当 } R \to +\infty). \tag{3.5.4}$$

因而 $f'(z) = 0$,所以 $f(z)$ 为一个复常数.

基于刘维尔定理,我们可以得到:任意一个复系数多项式

$$f(z) = \alpha_0 + \alpha_1 z + \alpha_2 z^2 + \cdots + \alpha_n z^n \quad (n \geqslant 1, \alpha_n \neq 0)$$

必有零点,也就是说,方程 $f(z) = 0$ 一定有根.

下面定理可以视为柯西-古萨基本定理的逆定理.

定理 3.5.4 (莫勒拉(Morrera)定理) 如果函数 $f(z)$ 在单连通区域 D 内连续,并且对于 D 内的任一条简闭曲线 C,我们有

$$\oint_C f(z) \mathrm{d}z = 0, \tag{3.5.5}$$

则 $f(z)$ 在区域 D 内解析.

证 在 D 内任取一点 z_0,z 为 D 内任意一点,由题意知,$\int_{z_0}^{z} f(\xi)\mathrm{d}\xi$ 与连接 z_0, z 的路径无关,它定义了一个 z 的单值函数 $F(z) = \int_{z_0}^{z} f(\xi)\mathrm{d}\xi$,用定义方法可以证明 $F(z)$ 可导且 $F'(z) = f(z)$,于是 $F(z)$ 在 D 内解析.又解析函数的导数仍为解析函数,故 $f(z)$ 在区域 D 内解析.

3.6　调和函数及其与解析函数的关系

本节我们重点研究在流体力学和电磁场理论中有着重要应用的调和函数的诸多性质,以及解析函数与调和函数间的关系.

定义 3.6.1 设 $\varphi(x, y)$ 为在区域 D 内具有二阶连续偏导数的某个二元实函数,且满足调和方程(或 Laplace 方程)

$$\varphi_{xx}(x, y) + \varphi_{yy}(x, y) = 0, \tag{3.6.1}$$

则称 $\varphi(x, y)$ 为 D 内的一个调和函数.

解析函数和调和函数间的关系如下述定理描述.

定理 3.6.1 任何在 D 内解析的复变函数,它的实部与虚部都是 D 内的调和函数.

证 设 $w = f(z) = u(x, y) + \mathrm{i}v(x, y)$ 为 D 内的解析函数,则有

$$\frac{\partial u}{\partial x} = \frac{\partial v}{\partial y}, \quad \frac{\partial u}{\partial y} = -\frac{\partial v}{\partial x}. \tag{3.6.2}$$

从而

$$\frac{\partial^2 u}{\partial x^2} = \frac{\partial^2 v}{\partial y \partial x}, \quad \frac{\partial^2 u}{\partial y^2} = -\frac{\partial^2 v}{\partial x \partial y}. \tag{3.6.3}$$

由高阶导数定理知,$u(x, y), v(x, y)$ 具有任意阶连续偏导数,又二阶混合偏导与偏导次序无关,

$$\frac{\partial^2 v}{\partial x \partial y} = \frac{\partial^2 v}{\partial y \partial x},$$

从而$\dfrac{\partial^2 u}{\partial x^2} + \dfrac{\partial^2 u}{\partial y^2} = 0$, 即 u 是调和函数. 同理可证 v 也是调和函数.

由定理 3.6.1 我们知道, 解析函数的实部、虚部都是调和函数. 但是 $u(x,y), v(x,y)$ 为 D 内的两个调和函数, $w = f(z) = u(x,y) + \mathrm{i}v(x,y)$ 不一定为解析函数. 因为我们由解析函数的判断可知, 此时 $u(x,y), v(x,y)$ 不一定满足 C-R 方程. 如

$$u(x,y) = x^2 - y^2, \quad v(x,y) = xy$$

都是复平面 z 上的调和函数, 但是此时构造的复变函数 $f(z) = u(x,y) + \mathrm{i}v(x,y)$ 在复平面 z 上却是处处不解析的.

定义 3.6.2 设 $u(x,y)$ 在 D 内调和, 作函数 $f(z) = u(x,y) + \mathrm{i}v(x,y)$, 使得 $f(z)$ 在 D 内解析, 则称 $v(x,y)$ 为 $u(x,y)$ 的共轭调和函数, 即 $v(x,y)$ 满足柯西-黎曼方程,

$$\frac{\partial u}{\partial x} = \frac{\partial v}{\partial y}, \quad \frac{\partial u}{\partial y} = -\frac{\partial v}{\partial x}.$$

由此说明区域 D 内的解析函数的虚部为实部的共轭调和函数.

我们知道, 指数函数 $\mathrm{e}^z = \mathrm{e}^x(\cos y + \mathrm{i}\sin y)$ 在复平面上处处解析, 根据定义 3.6.2, 我们称 $\mathrm{e}^x \sin y$ 为 $\mathrm{e}^x \cos y$ 的共轭调和函数.

由于解析函数具有任意阶导数且任意阶导数仍为解析函数, 所以, 任一个二元调和函数的任意阶偏导数也是调和函数.

利用解析函数与调和函数的这种关系, 我们可以进行解析函数的构造. 通常解析函数的构造方法有三种, 即用偏积分法构造、用导数公式法(或不定积分法)构造和利用线积分的思想构造. 首先来看偏积分法的构造实例.

例 3.15 验证 $u(x,y) = y^3 - 3x^2y$ 为调和函数, 并求其共轭调和函数 $v(x,y)$, 使得 $f(z) = u(x,y) + \mathrm{i}v(x,y)$ 为解析函数.

解 利用二元函数的偏导求法准则, 有

$$\frac{\partial u}{\partial x} = -6xy, \quad \frac{\partial u}{\partial y} = 3y^2 - 3x^2, \quad \frac{\partial^2 u}{\partial x^2} = -6y, \quad \frac{\partial^2 u}{\partial y^2} = 6y,$$

于是有

$$\frac{\partial^2 u}{\partial x^2} + \frac{\partial^2 u}{\partial y^2} = 0,$$

故 $u(x,y) = y^3 - 3x^2y$ 为调和函数.

利用 C-R 方程求出 $v(x,y)$,

$$\frac{\partial u}{\partial x} = -6xy = \frac{\partial v}{\partial y},$$

故

$$v = \int -6xy\,\mathrm{d}y = -3xy^2 + g(x).$$

又

$$\frac{\partial v}{\partial x} = -3y^2 + g'(x) = -\frac{\partial u}{\partial y} = -3y^2 + 3x^2,$$

故

$$g'(x) = 3x^2, \quad g(x) = x^3 + c.$$

所以

$$v(x,y) = -3xy^2 + x^3 + c.$$

此时

$$f(z) = u(x,y) + iv(x,y) = y^3 - 3x^2y + i(x^3 - 3xy^2 + c) = i(z^3 + c).$$

其次来看导数公式法(或不定积分法)的解析函数构造.

我们知道,解析函数 $f(z) = u + iv$ 的导数 $f'(z)$ 仍为解析函数,且

$$f'(z) = \frac{\partial u}{\partial x} + i\frac{\partial v}{\partial x} = \frac{\partial u}{\partial x} - i\frac{\partial u}{\partial y} = \frac{\partial v}{\partial y} + i\frac{\partial v}{\partial x}. \tag{3.6.4}$$

我们把$\frac{\partial u}{\partial x} - i\frac{\partial u}{\partial y}, \frac{\partial v}{\partial y} + i\frac{\partial v}{\partial x}$ 还原成 z 的函数可得

$$f'(z) = \frac{\partial u}{\partial x} - i\frac{\partial u}{\partial y} = U(z),$$

则

$$f(z) = \int U(z)\mathrm{d}z + c, \tag{3.6.5}$$

或者

$$f'(z) = \frac{\partial v}{\partial y} + i\frac{\partial v}{\partial x} = V(z).$$

此时

$$f(z) = \int V(z)\mathrm{d}z + c. \tag{3.6.6}$$

例 3.16 已知调和函数 $v(x,y) = e^x(y\cos y + x\sin y) + x + y$,求解析函数 $f(z) = u + iv$,且使得 $f(0) = 0$.

解 利用二元函数的偏导数求法准则,有

$$\frac{\partial v}{\partial x} = e^x(y\cos y + x\sin y + \sin y) + 1,$$

$$\frac{\partial v}{\partial y} = e^x(\cos y - y\sin y + x\cos y) + 1.$$

所以

$$
\begin{aligned}
f'(z) &= \frac{\partial v}{\partial y} + i\frac{\partial v}{\partial x} \\
&= e^x(\cos y - y\sin y + x\cos y) + 1 + i[e^x(y\cos y + x\sin y + \sin y) + 1] \\
&= e^x(\cos y + i\sin y) + i(x + iy)e^x\sin y + (x + iy)e^x\cos y + 1 + i \\
&= e^{x+iy} + (x + iy)e^{x+iy} + 1 + i \\
&= e^z + ze^z + 1 + i.
\end{aligned}
$$

故

$$f(z) = \int (e^z + ze^z + 1 + i)\mathrm{d}z = ze^z + (1 + i)z + c.$$

由 $f(0) = 0$ 得,$c = 0$,所以

$$f(z) = ze^z + (1 + i)z.$$

最后来看利用线积分的思想来构造解析函数.

设 $u(x,y)$ 为区域 D 内解析函数 $f(z)$ 的实部,由于它是调和函数,故有

$$\frac{\partial^2 u}{\partial x^2} + \frac{\partial^2 u}{\partial y^2} = 0, \qquad\qquad (3.6.7)$$

也即

$$-\frac{\partial\left(\dfrac{\partial u}{\partial y}\right)}{\partial y} = \frac{\partial\left(\dfrac{\partial u}{\partial x}\right)}{\partial x}.$$

由线积分与路径无关的条件知,$-\dfrac{\partial u}{\partial y}\mathrm{d}x + \dfrac{\partial u}{\partial x}\mathrm{d}y$ 必是某一个二元函数 $v(x,y)$ 的全微分,即

$$\mathrm{d}v = -\frac{\partial u}{\partial y}\mathrm{d}x + \frac{\partial u}{\partial x}\mathrm{d}y = \frac{\partial v}{\partial x}\mathrm{d}x + \frac{\partial v}{\partial y}\mathrm{d}y. \qquad\qquad (3.6.8)$$

于是有

$$\frac{\partial u}{\partial x} = \frac{\partial v}{\partial y}, \qquad \frac{\partial u}{\partial y} = -\frac{\partial v}{\partial x},$$

即 u,v 满足 C-R 方程,从而 $u + \mathrm{i}v$ 为一解析函数,而

$$v = \int_{(x_0, y_0)}^{(x,y)} -\frac{\partial u}{\partial y}\mathrm{d}x + \frac{\partial u}{\partial x}\mathrm{d}y + c. \qquad\qquad (3.6.9)$$

其中 c 为常数,(x_0, y_0) 为 D 中的某一点.

若 $v(x,y)$ 已知,也可同理推出

$$u = \int_{(x_0, y_0)}^{(x,y)} \frac{\partial v}{\partial y}\mathrm{d}x - \frac{\partial v}{\partial x}\mathrm{d}y + c. \qquad\qquad (3.6.10)$$

例 3.17　设 $u = \dfrac{y}{x^2 + y^2}$ 在不包含原点的区域内调和,求解析函数 $f(z) = u + \mathrm{i}v$.

解　取 $(x_0, y_0) = (1,0)$,利用式(3.6.9),则

$$\begin{aligned}
v &= \int_{(1,0)}^{(x,y)} -\frac{\partial u}{\partial y}\mathrm{d}x + \frac{\partial u}{\partial x}\mathrm{d}y + c \\
&= \int_{(1,0)}^{(x,y)} -\frac{x^2 - y^2}{(x^2 + y^2)^2}\mathrm{d}x + \frac{-2xy}{(x^2 + y^2)^2}\mathrm{d}y + c \\
&= \int_1^x -\frac{1}{\xi^2}\mathrm{d}\xi - \int_0^y \frac{2x\eta}{(x^2 + \eta^2)^2}\mathrm{d}\eta + c \\
&= \frac{x}{x^2 + y^2} + c.
\end{aligned}$$

于是

$$f(z) = u + \mathrm{i}v = \frac{y}{x^2 + y^2} + \mathrm{i}\left(\frac{x}{x^2 + y^2} + c\right) = \frac{\mathrm{i}}{z} + \mathrm{i}c \quad (c \in \mathbf{R}).$$

第 4 章　级　　数

在高等数学中,曾学习过实变函数级数理论.其实对于复变函数,级数也是研究解析函数的一个重要工具.把解析函数表示为级数,不仅有理论上的意义,而且有实用的意义,例如利用级数可以计算函数的近似值;在许多带有应用性质的问题中(如解微分方程中)也常常用到级数.本章首先给出有关级数的一些基本概念和性质,并从解析函数的柯西积分公式出发,推导出解析函数的级数表示 —— 泰勒(Taylor)级数,同时研究复变函数在圆环域内的级数表示 —— 洛朗(Laurent)级数.我们将看到函数在一点处解析等价于函数在该点的邻域内可展开为幂级数,而有关洛朗级数的讨论为下一章研究解析函数的孤立奇点的定义及分类提供了必要的准备.

4.1　复数项级数

4.1.1　复数列的极限

给定一列有序的复数:$\alpha_1 = a_1 + ib_1, \alpha_2 = a_2 + ib_2, \cdots, \alpha_n = a_n + ib_n, \cdots$,称其为一个复数列,简记为复数列$\{\alpha_n\}(n = 1, 2, \cdots)$.

定义 4.1.1　给定一复数列$\{\alpha_n\}$,其中$\alpha_n = a_n + ib_n$,设$\alpha = a + ib$为一确定的复数.如果任给$\varepsilon > 0$,可以找到一个正整数N,使得当$n > N$时,$|\alpha_n - \alpha| < \varepsilon$成立,那么我们就称$\{\alpha_n\}$收敛或有极限$\alpha$,或者说$\{\alpha_n\}$是收敛序列,并且收敛于$\alpha$,记作

$$\lim_{n \to +\infty} \alpha_n = \alpha \quad \text{或者} \quad \alpha_n \to \alpha \ (n \to +\infty).$$

如果序列$\{\alpha_n\}$不收敛,则称$\{\alpha_n\}$发散,或者说它是发散序列.

令$\alpha = a + ib$,其中a和b是实数.由不等式

$$|a_n - a| \leqslant |\alpha_n - \alpha| \leqslant |a_n - a| + |b_n - b|, \tag{4.1.1}$$

$$|b_n - b| \leqslant |\alpha_n - \alpha| \leqslant |a_n - a| + |b_n - b|, \tag{4.1.2}$$

容易看出,$\lim\limits_{n \to +\infty} \alpha_n = \alpha$等价于下列两个极限式:

$$\lim_{n \to \infty} a_n = a, \quad \lim_{n \to \infty} b_n = b. \tag{4.1.3}$$

因此,我们立即得到如下定理.

定理 4.1.1　给定一个复数列$\{\alpha_n\}$,其中$\alpha_n = a_n + ib_n, \alpha = a + ib$为一复常数,则$\lim\limits_{n \to +\infty} \alpha_n = \alpha$当且仅当$\lim\limits_{n \to +\infty} a_n = a, \lim\limits_{n \to +\infty} b_n = b$.

复数列也可以解释为复平面上的复点列,于是复数列$\{\alpha_n\}$收敛于α,或者说有极限点α的定义用几何语言可以叙述为:任给α的一个邻域,相应地可以找到一个正整数N,使得当$n > N$时,α_n在这个邻域内.

利用定理 4.1.1 两个实数序列的相应的结果我们可以证明,在保证计算有意义的情况下,

两个收敛复数序列的和、差、积、商仍收敛，并且其极限是相应极限的和、差、积、商.

4.1.2　复数项级数

定义 4.1.2　设 $\{\alpha_n\} = \{a_n + ib_n\}(n = 1, 2, \cdots)$ 为一复数列，表达式

$$\sum_{n=1}^{\infty} \alpha_n = \alpha_1 + \alpha_2 + \cdots + \alpha_n + \cdots$$

称为无穷级数，其前 n 项的和

$$S_n = \alpha_1 + \alpha_2 + \cdots + \alpha_n$$

称为级数的部分和. 如果复数列 $\{S_n\}$ 收敛，那么我们称级数 $\sum\limits_{n=1}^{\infty} \alpha_n$ 收敛；如果复数列 $\{S_n\}$ 的极限是 S，那么我们称 $\sum\limits_{n=1}^{\infty} \alpha_n$ 的和是 S，或者说 $\sum\limits_{n=1}^{\infty} \alpha_n$ 收敛于 S，记作 $\sum\limits_{n=1}^{\infty} \alpha_n = S$. 如果复数列 $\{S_n\}$ 发散，那么我们说级数 $\sum\limits_{n=1}^{\infty} \alpha_n$ 发散.

级数 $\sum\limits_{n=1}^{\infty} \alpha_n$ 收敛于 S 的 ε-N 定义可以叙述为：

$\forall \varepsilon > 0, \exists N > 0$ 且为整数，使得当 $n > N$ 时，有

$$\left| \sum_{k=1}^{n} \alpha_k - s \right| < \varepsilon. \tag{4.1.4}$$

结合复数项级数收敛定义及定理 4.1.1，我们可以把复数项级数的敛散问题转化为实数项级数的敛散问题.

定理 4.1.2　级数 $\sum\limits_{n=1}^{\infty} \alpha_n$ 收敛的充要条件为级数 $\sum\limits_{n=1}^{\infty} a_n$ 和 $\sum\limits_{n=1}^{\infty} b_n$ 同时收敛.

事实上，级数 $\sum\limits_{n=1}^{\infty} \alpha_n$ 的前 n 项的和 $S_n = \alpha_1 + \alpha_2 + \cdots + \alpha_n = \sum\limits_{k=1}^{n} a_k + i\sum\limits_{k=1}^{n} b_k$ 收敛的充要条件为 $\sum\limits_{k=1}^{n} a_k$ 和 $\sum\limits_{k=1}^{n} b_k$ 同时收敛，而 $\sum\limits_{k=1}^{n} a_k$ 和 $\sum\limits_{k=1}^{n} b_k$ 又分别是级数 $\sum\limits_{n=1}^{\infty} a_n$ 和 $\sum\limits_{n=1}^{\infty} b_n$ 的前 n 项的和. 再利用原来学习过的实级数收敛的定义，就可推导出该定理.

与实级数类似，复数项级数也有下述定理.

定理 4.1.3　若级数 $\sum\limits_{n=1}^{\infty} \alpha_n$ 收敛，那么 $\lim\limits_{n \to +\infty} \alpha_n = 0$.

该定理常被称为复数项级数收敛的必要条件，在复数项级数敛散性判断上有着很好的应用.

定义 4.1.3　对于复级数 $\sum\limits_{n=1}^{\infty} \alpha_n$，如果级数 $\sum\limits_{n=1}^{\infty} |\alpha_n|$ 收敛，我们称级数 $\sum\limits_{n=1}^{\infty} \alpha_n$ 绝对收敛；若 $\sum\limits_{n=1}^{\infty} \alpha_n$ 收敛，$\sum\limits_{n=1}^{\infty} |\alpha_n|$ 发散，称 $\sum\limits_{n=1}^{\infty} \alpha_n$ 为条件收敛.

从绝对收敛的定义知，判断复数项级数是否绝对收敛可转化为判别正项级数的敛散性. 结合正项级数敛散性的判断方法，再结合第 1 章的三角不等式，有

$$\sum_{k=1}^{n} |a_k| \leqslant \sum_{k=1}^{n} |\alpha_k| = \sum_{k=1}^{n} \sqrt{a_k^2 + b_k^2} \leqslant \sum_{k=1}^{n} |a_k| + \sum_{k=1}^{n} |b_k|, \tag{4.1.5}$$

$$\sum_{k=1}^{n} |b_k| \leqslant \sum_{k=1}^{n} |\alpha_k| = \sum_{k=1}^{n} \sqrt{a_k^2 + b_k^2} \leqslant \sum_{k=1}^{n} |a_k| + \sum_{k=1}^{n} |b_k|. \tag{4.1.6}$$

可以得到下面定理.

定理 4.1.4　级数 $\sum\limits_{n=1}^{\infty}\alpha_n$ 绝对收敛的充要条件为级数 $\sum\limits_{n=1}^{\infty}a_n$ 和 $\sum\limits_{n=1}^{\infty}b_n$ 绝对收敛.

再由定理 4.1.2 和定理 4.1.4,可以得到下面的定理.

定理 4.1.5　若级数 $\sum\limits_{n=1}^{\infty}\alpha_n$ 绝对收敛,则 $\sum\limits_{n=1}^{\infty}\alpha_n$ 一定收敛.

这个定理的逆定理是不成立的,例如级数 $\sum\limits_{n=1}^{\infty}(-1)^{n-1}\dfrac{1}{n}$ 收敛,但级数

$$\sum_{n=1}^{\infty}\left|(-1)^{n-1}\frac{1}{n}\right|=\sum_{n=1}^{\infty}\frac{1}{n}$$

却是发散的.

例 4.1　下列数列是否收敛?如果收敛,求出其极限.

(1) $\alpha_n=\left(1-\dfrac{1}{n}\right)\mathrm{e}^{\mathrm{i}\frac{\pi}{2n}}$;

(2) $\alpha_n=n\cos\mathrm{i}n$.

解　设 $\alpha_n=a_n+\mathrm{i}b_n$.

(1) $\qquad \alpha_n=\left(1-\dfrac{1}{n}\right)\mathrm{e}^{\mathrm{i}\frac{\pi}{2n}}=\left(1-\dfrac{1}{n}\right)\left(\cos\dfrac{\pi}{2n}+\mathrm{i}\sin\dfrac{\pi}{2n}\right)$,

利用复数相等,可得

$$a_n=\left(1-\frac{1}{n}\right)\cos\frac{\pi}{2n},\quad b_n=\left(1-\frac{1}{n}\right)\sin\frac{\pi}{2n}.$$

而

$$\lim_{n\to\infty}a_n=1,\quad \lim_{n\to\infty}b_n=0,$$

所以数列 $\alpha_n=\left(1-\dfrac{1}{n}\right)\mathrm{e}^{\mathrm{i}\frac{\pi}{2n}}$ 收敛,并有 $\lim\limits_{n\to\infty}\alpha_n=1$.

(2) $\alpha_n=n\cos\mathrm{i}n=n\mathrm{ch}n$,因此,当 $n\to\infty$ 时 $\alpha_n\to\infty$,所以 α_n 发散.

例 4.2　下列级数是否收敛?是否绝对收敛?

(1) $\sum\limits_{n=1}^{\infty}\dfrac{1}{n}\left(1+\dfrac{\mathrm{i}}{n}\right)$;

(2) $\sum\limits_{n=1}^{\infty}\left[\dfrac{(-1)^{n+1}}{n}+\dfrac{1}{3^n}\mathrm{i}\right]$;

(3) $\sum\limits_{n=1}^{\infty}\dfrac{(6\mathrm{i})^n}{n!}$;

(4) $\sum\limits_{n=1}^{\infty}\dfrac{\mathrm{i}^n}{n}$.

解　记上面四个级数为 $\sum\limits_{n=1}^{\infty}\alpha_n$,且设 $\alpha_n=a_n+\mathrm{i}b_n$.

(1) 因 $\sum\limits_{n=1}^{\infty}a_n=\sum\limits_{n=1}^{\infty}\dfrac{1}{n}$ 发散, $\sum\limits_{n=1}^{\infty}b_n=\sum\limits_{n=1}^{\infty}\dfrac{1}{n^2}$ 收敛,故原级数发散.

(2) 因 $\sum\limits_{n=1}^{\infty}\dfrac{(-1)^{n+1}}{n}$ 条件收敛, $\sum\limits_{n=1}^{\infty}\dfrac{1}{3^n}$ 也收敛,故原级数条件收敛,非绝对收敛.

(3) 因 $\left|\dfrac{(6\mathrm{i})^n}{n!}\right| = \dfrac{6^n}{n!}$，由正项级数的比值判别法知 $\displaystyle\sum_{n=1}^{\infty}\dfrac{6^n}{n!}$ 收敛，故原级数绝对收敛.

(4) $\displaystyle\sum_{n=1}^{\infty}\dfrac{\mathrm{i}^n}{n} = \sum_{n=1}^{\infty}\dfrac{(\mathrm{e}^{\mathrm{i}\frac{\pi}{2}})^n}{n} = \sum_{n=1}^{\infty}\dfrac{\cos\dfrac{n\pi}{2}+\mathrm{i}\sin\dfrac{n\pi}{2}}{n} = \sum_{k=1}^{\infty}\dfrac{(-1)^k}{2k}+\mathrm{i}\sum_{k=0}^{\infty}\dfrac{(-1)^k}{2k+1}$，而 $\displaystyle\sum_{k=1}^{\infty}\dfrac{(-1)^k}{2k}$

和 $\displaystyle\sum_{k=0}^{\infty}\dfrac{(-1)^k}{2k+1}$ 均为条件收敛的交错级数，故原级数条件收敛.

4.1.3　复变函数项级数

给定一个复变函数序列 $\{f_n(z)\}$，其中 $f_n(z)(n=1,2,\cdots)$ 均在集合 E 上有定义，则称
$$f_1(z) + f_2(z) + \cdots + f_n(z) + \cdots$$
为复变函数项级数，记为 $\displaystyle\sum_{n=1}^{+\infty}f_n(z)$.

设 z_0 为 E 内的一固定点，则 $\displaystyle\sum_{n=1}^{+\infty}f_n(z_0)$ 为一复数项级数. 若 $\displaystyle\sum_{n=1}^{+\infty}f_n(z_0)$ 收敛，则称 $\displaystyle\sum_{n=1}^{+\infty}f_n(z)$ 在点 z_0 处收敛，否则称 $\displaystyle\sum_{n=1}^{+\infty}f_n(z)$ 在点 z_0 处发散. 复变函数项级数 $\displaystyle\sum_{n=1}^{+\infty}f_n(z)$ 可能在集合 E 内一些点处收敛，而在另一些点处发散. 级数 $\displaystyle\sum_{n=1}^{+\infty}f_n(z)$ 的收敛点的全体称为它的收敛域，记作 D. 另外，记级数 $\displaystyle\sum_{n=1}^{+\infty}f_n(z)$ 的前 n 项和为
$$S_n(z) = f_1(z) + f_2(z) + \cdots + f_n(z).$$
于是在收敛域 D 上得到一个复变函数：
$$S(z) = \lim_{n\to\infty}S_n(z) \quad (z \in D).$$
$S(z)$ 称为复变函数项级数 $\displaystyle\sum_{n=1}^{+\infty}f_n(z)$ 的和函数，记作
$$S(z) = \sum_{n=1}^{+\infty}f_n(z). \tag{4.1.7}$$

例 4.3　考查复变函数项级数 $\displaystyle\sum_{n=0}^{\infty}z^n = 1 + z + z^2 + \cdots + z^n + \cdots$ 的敛散性.

解　考查该级数的前 n 项和
$$S_n(z) = 1 + z + z^2 + \cdots + z^{n-1} = \dfrac{1-z^n}{1-z},$$
可知当 $|z| < 1$ 时，$\displaystyle\lim_{n\to\infty}z^n = 0$，因而
$$\lim_{n\to\infty}S_n(z) = \lim_{n\to\infty}\dfrac{1-z^n}{1-z} = \lim_{n\to\infty}\left(\dfrac{1}{1-z} - \dfrac{z^n}{1-z}\right) = \dfrac{1}{1-z}.$$
故此时级数 $\displaystyle\sum_{n=0}^{\infty}z^n$ 收敛，且有
$$\sum_{n=0}^{\infty}z^n = \dfrac{1}{1-z}.$$
当 $|z| \geqslant 1$ 时，$\displaystyle\lim_{n\to\infty}z^n \neq 0$，可知此时级数 $\displaystyle\sum_{n=0}^{\infty}z^n$ 发散.

下面引入一致收敛的概念,它是研究复变函数项级数的有力工具.对于有关定理,我们一律不加证明,有兴趣的读者可以查阅相关书籍.

式(4.1.7)用 ε-N 语言来描述就是:

任给 $\varepsilon > 0$,给定 $z \in E$,存在正整数 $N = N(\varepsilon, z)$,使得当 $n > N$ 时,有

$$|S(z) - S_n(z)| < \varepsilon,$$

其中,

$$S_n(z) = \sum_{k=1}^{n} f_k(z).$$

上述的正整数 $N = N(\varepsilon, z)$,一般来说,不仅依赖于 ε,还依赖于 $z \in E$.重要的另一种情形是 $N = N(\varepsilon)$ 不依赖于 $z \in E$,这就是

定义 4.1.4 对于级数 $\sum_{n=1}^{+\infty} f_n(z)$,如果在集合 E 上有一个函数 $S(z)$,使对任何给定的 $\varepsilon > 0$,存在正整数 $N = N(\varepsilon)$,当 $n > N$ 时,对一切的 $z \in E$ 均有

$$|S(z) - S_n(z)| < \varepsilon,$$

则称级数 $\sum_{n=1}^{+\infty} f_n(z)$ 在 E 上一致收敛于 $S(z)$.

定理 4.1.6 若复变函数 $f_n(z)(n=1,2,\cdots)$ 均定义在集合 E 上,并且有不等式 $|f_n(z)| \leqslant M_n(n=1,2,\cdots)$ 成立,而正项级数 $\sum_{n=1}^{\infty} M_n$ 收敛,则级数 $\sum_{n=1}^{+\infty} f_n(z)$ 在 E 上一致收敛.

定理 4.1.7 设级数 $\sum_{n=1}^{+\infty} f_n(z)$ 的各项在集合 D 上连续,并且一致收敛于 $S(z)$,则 $S(z)$ 在 D 上处处连续.

定理 4.1.8 若复变函数 $f_n(z)(n=1,2,\cdots)$ 均在光滑或逐段光滑的曲线 C 上连续,级数 $\sum_{n=1}^{\infty} f_n(z)$ 在 C 上一致收敛于函数 $S(z)$,则 $S(z)$ 在 C 上可积,且有

$$\int_C S(z)\mathrm{d}z = \sum_{n=1}^{\infty} \int_C f_n(z)\mathrm{d}z. \tag{4.1.8}$$

式(4.1.8)表明,在定理 4.1.8 条件下,求和可以与求积分交换次序,即可逐项积分.

定理 4.1.9 若复变函数 $f_n(z)(n=1,2,\cdots)$ 均在区域 D 内解析,并且 $\sum_{n=1}^{+\infty} f_n(z)$ 在 D 内一致收敛于和函数 $S(z)$,则 $S(z)$ 在 D 内解析,且有

$$S^{(k)}(z) = \sum_{n=1}^{\infty} f_n^{(k)}(z) \quad (z \in D, k=1,2,\cdots) \tag{4.1.9}$$

成立.

可见,在定理 4.1.9 条件下,式(4.1.9)表明求和与求导可以交换次序,即可逐项求导.

4.2 幂 级 数

对于复变函数项级数 $\sum_{n=1}^{\infty} f_n(z)$,当 $f_n(z) = c_{n-1}(z-z_0)^{n-1}$ 或 $f_n(z) = c_{n-1}z^{n-1}$ 时,就得到级数 $\sum_{n=1}^{\infty} f_n(z)$ 的特殊情形:

$$\sum_{n=0}^{+\infty} c_n (z - z_0)^n = c_0 + c_1(z - z_0) + c_2(z - z_0)^2 + \cdots + c_n(z - z_0)^n + \cdots, \quad (4.2.1)$$

或

$$\sum_{n=0}^{+\infty} c_n z^n = c_0 + c_1 z + c_2 z^2 + \cdots + c_n z^n + \cdots. \quad (4.2.2)$$

这两种级数被称为幂级数.令 $z - z_0 = \xi$,式(4.2.1)就变成式(4.2.2),以后就式(4.2.2)进行讨论.

4.2.1　幂级数的敛散性

下面的阿贝尔(Abel)定理展示了幂级数的收敛特性.

定理 4.2.1　如果幂级数 $\sum\limits_{n=0}^{+\infty} c_n z^n$ 在 $z = z_0 (\neq 0)$ 处收敛,那么对满足 $|z| < |z_0|$ 的任何 z,级数必绝对收敛;若在 $z = z_0(\neq 0)$ 处发散,则对满足 $|z| > |z_0|$ 的 z,级数必发散.

证　由于幂级数 $\sum\limits_{n=0}^{+\infty} c_n z^n$ 在 $z = z_0 (\neq 0)$ 收敛,所以

$$\lim_{n \to +\infty} c_n z_0^n = 0.$$

因此存在正数 M,使得 $|c_n z_0^n| \leqslant M$. 如果 $|z| < |z_0|$,则 $\left| \dfrac{z}{z_0} \right| = q < 1$,那么

$$|c_n z^n| = |c_n z_0^n| \cdot \left| \frac{z}{z_0} \right|^n \leqslant M q^n.$$

由于级数 $\sum\limits_{n=1}^{+\infty} M q^n$ 收敛,所以级数 $\sum\limits_{n=0}^{+\infty} c_n z^n$ 绝对收敛.

若幂级数 $\sum\limits_{n=0}^{+\infty} c_n z^n$ 在 z_0 处发散,且在满足 $|z| > |z_0|$ 的某一点 $z'(|z'| > |z_0|)$ 处收敛,则由刚才所证可知, $\sum\limits_{n=0}^{+\infty} c_n z^n$ 在 z_0 处必收敛,与假设矛盾,原命题得证.

对于幂级数 $\sum\limits_{n=0}^{+\infty} c_n z^n$,它在 $z = 0$ 处一定是收敛的.当 $z \neq 0$ 时,可能有下述三种情况.

(1) 任意的 $z \neq 0$,级数 $\sum\limits_{n=0}^{+\infty} c_n z^n$ 均发散.

例 4.4　级数 $\sum\limits_{n=0}^{+\infty} n^n z^n = 1 + z + 2^2 z^2 + \cdots + n^n z^n + \cdots$,当 $z \neq 0$ 时,通项不趋于零,故发散.

(2) 任意的 z,级数 $\sum\limits_{n=0}^{+\infty} c_n z^n$ 均收敛.

例 4.5　级数 $\sum\limits_{n=0}^{+\infty} \dfrac{z^n}{n^n} = 1 + z + \dfrac{z^2}{2^2} + \cdots + \dfrac{z^n}{n^n} + \cdots$,对任意固定的 z,从某个 n 开始,以后总有 $\dfrac{|z|}{n} < \dfrac{1}{2}$,于是从此以后,有 $\dfrac{|z^n|}{n^n} < \left(\dfrac{1}{2} \right)^n$,故所述级数对任意的 z 均收敛.

(3) 存在一点 $z_1 \neq 0$,使得 $\sum\limits_{n=0}^{+\infty} c_n z_1^n$ 收敛,此时由阿贝尔定理知 $\sum\limits_{n=0}^{+\infty} c_n z^n$ 在圆周 $|z| =$

$|z_1|$ 内部绝对收敛. 另外又存在一点 z_2, 使 $\sum\limits_{n=0}^{+\infty} c_n z^n$ 发散(肯定 $|z_2| > |z_1|$), 此时由阿贝尔定理知 $\sum\limits_{n=0}^{+\infty} c_n z^n$ 必在圆周 $|z| = |z_2|$ 外部发散.

在这种情况下, 可以证明, 存在一个有限正数 R, 使得 $\sum\limits_{n=0}^{+\infty} c_n z^n$ 在 $|z| = R$ 内部绝对收敛, 在 $|z| = R$ 外部发散; 类似地, 幂级数 $\sum\limits_{n=0}^{+\infty} c_n (z-z_0)^n$ 在 $|z-z_0| = R$ 内部绝对收敛, 在 $|z-z_0| = R$ 外部发散. R 称为幂级数的收敛半径; 圆 $|z| < R$(或 $|z-z_0| < R$) 和圆周 $|z| = R$(或 $|z-z_0| = R$) 分别称为它们的收敛圆和收敛圆周. 为了统一, 我们也规定情况(1)的幂级数的收敛半径为 $R = 0$; 情况(2)的幂级数的收敛半径为 $R = +\infty$.

例 4.6　讨论幂级数 $\sum\limits_{n=0}^{+\infty} z^n$ 的收敛圆和收敛半径.

解　由例 4.3 知, 幂级数 $\sum\limits_{n=0}^{+\infty} z^n$ 在 $|z| < 1$ 内处处收敛于和函数 $S(z) = \dfrac{1}{1-z}$, 当 $|z| \geqslant 1$ 时处处发散, 因此幂级数 $\sum\limits_{n=0}^{+\infty} z^n$ 的收敛圆是以原点为圆心的单位圆盘, 故其收敛半径为 $R = 1$.

一个幂级数在其收敛圆周上的敛散性有如下三种可能: (1) 处处发散; (2) 既有收敛点, 也有发散点; (3) 处处收敛.

关于幂级数收敛半径 R 的求法, 与高等数学类似, 我们有如下结论.

定理 4.2.2　如果幂级数 $\sum\limits_{n=0}^{+\infty} c_n z^n$ 的系数 c_n 合于
$$\lim_{n \to +\infty} \left| \frac{c_{n+1}}{c_n} \right| = l \text{(达朗贝尔(D'Alembert))}, \tag{4.2.3}$$
或
$$\lim_{n \to +\infty} \sqrt[n]{|c_n|} = l \text{(柯西)}, \tag{4.2.4}$$
则当 $0 < l < +\infty$ 时, 级数 $\sum\limits_{n=0}^{+\infty} c_n z^n$ 的收敛半径 $R = \dfrac{1}{l}$; 当 $l = 0$ 时, $R = +\infty$; 当 $l = +\infty$ 时, $R = 0$.

证　(只讨论达朗贝尔情况且 $l \neq 0$ 和 $+\infty$) 由于 $\lim\limits_{n \to \infty} \dfrac{|c_{n+1}|}{|c_n|} \dfrac{|z|^{n+1}}{|z|^n} = \lim\limits_{n \to \infty} \dfrac{|c_{n+1}|}{|c_n|} |z| = l|z|$, 所以当 $|z| < \dfrac{1}{l}$ 时 $\sum\limits_{n=0}^{+\infty} |c_n| |z|^n$ 收敛, 也即 $\sum\limits_{n=0}^{+\infty} c_n z^n$ 在圆 $|z| = \dfrac{1}{l}$ 内收敛.

假设圆 $|z| = \dfrac{1}{l}$ 外有一点 z_0 使级数 $\sum\limits_{n=0}^{+\infty} c_n z_0^n$ 收敛, 再在圆外取一点 z_1, 使 $|z_1| < |z_0|$, 则根据阿贝尔定理, 级数 $\sum\limits_{n=0}^{+\infty} |c_n| |z_1^n|$ 必收敛, 然而 $|z_1| > \dfrac{1}{l}$, 所以
$$\lim_{n \to \infty} \frac{|c_{n+1}|}{|c_n|} \frac{|z_1|^{n+1}}{|z_1|^n} = l|z_1| > 1.$$
这跟 $\sum\limits_{n=0}^{+\infty} |c_n| |z_1^n|$ 收敛相矛盾, 故 $\sum\limits_{n=0}^{+\infty} c_n z^n$ 在圆 $|z| = \dfrac{1}{l}$ 外发散. 定理得证.

例 4.7　求下列各级数的收敛半径.

(1) $\sum_{n=1}^{\infty} \dfrac{z^n}{n^2}$;

(2) $\sum_{n=1}^{\infty} \dfrac{(z-1)^n}{n}$;

(3) $\sum_{n=0}^{\infty} (\cos in) z^n$;

(4) $\sum_{n=0}^{\infty} \dfrac{(-1)^n z^{2n+1}}{(2n+1)2^n}$.

解　(1) $\lim\limits_{n\to\infty} \dfrac{|c_{n+1}|}{|c_n|} = \lim\limits_{n\to\infty} \left(\dfrac{n}{n+1}\right)^2 = 1$,所以收敛半径为 $R=1$. 当 $|z|=1$ 时,$\sum_{n=1}^{\infty} \left|\dfrac{z^n}{n^2}\right| = \sum_{n=1}^{\infty} \dfrac{1}{n^2}$ 收敛,故在收敛圆上处处收敛;

(2) 令 $\xi = z-1$,则原级数化为 $\sum_{n=1}^{\infty} \dfrac{\xi^n}{n}$,用比值判别法可知 $R=1$,即 $|z-1|=1$. 当 $z=0$ 时,原级数变为 $\sum_{n=1}^{\infty} \dfrac{(-1)^n}{n}$,是收敛的;当 $z=2$ 时,原级数变为 $\sum_{n=1}^{\infty} \dfrac{1^n}{n}$,是发散的. 故原级数在收敛圆上的敛散性不明.

(3) 因为 $c_n = \cos in = \mathrm{ch}\,n = \dfrac{1}{2}(\mathrm{e}^n + \mathrm{e}^{-n})$,所以 $\lim\limits_{n\to\infty} \dfrac{|c_{n+1}|}{|c_n|} = \lim\limits_{n\to\infty} \dfrac{\mathrm{e}^{n+1} + \mathrm{e}^{-n-1}}{\mathrm{e}^n + \mathrm{e}^{-n}} = \mathrm{e}$,故收敛半径为 $R = \dfrac{1}{\mathrm{e}}$.

(4) 该幂级数为一缺项幂级数,不能直接套用刚才的公式来求解. 我们可以讨论级数 $\sum_{n=0}^{\infty} \dfrac{(-1)^n z^{2n+1}}{(2n+1)2^n}$ 的绝对收敛域并利用阿贝尔定理和定理 4.2.2 来求这类幂级数的收敛半径.

对于 $\sum_{n=0}^{\infty} \left|\dfrac{(-1)^n z^{2n+1}}{(2n+1)2^n}\right| = \sum_{n=0}^{\infty} \dfrac{|z|^{2n+1}}{(2n+1)2^n} \overset{\triangle}{=} \sum_{n=0}^{\infty} u_n$,而该正项级数收敛需要求

$$\lim_{n\to\infty} \frac{|u_{n+1}|}{|u_n|} = \lim_{n\to\infty} \frac{|z|^{2n+3}}{(2n+3)2^{n+1}} \cdot \frac{(2n+1)2^n}{|z|^{2n+1}} = \frac{1}{2}|z|^2 < 1.$$

故 $|z| < \sqrt{2}$,所以原级数的收敛半径为 $\sqrt{2}$.

4.2.2　幂级数的运算和性质

设幂级数 $\sum_{n=0}^{+\infty} a_n z^n$ 的收敛半径为 $r_1 > 0$,幂级数 $\sum_{n=0}^{+\infty} b_n z^n$ 的收敛半径为 $r_2 > 0$,则在 $R = \min\{r_1, r_2\}$ 内有

$$\text{(加、减法)}\ \sum_{n=0}^{+\infty} a_n z^n \pm \sum_{n=0}^{+\infty} b_n z^n = \sum_{n=0}^{+\infty} (a_n \pm b_n) z^n \quad (|z| < R). \tag{4.2.5}$$

$$\text{(乘法)} \left(\sum_{n=0}^{+\infty} a_n z^n\right) \cdot \left(\sum_{n=0}^{+\infty} b_n z^n\right) = \sum_{n=0}^{+\infty} (a_n b_0 + a_{n-1} b_1 + \cdots + a_0 b_n) z^n \quad (|z| < R). \tag{4.2.6}$$

实际上,两个幂级数经过运算后,收敛半径可以大于 r_1, r_2 中较小者.

例 4.8　设有幂级数 $\sum\limits_{n=0}^{+\infty} z^n$ 与 $\sum\limits_{n=0}^{+\infty} \dfrac{1}{1+a^n} z^n (0 < a < 1)$，求 $\sum\limits_{n=0}^{+\infty} z^n - \sum\limits_{n=0}^{+\infty} \dfrac{1}{1+a^n} z^n = \sum\limits_{n=0}^{+\infty} \dfrac{a^n}{1+a^n} z^n$ 的收敛半径.

解　可以求出原来两个幂级数的收敛半径都是 1，但新幂级数的收敛半径为

$$R = \lim_{n \to \infty} \left| \frac{\dfrac{a^n}{1+a^n}}{\dfrac{a^{n+1}}{1+a^{n+1}}} \right| = \lim_{n \to \infty} \frac{1+a^{n+1}}{a(1+a^n)} = \frac{1}{a} > 1.$$

值得注意的是：两幂级数进行减法运算，必须在 $|z| < 1$ 内进行.

在幂级数的运算中，代换运算具有非常重要的地位.

当 $|z| < r$ 时，幂级数 $\sum\limits_{n=0}^{+\infty} a_n z^n$ 存在和函数 $f(z)$，也即

$$f(z) = \sum_{n=0}^{+\infty} a_n z^n.$$

设在 $|z| < R$ 内 $g(z)$ 解析且满足 $|g(z)| < r$，那么当 $|z| < R$ 时，

$$f[g(z)] = \sum_{n=0}^{+\infty} a_n [g(z)]^n. \tag{4.2.7}$$

这个性质在把函数展开成幂级数时有着广泛的应用.

例 4.9　把函数 $\dfrac{1}{z-b}$ 表示成形如 $\sum\limits_{n=0}^{+\infty} c_n (z-a)^n$ 的幂级数，其中 a, b 是不相等的复常数.

解
$$\frac{1}{z-b} = \frac{1}{(z-a)-(b-a)} = -\frac{1}{(b-a)} \cdot \frac{1}{1 - \dfrac{z-a}{b-a}}.$$

当 $\left| \dfrac{z-a}{b-a} \right| < 1$ 时，有

$$\frac{1}{1 - \dfrac{z-a}{b-a}} = 1 + \left(\frac{z-a}{b-a} \right) + \cdots + \left(\frac{z-a}{b-a} \right)^n + \cdots.$$

所以

$$\frac{1}{z-b} = -\frac{1}{b-a} - \frac{1}{(b-a)^2}(z-a) - \cdots - \frac{1}{(b-a)^{n+1}}(z-a)^n - \cdots.$$

设 $|b-a| = R$，那么当 $|z-a| < R$ 时级数收敛，收敛半径为 $R = |b-a|$.

在上节中，我们已经学习了幂级数的和函数是定义在收敛圆内的一个函数. 我们不加证明地给出幂级数的和函数在收敛圆盘内所具有的性质.

定理 4.2.3　设幂级数 $\sum\limits_{n=0}^{+\infty} c_n z^n$ 的收敛半径为 $R > 0$，那么

(1) 它的和函数 $S(z)$ 是收敛圆 $|z| < R$ 内的解析函数.

(2) $S(z)$ 在收敛圆内的导数可通过其幂级数逐项求导得到，即

$$S'(z) = \sum_{n=1}^{+\infty} n c_n z^{n-1} \tag{4.2.8}$$

(3) 设 C 为收敛圆盘 $|z| < R$ 内任一条分段光滑曲线，则级数在 C 上可积，且

$$\int_C S(z)\mathrm{d}z = \sum_{n=0}^{\infty}\int_C c_n z^n \mathrm{d}z = c_n \sum_{n=0}^{\infty}\int_C z^n \mathrm{d}z. \qquad (4.2.9)$$

例 4.10　求 $\displaystyle\sum_{n=1}^{\infty}(-1)^{n+1}\frac{z^{n+1}}{n(n+1)}$ 的和函数.

解　利用定理 4.2.2 可得 $R=1$,在 $|z|=1$ 上,原级数绝对收敛.对于 z 为圆内任一点,
设 $S(z)=\displaystyle\sum_{n=1}^{\infty}(-1)^{n+1}\frac{z^{n+1}}{n(n+1)}$,则

$$S'(z)=\sum_{n=1}^{\infty}(-1)^{n+1}\frac{z^n}{n},$$

$$S''(z)=\sum_{n=1}^{\infty}(-1)^{n+1}z^{n-1}=\sum_{n=1}^{\infty}(-z)^{n-1}=\frac{1}{1+z}\quad(|z|<1).$$

所以

$$S'(z)-S'(0)=\ln(1+z),\quad 因为\ s'(0)=0;$$

$$S(z)-S(0)=\int_0^z \ln(1+\xi)\mathrm{d}\xi,\quad 因为\ s(0)=0;$$

$$S(z)=\int_0^z \ln(1+\xi)\mathrm{d}\xi\quad(|z|<1).$$

4.3　泰　勒　级　数

这一节主要研究在圆内解析的函数展开为幂级数的问题.

4.3.1　泰勒定理

由定理 4.2.3 我们可以看到,任意一个具有非零收敛半径的幂级数在其收敛圆内收敛于一个解析函数,这个性质是非常重要的.但在研究解析函数方面,幂级数之所以这么重要,还在于这个性质的逆命题也是成立的,即有

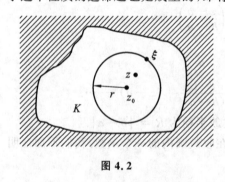

图 4.2

定理 4.3.1　(泰勒定理)设函数 $f(z)$ 在区域 D 内解析,$|\xi-z_0|=r$ 为 D 内的一个圆周,它的内部全属于 D,记这个圆周为 K,z 为 K 内任一点(见图 4.2),则 $f(z)$ 能在 K 内展开为幂级数

$$f(z)=\sum_{n=0}^{\infty}c_n(z-z_0)^n. \qquad (4.3.1)$$

其中系数 $c_n=\dfrac{1}{2\pi\mathrm{i}}\displaystyle\oint_K\frac{f(\xi)}{(\xi-z_0)^{n+1}}\mathrm{d}\xi$(积分形式)$=\dfrac{1}{n!}f^{(n)}(z_0)$(微分形式)$(n=0,1,2,\cdots)$.

证　根据柯西积分公式有

$$f(z)=\frac{1}{2\pi\mathrm{i}}\oint_K\frac{f(\xi)}{\xi-z}\mathrm{d}\xi. \qquad (4.3.2)$$

由于 $|z-z_0|<r$,$|\xi-z_0|=r$,故 $\left|\dfrac{z-z_0}{\xi-z_0}\right|<1$.

从而

$$\frac{1}{\xi-z}=\frac{1}{(\xi-z_0)-(z-z_0)}=\frac{1}{(\xi-z_0)}\cdot\frac{1}{1-\dfrac{z-z_0}{\xi-z_0}}$$

$$=\frac{1}{\xi-z_0}\Big[1+\Big(\frac{z-z_0}{\xi-z_0}\Big)+\Big(\frac{z-z_0}{\xi-z_0}\Big)^2+\cdots+\Big(\frac{z-z_0}{\xi-z_0}\Big)^n+\cdots\Big]$$

$$=\sum_{n=0}^{\infty}\frac{(z-z_0)^n}{(\xi-z_0)^{n+1}}.$$

从而

$$f(z)=\sum_{n=0}^{N-1}\frac{1}{2\pi\mathrm{i}}\Big[\oint_K\frac{f(\xi)}{(\xi-z_0)^{n+1}}\mathrm{d}\xi\Big](z-z_0)^n+\frac{1}{2\pi\mathrm{i}}\oint_K\Big[\sum_{n=N}^{\infty}\frac{f(\xi)}{(\xi-z_0)^{n+1}}(z-z_0)^n\Big]\mathrm{d}\xi$$

$$=\sum_{n=0}^{N-1}\frac{f^{(n)}(z_0)}{n!}(z-z_0)^n+R_N(z). \tag{4.3.3}$$

其中

$$R_N(z)=\frac{1}{2\pi\mathrm{i}}\oint_K\Big[\sum_{n=N}^{\infty}\frac{f(\xi)}{(\xi-z_0)^{n+1}}(z-z_0)^n\Big]\mathrm{d}\xi. \tag{4.3.4}$$

令 $\left|\dfrac{z-z_0}{\xi-z_0}\right|=\dfrac{|z-z_0|}{r}=q<1$，由于 K 含于 D，而 $f(z)$ 在区域 D 内解析，从而在 K 上连续，因此 $f(\xi)$ 在 K 上连续且有界，即存在一个正常数 M，在 K 上 $|f(\xi)|\leqslant M$，由式(4.3.4)知：

$$|R_N(z)|\leqslant\frac{1}{2\pi}\oint_K\Big|\sum_{n=N}^{\infty}\frac{f(\xi)}{(\xi-z_0)^{n+1}}(z-z_0)^n\Big|\,|\,\mathrm{d}z\,|$$

$$\leqslant\frac{1}{2\pi}\oint_K\Big[\sum_{n=N}^{\infty}\frac{|f(\xi)|}{|\xi-z_0|}\Big|\frac{z-z_0}{\xi-z_0}\Big|^n\Big]\mathrm{d}\xi$$

$$\leqslant\frac{1}{2\pi}\cdot\sum_{n=N}^{\infty}\frac{M}{r}q^n\cdot 2\pi r=\frac{Mq^N}{1-q}.$$

又 $\lim\limits_{N\to\infty}q^N=0$，所以 $\lim\limits_{N\to\infty}R_N(z)=0$ 在 K 内成立，从而公式

$$f(z)=\sum_{n=0}^{\infty}\frac{f^{(n)}(z_0)}{n!}(z-z_0)^n$$

在 K 内成立. 原命题得证.

这就是 $f(z)$ 在 z_0 处的泰勒展开式，其右端的级数 $\sum\limits_{n=0}^{\infty}\dfrac{f^{(n)}(z_0)}{n!}(z-z_0)^n$ 称为 $f(z)$ 在 z_0 处的泰勒级数. 从推导过程看，圆周 K 的半径可任意增大，只要在 D 内就可以. 设 z_0 到 D 的边界上各点的最短距离为 d，则 $f(z)$ 在 z_0 处的泰勒展开式在 $|z-z_0|<d$ 内成立.

需要强调的是：若 $f(z)$ 在 z_0 处解析，则 $f(z)$ 在 z_0 处的泰勒展开式成立的圆域的半径 R 就等于从 z_0 到 $f(z)$ 的距 z_0 最近一个奇点 α 之间的距离，即 $R=|\alpha-z_0|$.

定理 4.3.1 表明，若 $f(z)$ 在 z_0 处解析，则 $f(z)$ 在 z_0 附近一定可以展开为幂级数. 反之，若 $f(z)$ 在 z_0 附近用幂级数表示，则 $f(z)$ 在 z_0 处一定解析. 于是我们又得到复变函数在一点处解析的充要条件.

定理 4.3.2　函数 $f(z)$ 在 z_0 处解析当且仅当 $f(z)$ 在 z_0 附近可展开为幂级数.

定理 4.3.3　任何解析函数展开成幂级数的结果就是泰勒展开式，并且是唯一的.

证　设 $f(z)$ 在 z_0 处展开的幂级数为

$$f(z) = a_0 + a_1(z - z_0) + a_2(z - z_0)^2 + \cdots + a_n(z - z_0)^n + \cdots,$$

则利用定理 4.2.3,即知

$$f(z_0) = a_0 = c_0, f'(z_0) = a_1 = c_1, \cdots, a_n = \frac{1}{n!}f^{(n)}(z_0) = c_n.$$

原命题得证.

利用泰勒展开式的唯一性定理,我们可以用多种方法求一个函数的泰勒展开式,所得结果一定相同.

4.3.2　一些初等函数的泰勒展开式

一些初等函数的泰勒展开方法有两种:一种是直接计算泰勒系数的直接法,一种是借用一些已知展开式来计算要求展开式的间接法.下面通过具体例子来进行说明.

例 4.11　求 $e^z, \sin z, \cos z$ 在 $z_0 = 0$ 的泰勒展开式.

解　由于 e^z 的各阶导数均等于 e^z,所以 $(e^z)^{(n)}\mid_{z=0} = 1$,因此

$$e^z = 1 + z + \frac{1}{2!}z^2 + \cdots + \frac{1}{n!}z^n + \cdots = \sum_{n=0}^{\infty}\frac{z^n}{n!} \quad (|z| < +\infty).$$

同理,有

$$\cos z = 1 - \frac{1}{2!}z^2 + \frac{1}{4!}z^4 - \cdots + (-1)^n\frac{1}{(2n)!}z^{2n} + \cdots$$

$$= \sum_{n=0}^{\infty}(-1)^n\frac{1}{(2n)!}z^{2n} \quad (|z| < +\infty).$$

$$\sin z = z - \frac{1}{3!}z^3 + \frac{1}{5!}z^5 - \cdots + (-1)^n\frac{1}{(2n+1)!}z^{2n+1} + \cdots$$

$$= \sum_{n=0}^{+\infty}(-1)^n\frac{z^{2n+1}}{(2n+1)!} \quad (|z| < +\infty).$$

例 4.12　求 $(1+z)^\alpha = e^{\alpha\ln(1+z)}$ $(\ln 1 = 0)$ 的主值分支在 $z = 0$ 的泰勒展开式,其中 α 不是整数.

解　$(1+z)^\alpha$ 在从 -1 起向左沿负实轴剪开的复平面内是解析的,所以它只能在 $|z| < 1$ 内展开成 z 的幂级数.

令 $f(z) = (1+z)^\alpha$,则

$$f(0) = 1, f'(0) = \alpha, f''(0) = \alpha(\alpha-1), \cdots, f^{(n)}(0) = \alpha(\alpha-1)\cdots(\alpha-n+1), \cdots.$$

所以它在 $z = 0$ 处的泰勒展开式为

$$(1+z)^\alpha = e^{\alpha\ln(z+1)} = 1 + \alpha z + \binom{\alpha}{2}z^2 + \cdots + \binom{\alpha}{n}z^n + \cdots \quad (|z| < 1).$$

其中 $\binom{\alpha}{n} = \dfrac{\alpha(\alpha-1)\cdots(\alpha-n+1)}{n!}$,其收敛半径为 1.

例 4.13　将函数 $f(z) = \dfrac{z}{z+1}$ 在 $z_0 = 1$ 处展开成泰勒级数,并确定收敛范围.

解　$f(z) = \dfrac{z}{z+1}$ 的奇点为 -1,所以其可在 $|z-1| < 2$ 内展开成泰勒级数.

$$f(z) = \frac{z}{z+1} = 1 - \frac{1}{z+1} = 1 - \frac{1}{2+(z-1)}$$

$$= 1 - \frac{1}{2}\frac{1}{1+(z-1)/2} = 1 - \frac{1}{2}\sum_{n=0}^{\infty}(-1)^n\left(\frac{z-1}{2}\right)^n$$

$$= 1 - \sum_{n=0}^{\infty} (-1)^n \frac{(z-1)^n}{2^{n+1}} \quad (|z-1| < 2).$$

例 4.14　把函数 $\frac{1}{(1+z)^2}$ 展开成 z 的幂级数.

解　$\frac{1}{(1+z)^2}$ 在单位圆周 $|z|=1$ 上有一奇点 $z=-1$,而在 $|z|<1$ 内处处解析,故可在 $|z|<1$ 内展开成 z 的幂级数. 又

$$\frac{1}{1+z} = 1 - z + z^2 - z^3 + \cdots + (-1)^n z^n + \cdots = \sum_{n=0}^{\infty} (-1)^n z^n \quad (|z|<1),$$

逐项求导即得所求的展开式:

$$\frac{1}{(1+z)^2} = 1 - 2z + 3z^2 - 4z^3 + \cdots + (-1)^{n-1} n z^{n-1} + \cdots = \sum_{n=1}^{\infty} (-1)^{n-1} n z^{n-1} \quad (|z|<1).$$

例 4.15　求 $f(z) = \ln(1+z)$ 在 $z=0$ 的泰勒展开式.

解　$f(z) = \ln(1+z)$ 在从 -1 起向左沿负实轴剪开的平面内是解析的,所以它在 $|z|<1$ 内可以展开成 z 的幂级数.

$$f'(z) = \frac{1}{1+z} = 1 - z + z^2 - z^3 + \cdots + (-1)^n z^n + \cdots = \sum_{n=0}^{\infty} (-1)^n z^n \quad (|z|<1).$$

已给解析分支在 $z=0$ 的值为 0,它在 $z=0$ 的一阶导数为 1,二阶导数为 -1,$\cdots$,n 阶导数为 $(-1)^n(n-1)!$,$\cdots$,因此,它在 $z=0$ 处在 $|z|<1$ 内的泰勒展开式是: 在收敛圆 $|z|=1$ 内任取一条从 0 到 z 的积分路径 C,将上式两端沿 C 逐项积分得

$$\int_0^z f'(z)\mathrm{d}z = \int_0^z \sum_{n=0}^{\infty} (-1)^n z^n \mathrm{d}z = \sum_{n=0}^{+\infty} (-1)^n \frac{z^{n+1}}{n+1} \quad (|z|<1).$$

也即

$$\ln(1+z) = z - \frac{z^2}{2} + \frac{z^3}{3} - \frac{z^4}{4} + \cdots + (-1)^n \frac{z^{n+1}}{n+1} + \cdots = \sum_{n=0}^{+\infty} (-1)^n \frac{z^{n+1}}{n+1} \quad (|z|<1).$$

例 4.16　求 $f(z) = e^z \cos z$ 在 $z=0$ 的邻域内的幂级数展开式,并确定其收敛半径.

解　因为 $f(z) = e^z \cos z$ 在整个复平面上解析,故展开的幂级数的收敛半径为 $+\infty$.
因为

$$e^z(\cos z + \mathrm{i}\sin z) = e^{z+\mathrm{i}z} = e^{(1+\mathrm{i})z} = e^{\sqrt{2}z e^{\mathrm{i}\frac{\pi}{4}}},$$

故

$$e^z(\cos z + \mathrm{i}\sin z) = \sum_{n=0}^{\infty} \frac{(\sqrt{2})^n e^{\mathrm{i}\frac{n\pi}{4}}}{n!} z^n.$$

同理可得

$$e^z(\cos z - \mathrm{i}\sin z) = \sum_{n=0}^{\infty} \frac{(\sqrt{2})^n e^{-\mathrm{i}\frac{n\pi}{4}}}{n!} z^n.$$

注意到 $e^{\mathrm{i}\frac{n\pi}{4}} + e^{-\mathrm{i}\frac{n\pi}{4}} = 2\cos\frac{n\pi}{4}$,上两式相加即得

$$f(z) = e^z \cos z = \sum_{n=0}^{\infty} \frac{(\sqrt{2})^n \cos\frac{n\pi}{4}}{n!} z^n.$$

实际上也可得到

$$e^z \sin z = \sum_{n=0}^{\infty} \frac{(\sqrt{2})^n \sin \frac{n\pi}{4}}{n!} z^n.$$

4.4　洛朗级数

本节我们将讨论一种比幂级数更显复杂的含有正、负幂项的级数——洛朗(Laurent)级数.洛朗级数从结构上来看,是幂级数的推广.通过泰勒级数展开我们知道,若 $f(z)$ 在 z_0 处解析,那么 $f(z)$ 可在 z_0 附近用幂级数表示出来.但是对于有些特殊函数,如贝塞尔(Bessel)函数,以圆心为奇点,就不能在奇点邻域内展开为泰勒级数.为此,本节将建立圆环域 $R_1 < |z-z_0| < R_2$ 内解析函数的洛朗级数表示.洛朗级数也是我们研究复变函数的重要工具,尤其是在研究解析函数局部性质方面,它扮演着重要的角色.

4.4.1　双边幂级数

定义 4.4.1　形如

$$\sum_{n=-\infty}^{+\infty} c_n (z-z_0)^n = \cdots + c_{-n} (z-z_0)^{-n} + \cdots + c_{-1} (z-z_0)^{-1} + c_0$$
$$+ c_1(z-z_0) + \cdots + c_n (z-z_0)^n + \cdots \tag{4.4.1}$$

的级数,称为双边幂级数.

我们可以把它分成两部分来考虑:

$$\sum_{n=0}^{+\infty} c_n (z-z_0)^n = c_0 + c_1(z-z_0) + \cdots + c_n (z-z_0)^n + \cdots, \tag{4.4.2}$$

$$\sum_{n=1}^{+\infty} c_{-n} (z-z_0)^{-n} = c_{-1} (z-z_0)^{-1} + c_{-2} (z-z_0)^{-2} + \cdots + c_{-n} (z-z_0)^{-n} + \cdots. \tag{4.4.3}$$

当 $\sum_{n=0}^{+\infty} c_n (z-z_0)^n$ 和 $\sum_{n=1}^{+\infty} c_{-n} (z-z_0)^{-n}$ 都收敛时,我们称双边幂级数 $\sum_{n=-\infty}^{+\infty} c_n (z-z_0)^n$ 收敛.

显然 $\sum_{n=0}^{+\infty} c_n (z-z_0)^n$ 是普通的级数,其收敛域为 $|z-z_0| < R_2$,其中 R_2 是其收敛半径.对于 $\sum_{n=1}^{+\infty} c_{-n} (z-z_0)^{-n}$,我们令 $\xi = (z-z_0)^{-1}$,则

$$\sum_{n=1}^{+\infty} c_{-n} (z-z_0)^{-n} = \sum_{n=1}^{+\infty} c_{-n} \xi^n.$$

这也是一普通幂级数,设其收敛半径为 R,则当 $|\xi| < R$ 时,级数收敛;则当 $|\xi| > R$ 时,级数发散.也即: $|z-z_0| > \frac{1}{R} = R_1$ 时, $\sum_{n=1}^{+\infty} c_{-n} (z-z_0)^{-n}$ 收敛; $|z-z_0| < \frac{1}{R} = R_1$ 时, $\sum_{n=1}^{+\infty} c_{-n} (z-z_0)^{-n}$ 发散.故双边幂级数 $\sum_{n=-\infty}^{+\infty} c_n (z-z_0)^n$ 收敛的点 z_0 必须满足: $|z-z_0| < R_2$ 和 $|z-z_0| > R_1$.

分析讨论(见图 4.3):

① 若 $R_1 > R_2$,两不等式无公共解,级数 $\sum_{n=-\infty}^{+\infty} c_n (z-z_0)^n$ 处处发散;

② 若 $R_1 < R_2$，两不等式有公共解 $R_1 < |z - z_0| < R_2$，是一个圆环域，级数 $\sum_{n=-\infty}^{+\infty} c_n (z - z_0)^n$ 在此圆环域内处处收敛；

③ 当 $|z - z_0| > R_2$ 或 $|z - z_0| < R_1$ 时，级数 $\sum_{n=-\infty}^{+\infty} c_n (z - z_0)^n$ 发散.

在特殊情况下，这个圆环域的内圆周的半径 R_1 可取零，外圆周的半径 R_2 可取 $+\infty$.

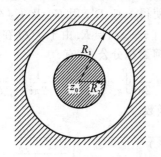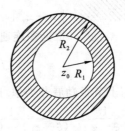

图 4.3

例 4.17 讨论级数 $\sum_{n=1}^{\infty} \dfrac{a^n}{z^n} + \sum_{n=0}^{\infty} \dfrac{z^n}{b^n}$ 的收敛情况（a, b 为复常数）.

解 级数 $\sum_{n=1}^{\infty} \dfrac{a^n}{z^n}$ 当 $\left| \dfrac{a}{z} \right| < 1$ 即 $|z| > |a|$ 时收敛，级数 $\sum_{n=0}^{\infty} \dfrac{z^n}{b^n}$ 当 $\left| \dfrac{z}{b} \right| < 1$ 即 $|z| < |b|$ 时收敛. 故当 $|a| < |b|$ 时，原级数在 $|a| < |z| < |b|$ 内收敛；当 $|a| > |b|$ 时，原级数发散.

幂级数在收敛圆内所具有的许多性质，级数 $\sum_{n=-\infty}^{+\infty} c_n (z - z_0)^n$ 在收敛圆环域内也具有：级数 $\sum_{n=-\infty}^{+\infty} c_n (z - z_0)^n$ 在收敛圆环域内，其和函数是解析函数，而且可以逐项求积分和逐项求导.

4.4.2 洛朗展开定理

我们知道双边幂级数的收敛域为圆环域，并且其和函数在圆环域内解析. 那么，如果一个函数在某圆环域内解析，那它是否可以表示成一个双边幂级数呢？

例如，$f(z) = \dfrac{1}{z(1-z)}$ 在 $z = 0, z = 1$ 处都不解析，但在圆环域 $0 < |z| < 1$ 及 $0 < |z-1| < 1$ 内解析. 当 $0 < |z| < 1$ 时，有

$$f(z) = \frac{1}{z(1-z)} = \frac{1}{z} + \frac{1}{1-z} = z^{-1} + 1 + z + z^2 + \cdots + z^n + \cdots;$$

而当 $0 < |z-1| < 1$ 时，

$$f(z) = \frac{1}{z(1-z)} = \frac{1}{1-z} \left(\frac{1}{1-(1-z)} \right)$$

$$= (1-z)^{-1} + 1 + (1-z) + (1-z)^2 + \cdots + (1-z)^n + \cdots,$$

都表示成了双边幂级数. 其实刚才的问题，我们的回答是肯定的，理论上我们有：

定理 4.4.1 （洛朗定理）设 $f(z)$ 在圆环域 $D: R_1 < |z - z_0| < R_2 (0 \leqslant R_1 < R_2 \leqslant +\infty)$ 内解析（见图 4.4），那么

$$f(z) = \sum_{n=-\infty}^{+\infty} c_n (z - z_0)^n. \tag{4.4.4}$$

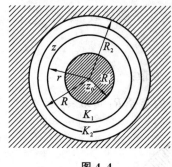

图 4.4

其中

$$c_n = \frac{1}{2\pi i} \oint_C \frac{f(\xi)}{(\xi - z_0)^{n+1}} d\xi \quad (n = 0, \pm 1, \pm 2, \cdots).$$

(4.4.5)

这里 C 为在圆环域 D 内绕 z_0 任何一条正向简闭曲线.

证　设 z 是圆环域 D 内任一点, 在 D 内作圆环 D': $r < |z - z_0| < R$, 使得 $z \in D'$. 用 K_1 及 K_2 分别表示正向圆周 $|z - z_0| = r$ 及 $|z - z_0| = R$. 由于 $f(\xi)$ 在闭圆环 D' 上解析, 根据多连通域内柯西积分公式, 有

$$f(z) = \frac{1}{2\pi i} \oint_{K_2} \frac{f(\xi)}{\xi - z} d\xi - \frac{1}{2\pi i} \oint_{K_1} \frac{f(\xi)}{\xi - z} d\xi. \quad (4.4.6)$$

当 $\xi \in K_2$ 时, 证明与上节泰勒展开类似. 此时函数

$$\frac{1}{\xi - z} = \frac{1}{(\xi - z_0) - (z - z_0)} = \frac{1}{\xi - z_0} \cdot \frac{1}{1 - \dfrac{z - z_0}{\xi - z_0}}$$

$$= \sum_{n=0}^{+\infty} \frac{(z - z_0)^n}{(\xi - z_0)^{n+1}}.$$

又 $f(\xi)$ 在 K_2 上连续, 使得 $|f(\xi)| \leqslant M$ (M 为任一正常数), 逐项积分可得

$$\frac{1}{2\pi i} \oint_{K_2} \frac{f(\xi)}{\xi - z} d\xi = \sum_{n=0}^{\infty} \left[\frac{1}{2\pi i} \oint_{K_2} \frac{f(\xi)}{(\xi - z_0)^{n+1}} d\xi \right] (z - z_0)^n. \quad (4.4.7)$$

注意, 这里 $\dfrac{1}{2\pi i} \oint_{K_2} \dfrac{f(\xi)}{(\xi - z_0)^{n+1}} d\xi \neq \dfrac{f^{(n)}(z_0)}{n!}$, 因为 $f(z)$ 在 K_2 内不一定是处处解析的.

而当 $\xi \in K_1$ 时,

$$\frac{1}{\xi - z} = -\frac{1}{(z - z_0)\left(1 - \dfrac{\xi - z_0}{z - z_0}\right)} = -\sum_{n=1}^{+\infty} \frac{(\xi - z_0)^{n-1}}{(z - z_0)^n} = -\sum_{n=1}^{\infty} \frac{1}{(\xi - z_0)^{-n+1}} (z - z_0)^{-n}.$$

所以

$$-\frac{1}{2\pi i} \oint_{K_1} \frac{f(\xi)}{\xi - z} d\xi = \sum_{n=1}^{N-1} \left[\frac{1}{2\pi i} \oint_{K_1} \frac{f(\xi)}{(\xi - z_0)^{-n+1}} d\xi \right] (z - z_0)^{-n} + R_N(z).$$

其中

$$R_N(z) = \frac{1}{2\pi i} \oint_{K_1} \left[\sum_{n=N}^{\infty} \frac{(\xi - z_0)^{n-1} f(\xi)}{(z - z_0)^n} \right] d\xi.$$

令 $q = \left| \dfrac{\xi - z_0}{z - z_0} \right| = \dfrac{r}{|z - z_0|}$, 显然 $0 < q < 1$, 由于 $f(\xi)$ 在 K_1 上连续, 因此 $|f(\xi)| \leqslant M_1$ (M_1 为一正常数), 于是有

$$|R_N(z)| \leqslant \frac{1}{2\pi} \oint_{K_1} \left[\sum_{n=N}^{\infty} \frac{|f(\xi)|}{|\xi - z_0|} \left| \frac{\xi - z_0}{z - z_0} \right|^n \right] d\xi \leqslant \frac{1}{2\pi} \sum_{n=N}^{\infty} \frac{M_1}{r} \cdot q^n \cdot 2\pi r = \frac{M_1 q^N}{1 - q}.$$

因为 $\lim_{N \to \infty} q^N = 0$, 所以 $\lim_{N \to \infty} R_N(z) = 0$, 从而有

$$-\frac{1}{2\pi i} \oint_{K_1} \frac{f(\xi)}{\xi - z} d\xi = \sum_{n=1}^{\infty} \left[\frac{1}{2\pi i} \oint_{K_1} \frac{f(\xi)}{(\xi - z_0)^{-n+1}} d\xi \right] (z - z_0)^{-n}. \quad (4.4.8)$$

综上所述, 我们有

$$f(z) = \sum_{n=0}^{+\infty} c_n (z - z_0)^n + \sum_{n=1}^{+\infty} c_{-n} (z - z_0)^{-n} = \sum_{n=-\infty}^{+\infty} c_n (z - z_0)^n. \quad (4.4.9)$$

其中

$$c_n = \frac{1}{2\pi i}\oint_{K_2} \frac{f(\xi)}{(\xi - z_0)^{n+1}}\mathrm{d}\xi \quad (n = 0,1,2,\cdots), \tag{4.4.10}$$

$$c_{-n} = \frac{1}{2\pi i}\oint_{K_1} \frac{f(\xi)}{(\xi - z_0)^{-n+1}}\mathrm{d}\xi \quad (n = 0,1,2,\cdots). \tag{4.4.11}$$

如果在圆环域内取绕 z_0 的任一条简闭曲线 C，根据闭路变形原理，式(4.4.10) 和式(4.4.11) 的系数表达式可以用同一个式子表达，即

$$c_n = \frac{1}{2\pi i}\oint_C \frac{f(\xi)}{(\xi - z_0)^{n+1}}\mathrm{d}\xi \quad (n = 0,\pm 1,\pm 2,\cdots).$$

于是命题得证.

我们把这样的级数称为 $f(z)$ 在以 z_0 为中心的圆环 $R_1 < |z - z_0| < R_2$ 内的洛朗级数，系数 $c_n = \frac{1}{2\pi i}\oint_C \frac{f(\xi)}{(\xi - z_0)^{n+1}}\mathrm{d}\xi$ $(n = 0,\pm 1,\pm 2,\cdots)$ 称为洛朗展开式的洛朗系数. $\sum\limits_{n=0}^{\infty} c_n (z - z_0)^n$ 称为洛朗级数的解析部分，$\sum\limits_{n=1}^{+\infty} c_{-n} (z - z_0)^{-n}$ 称为洛朗级数的主要部分.

定理 4.4.2 一个在某圆环域内解析的函数展开为含有正、负幂项的级数是唯一的，这个级数就是洛朗级数.

证 设在圆环域 $R_1 < |z - z_0| < R_2$ 内，$f(z)$ 展开为含有正、负幂项的级数，其形式为

$$f(z) = \sum_{n=-\infty}^{+\infty} a_n (z - z_0)^n.$$

设 C 为圆环域内任何一条正向简闭曲线，ξ 为 C 上任一点，那么

$$f(\xi) = \sum_{n=-\infty}^{+\infty} a_n (\xi - z_0)^n,$$

上式两边同乘以 $(\xi - z_0)^{-p-1}$ （p 为任一整数），并沿 C 积分，得到

$$\oint_C \frac{f(\xi)}{(\xi - z_0)^{p+1}}\mathrm{d}\xi = \sum_{n=-\infty}^{+\infty} a_n \oint_C (\xi - z_0)^{n-p-1}\mathrm{d}\xi$$
$$= \sum_{n=-\infty}^{+\infty} a_n \oint_C \frac{1}{(\xi - z_0)^{p-n+1}}\mathrm{d}\xi$$
$$= 2\pi i a_p.$$

从而

$$a_p = \frac{1}{2\pi i}\oint_C \frac{f(\xi)}{(\xi - z_0)^{p+1}}\mathrm{d}\xi \quad (p = 0,\pm 1,\pm 2,\cdots).$$

其实就是式(4.4.5)，所以洛朗级数是唯一的.

4.4.3 函数在圆环域内展开成洛朗级数的方法

直接应用洛朗定理来对复变函数进行洛朗展开，有时运算较为复杂. 实际情况中，我们通常利用洛朗级数展开的唯一性，运用代数运算、代换运算、求导、积分等间接方法把复变函数展开为洛朗级数.

例 4.18 $\dfrac{\sin z}{z}$ 及 $\dfrac{\sin z}{z^2}$ 在 $0 < |z| < +\infty$ 内的洛朗级数是：

$$\frac{\sin z}{z} = 1 - \frac{z^2}{3!} + \frac{z^4}{5!} - \cdots + \frac{(-1)^n z^{2n}}{(2n+1)!} + \cdots \quad (n = 0,1,2,\cdots),$$

$$\frac{\sin z}{z^2} = \frac{1}{z} - \frac{z}{3!} + \frac{z^3}{5!} - \cdots + \frac{(-1)^n z^{2n-1}}{(2n+1)!} + \cdots \quad (n = 0, 1, 2, \cdots).$$

例 4.19 求函数 $\dfrac{1}{(z-1)(z-2)}$ 分别在圆环域 $0 < |z| < 1, 1 < |z| < 2$ 及 $2 < |z| < +\infty$ 内的洛朗展开式.

解 若 $0 < |z| < 1$,则 $\left|\dfrac{z}{2}\right| < 1$,所以利用当 $|z| < 1$ 时的幂级数展式:

$$\frac{1}{1-z} = 1 + z + z^2 + \cdots + z^n + \cdots,$$

$$\begin{aligned} f(z) &= \frac{1}{(z-1)(z-2)} = \frac{1}{1-z} - \frac{1}{2-z} \\ &= \sum_{n=0}^{\infty} z^n - \frac{1}{2} \sum_{n=0}^{\infty} \left(\frac{z}{2}\right)^n \\ &= \sum_{n=0}^{\infty} \left(1 - \frac{1}{2^{n+1}}\right) z^n. \end{aligned}$$

如果 $1 < |z| < 2$,那么 $\left|\dfrac{z}{2}\right| < 1$,$\left|\dfrac{1}{z}\right| < 1$,我们得

$$\begin{aligned} \frac{1}{(z-1)(z-2)} &= \frac{1}{z-2} - \frac{1}{z-1} \\ &= \frac{-1}{2\left(1-\dfrac{z}{2}\right)} - \frac{1}{z\left(1-\dfrac{1}{z}\right)} \\ &= -\sum_{n=0}^{+\infty} \frac{z^n}{2^{n+1}} - \sum_{n=0}^{+\infty} \frac{1}{z^{n+1}}. \end{aligned}$$

如果 $2 < |z| < +\infty$,那么 $\left|\dfrac{2}{z}\right| < 1$,$\left|\dfrac{1}{z}\right| < 1$,同样,我们有

$$\begin{aligned} \frac{1}{(z-1)(z-2)} &= \frac{1}{z-2} - \frac{1}{z-1} \\ &= \frac{1}{z\left(1-\dfrac{2}{z}\right)} - \frac{1}{z\left(1-\dfrac{1}{z}\right)} \\ &= \sum_{n=0}^{+\infty} \frac{2^n}{z^{n+1}} - \sum_{n=0}^{+\infty} \frac{1}{z^{n+1}} \\ &= \sum_{n=0}^{+\infty} \frac{2^n - 1}{z^{n+1}}. \end{aligned}$$

值得注意的是,给定了函数 $f(z)$ 与复平面上一点 z_0 以后,由于这个函数可以在以 z_0 为中心的不同圆环域内解析,因而在各个不同的圆环域中有不同的洛朗展开式,这和洛朗级数展开的唯一性不是同一回事.我们知道,洛朗级数展开式的唯一性,是指函数在某一个给定的圆环域内的洛朗展开式是唯一的.我们再来看两个需要我们自己先确定收敛圆环域的洛朗级数展开的例子.

例 4.20 把函数 $f(z) = \dfrac{1-2i}{z(z+i)}$ 在以 i 为中心的圆环域内展开为洛朗级数.

解 函数 $f(z) = \dfrac{1-2i}{z(z+i)}$ 有两个奇点 $z = 0$ 和 $z = -i$,则展开成洛朗级数时,必须分成

三个圆环域：① $0<|z-\mathrm{i}|<1$；② $1<|z-\mathrm{i}|<2$；③ $2<|z-\mathrm{i}|<+\infty$ 来分别展开．且

$$f(z)=\frac{1-2\mathrm{i}}{z(z+\mathrm{i})}=\frac{1-2\mathrm{i}}{\mathrm{i}}\left(\frac{1}{z}-\frac{1}{z+\mathrm{i}}\right).$$

① 当 $0<|z-\mathrm{i}|<1$ 时，有

$$f(z)=\frac{1-2\mathrm{i}}{\mathrm{i}}\left(\frac{1}{\mathrm{i}}\cdot\frac{1}{1+\dfrac{z-\mathrm{i}}{\mathrm{i}}}-\frac{1}{2\mathrm{i}}\cdot\frac{1}{1+\dfrac{z-\mathrm{i}}{2\mathrm{i}}}\right)$$

$$=\frac{1-2\mathrm{i}}{\mathrm{i}}\left[\frac{1}{\mathrm{i}}\cdot\sum_{n=0}^{\infty}\left(-\frac{z-\mathrm{i}}{\mathrm{i}}\right)^n-\frac{1}{2\mathrm{i}}\cdot\sum_{n=0}^{\infty}\left(-\frac{z-\mathrm{i}}{2\mathrm{i}}\right)^n\right]$$

$$=(2\mathrm{i}-1)\sum_{n=0}^{\infty}\left(\frac{2^{n+1}-1}{2^{n+1}}\right)\mathrm{i}^n(z-\mathrm{i})^n$$

② 当 $1<|z-\mathrm{i}|<2$ 时，有

$$f(z)=\frac{1-2\mathrm{i}}{\mathrm{i}}\left(\frac{1}{z-\mathrm{i}}\cdot\frac{1}{1+\dfrac{\mathrm{i}}{z-\mathrm{i}}}-\frac{1}{2\mathrm{i}}\cdot\frac{1}{1+\dfrac{z-\mathrm{i}}{2\mathrm{i}}}\right)$$

$$=(-2-\mathrm{i})\left[\sum_{n=0}^{\infty}(-\mathrm{i})^n\frac{1}{(z-\mathrm{i})^{n+1}}-\sum_{n=0}^{\infty}\frac{(-1)^n(z-\mathrm{i})^n}{(2\mathrm{i})^{n+1}}\right].$$

③ 当 $2<|z-\mathrm{i}|<+\infty$ 时，有

$$f(z)=\frac{1-2\mathrm{i}}{\mathrm{i}}\left(\frac{1}{z-\mathrm{i}}\cdot\frac{1}{1+\dfrac{\mathrm{i}}{z-\mathrm{i}}}-\frac{1}{z-\mathrm{i}}\cdot\frac{1}{1+\dfrac{2\mathrm{i}}{z-\mathrm{i}}}\right)$$

$$=(-2-\mathrm{i})\left[\sum_{n=0}^{\infty}(-\mathrm{i})^n\frac{1}{(z-\mathrm{i})^{n+1}}-\sum_{n=0}^{\infty}\frac{(-2\mathrm{i})^n}{(z-\mathrm{i})^{n+1}}\right]$$

$$=(-2-\mathrm{i})\sum_{n=0}^{\infty}(-1)^n\frac{\mathrm{i}^n(1-2^n)}{(z-\mathrm{i})^{n+1}}.$$

例 4.21　把函数 $f(z)=\dfrac{1}{z^2(z-\mathrm{i})}$ 在以 i 为中心的圆环域内展开为洛朗级数．

解　函数 $f(z)=\dfrac{1}{z^2(z-\mathrm{i})}$ 的奇点为 $z=0$ 和 $z=\mathrm{i}$，则展开成洛朗级数时，必须分成两个圆环域：① $0<|z-\mathrm{i}|<1$；② $|z-\mathrm{i}|>1$ 来分别展开．

① 当 $0<|z-\mathrm{i}|<1$ 时，有

$$f(z)=\frac{1}{z^2(z-\mathrm{i})}=\frac{1}{z-\mathrm{i}}\left(-\frac{1}{z}\right)'=\frac{1}{z-\mathrm{i}}\left[-\frac{1}{(z-\mathrm{i})+\mathrm{i}}\right]'$$

$$=\frac{1}{z-\mathrm{i}}\left[\sum_{n=0}^{+\infty}\mathrm{i}(-1)^n\frac{(z-\mathrm{i})^n}{\mathrm{i}^n}\right]'$$

$$=\sum_{n=1}^{+\infty}\mathrm{i}^{n+1}n(z-\mathrm{i})^{n-2}.$$

② 当 $|z-\mathrm{i}|>1$ 时，有

$$f(z)=\frac{1}{z^2(z-\mathrm{i})}=\frac{1}{z-\mathrm{i}}\left(-\frac{1}{z}\right)'=\frac{1}{z-\mathrm{i}}\left[-\frac{1}{(z-\mathrm{i})+\mathrm{i}}\right]'$$

$$=\frac{1}{z-\mathrm{i}}\left[\sum_{n=0}^{+\infty}(-1)^{n+1}\frac{\mathrm{i}^n}{(z-\mathrm{i})^{n+1}}\right]'$$

$$=\sum_{n=0}^{+\infty}(-\mathrm{i})^n(n+1)\frac{1}{(z-\mathrm{i})^{n+3}}.$$

第5章　留数及其应用

上一章我们重点讨论了解析函数的级数表示,包括在圆域解析的泰勒级数表示和在圆环域内解析的洛朗级数表示.圆环域的一种退化情况是某一点的去心邻域,函数在某一点的去心邻域内解析,但不在该点解析,我们称这样的点为函数的孤立奇点,所以洛朗级数就成为研究函数孤立奇点的重要工具.本章我们首先利用洛朗级数的不同形式结构对孤立奇点进行分类,继而引出孤立奇点处留数的概念以及留数的具体计算规则,然后通过留数定理把研究复变函数沿简闭曲线积分问题转化为计算在孤立奇点处的留数,最后应用留数定理计算一些定积分和广义积分,其中有些积分我们过去在高等数学中已经计算过,但计算比较烦琐,利用留数定理可以再分类后做统一处理,所以留数定理在理论探讨与实际应用方面具有重要意义.

5.1　孤立奇点

定义 5.1.1　若函数 $f(z)$ 在 z_0 处不解析,我们称 z_0 为 $f(z)$ 的奇点.如果函数 $f(z)$ 在 z_0 处不解析,但在 z_0 的某个去心邻域 $0 < |z-z_0| < \delta$ 内处处解析,那么称 z_0 为 $f(z)$ 的孤立奇点.

例如,0 是函数 $\dfrac{\sin z}{z}$,$\dfrac{1-\cos z}{z^5}$,$\mathrm{e}^{\frac{1}{z}}$ 的孤立奇点.需要提请注意的是,不能认为所有的奇点都是孤立奇点.考查函数 $f(z) = \dfrac{1}{\sin \frac{1}{z}}$,发现其奇点为 $z = 0$ 和 $z = \dfrac{1}{n\pi}(n = \pm 1, \pm 2, \cdots)$.我们发现,当 n 充分大时,$z = \dfrac{1}{n\pi}$ 可以任意接近0,即在 $z = 0$ 的任意小的邻域内,总有 $f(z)$ 的其他奇点存在.所以 $z = 0$ 为函数 $f(z) = \dfrac{1}{\sin \frac{1}{z}}$ 的奇点,但不是孤立奇点.

若 z_0 为 $f(z)$ 的孤立奇点,此时 $f(z)$ 在圆环域 $0 < |z-z_0| < \delta$ 内解析,可以展开为唯一的洛朗级数.我们根据洛朗展开式的不同情况对孤立奇点做如下分类.

5.1.1　孤立奇点的分类

(1)可去奇点　如果 $f(z)$ 在圆环域 $0 < |z-z_0| < \delta$ 内的洛朗级数中不含 $z-z_0$ 的负幂项,则孤立奇点 z_0 称为 $f(z)$ 的可去奇点.

这时 $f(z)$ 在 z_0 的去心邻域内洛朗级数为一普通幂级数:
$$c_0 + c_1(z-z_0) + c_2(z-z_0)^2 + \cdots + c_n(z-z_0)^n + \cdots, \tag{5.1.1}$$
可知其和函数 $F(z)$ 在 z_0 处解析,且当 $z \neq z_0$ 时,$F(z) = f(z)$;当 $z = z_0$ 时,$F(z_0) = c_0$.

由于

$$\lim_{z \to z_0} f(z) = \lim_{z \to z_0} F(z) = F(z_0) = c_0, \tag{5.1.2}$$

因此,不管 $f(z)$ 在 z_0 处有无意义,只要令 $f(z_0) = c_0$,则在圆环域 $|z - z_0| < \delta$ 内就有

$$f(z) = c_0 + c_1(z - z_0) + \cdots + c_n(z - z_0)^n + \cdots,$$

从而函数 $f(z)$ 在 z_0 处解析. 由于这个原因,所以 z_0 称为 $f(z)$ 的可去奇点.

例 5.1　验证 $z = 0$ 为函数 $\dfrac{e^z - 1}{z}$ 和 $\dfrac{\sin z}{z}$ 的可去奇点.

证　两个函数均在 $z = 0$ 处无意义,但是都在 $0 < |z| < +\infty$ 内处处解析,且洛朗级数分别为

$$\frac{e^z - 1}{z} = \frac{1 + z + \cdots + \dfrac{z^n}{n!} + \cdots - 1}{z} = 1 + \frac{z}{2!} + \cdots + \frac{z^{n-1}}{n!} + \cdots \quad (0 < |z| < +\infty);$$

$$\frac{\sin z}{z} = \frac{1}{z}\left(z - \frac{z^3}{3!} + \cdots\right) = 1 - \frac{z^2}{3!} + \frac{z^4}{5!} - \cdots + \frac{(-1)^n z^{2n}}{(2n+1)!} + \cdots \quad (0 < |z| < +\infty).$$

故 $z = 0$ 为函数 $\dfrac{e^z - 1}{z}$ 和 $\dfrac{\sin z}{z}$ 的可去奇点. 只要补充定义,使 $f(0) = 1$,则两个函数在 0 的邻域内就解析了.

(2) **极点**　如果 $f(z)$ 在圆环域 $0 < |z - z_0| < \delta$ 内的洛朗级数中只有有限多个(至少一个) $z - z_0$ 的负幂项,且其中关于 $(z - z_0)^{-1}$ 的最高幂为 $(z - z_0)^{-m}$,$m \geqslant 1$ 且为整数,$c_{-m} \neq 0$,此时

$$f(z) = c_{-m}(z - z_0)^{-m} + \cdots + c_{-2}(z - z_0)^{-2} + c_{-1}(z - z_0)^{-1} + c_0 + c_1(z - z_0) + \cdots, \tag{5.1.3}$$

则孤立奇点 z_0 称为 $f(z)$ 的 m 级(阶)极点.式(5.1.3)也可以写成

$$f(z) = \frac{1}{(z - z_0)^m} g(z), \tag{5.1.4}$$

其中,

$$g(z) = c_{-m} + c_{-m+1}(z - z_0) + c_{-m+2}(z - z_0)^2 + \cdots$$

是在 $|z - z_0| < \delta$ 内是解析的函数,且 $g(z_0) \neq 0$. 反之,当 $f(z) = \dfrac{1}{(z - z_0)^m} g(z)$ 且 $g(z_0) \neq 0$,则 z_0 称为 $f(z)$ 的 m 级极点.显然此时,

$$\lim_{z \to z_0} f(z) = +\infty. \tag{5.1.5}$$

例如 $f(z) = \dfrac{e^z}{(z^2 + 4)(z - 3)^3}$,显然 $z = 3$ 和 $z = \pm 2i$ 是其孤立奇点,把 $f(z)$ 写成

$$f(z) = (z - 3)^{-3} \frac{e^z}{z^2 + 4},$$

或

$$f(z) = (z - 2i)^{-1} \frac{e^z}{(z + 2i)(z - 3)^3},$$

或

$$f(z) = (z + 2i)^{-1} \frac{e^z}{(z - 2i)(z - 3)^3}.$$

可知,$z = 3$ 是它的一个三级极点,$z = \pm 2i$ 都是它的一级极点.

(3) **本性奇点**　如果 $f(z)$ 在圆环域 $0 < |z - z_0| < \delta$ 内的洛朗级数中含有无穷多个 $z -$

z_0 的负幂项,则孤立奇点 z_0 称为 $f(z)$ 的本性奇点.

例 5.2　验证 $z=0$ 为 $f(z)=\mathrm{e}^{\frac{1}{z}}$ 和 $f(z)=\sin\dfrac{1}{z}$ 的本性奇点.

证　　　　　$\mathrm{e}^{\frac{1}{z}}=1+\dfrac{1}{z}+\dfrac{1}{2!z^2}+\cdots+\dfrac{1}{n!z^n}+\cdots\quad(0<|z|<+\infty).$

$$\sin\frac{1}{z}=\frac{1}{z}-\frac{1}{3!z^3}+\frac{1}{5!z^5}-\cdots+\frac{(-1)^n}{(2n+1)!z^{2n+1}}+\cdots\quad(0<|z|<+\infty).$$

在本性奇点的邻域内,函数 $f(z)$ 有以下性质(证明略):

如果 z_0 为 $f(z)$ 的本性奇点,那么对于任意给定的复数 A,总可以找到一个趋向 z_0 的数列,当 z 沿这个数列趋于 z_0 时,$f(z)$ 的值趋向于 A.

我们以一个例子来说明这个问题.探讨函数 $f(z)=\mathrm{e}^{\frac{1}{z}}$,给定复数 $A=\mathrm{i}=\mathrm{e}^{\left(\frac{\pi}{2}+2n\pi\right)\mathrm{i}}$,则由 $\mathrm{e}^{\frac{1}{z}}=\mathrm{i}$ 可得 $z_n=\dfrac{1}{\left(\dfrac{\pi}{2}+2n\pi\right)\mathrm{i}}$,$\lim\limits_{n\to\infty}z_n=0$,而 $\mathrm{e}^{\frac{1}{z_n}}=\mathrm{i}$.若 $A=2\mathrm{i}=2\mathrm{e}^{\left(\frac{\pi}{2}+2n\pi\right)\mathrm{i}}$,则由 $\mathrm{e}^{\frac{1}{z}}=2\mathrm{i}$ 可得

$z_n=\dfrac{1}{\ln 2+\left(\dfrac{\pi}{2}+2n\pi\right)\mathrm{i}}$,显然 $\lim\limits_{n\to\infty}z_n=0$,而此时 $\mathrm{e}^{\frac{1}{z_n}}=2\mathrm{i}$.所以当 z 沿不同点列 $\{z_n\}$ 趋于 0 时,

$f(z)$ 的值趋于任何我们给定的复数值.

综上所述,设 z_0 为 $f(z)$ 的孤立奇点,则

$$\lim_{z\to z_0}f(z)=\begin{cases}\alpha(\text{有限值}),z_0\text{ 为可去奇点};\\ \infty,z_0\text{ 为极点};\\ \text{不存在,也不是 }\infty,z_0\text{ 为本性奇点}.\end{cases}\qquad(5.1.6)$$

因为已经讨论了孤立奇点的一切可能情形,所以反过来结论也成立.这就是说,我们可以利用上述极限的不同情形来判别孤立奇点的类型.

5.1.2　解析函数极点级别的判断方法

极点是一类非常重要的孤立奇点类型,在以后要学习的留数及其应用和共形映射中都有着良好应用.这里除了介绍如何判断极点外,还将介绍几种极点级别的判断方法.首先给出零点的概念.

定义 5.1.2　若一不恒为零的解析函数 $f(z)$ 可表示成

$$f(z)=(z-z_0)^m\varphi(z),\qquad(5.1.7)$$

其中 $\varphi(z)$ 在 z_0 处解析且 $\varphi(z_0)\neq 0$,m 为某一正整数,那么称 z_0 为 $f(z)$ 的 m 级零点.

例如 $f(z)=(z^2+4)(z-3)^3$,则 $z=\pm 2\mathrm{i}$ 为 $f(z)$ 的一级零点,$z=3$ 为 $f(z)$ 的三级零点.根据这个定义,我们可以得到下列结论.

定理 5.1.1　设 $f(z)$ 在 z_0 处解析,则 z_0 为 $f(z)$ 的 m 级零点的充要条件为:

$$f^{(n)}(z_0)=0(n=0,1,\cdots,m-1),f^{(m)}(z_0)\neq 0.$$

证　必要性.设 z_0 为 $f(z)$ 的 m 级零点,则

$$f(z)=(z-z_0)^m\varphi(z).$$

其中 $\varphi(z)$ 在 z_0 处解析且 $\varphi(z_0)\neq 0$,又 $\varphi(z)$ 在 z_0 处可展开成幂级数:

$$\varphi(z)=c_0+c_1(z-z_0)+\cdots+c_n(z-z_0)^n+\cdots\quad(c_0\neq 0).$$

综合以上两式,得

$$f(z) = c_0 (z-z_0)^m + c_1 (z-z_0)^{m+1} + c_2 (z-z_0)^{m+2} + \cdots. \tag{5.1.8}$$

这个式子说明 $f(z)$ 在 z_0 处的泰勒展开式中前 m 项的系数都为 0,所以

$$f^{(n)}(z_0) = 0 \quad (n=0,1,\cdots,m-1), \quad \frac{f^{(m)}(z_0)}{m!} = c_0 \neq 0.$$

充分性.由于 $f(z)$ 在 z_0 处解析,所以 $f(z)$ 在 $|z-z_0| < \delta$ 内可展开成泰勒级数,由于

$$f^{(n)}(z_0) = 0 \quad (n=0,1,\cdots,m-1), \quad f^{(m)}(z_0) \neq 0,$$

故

$$\begin{aligned}
f(z) &= \frac{f^{(m)}(z_0)}{m!}(z-z_0)^m + \frac{f^{(m+1)}(z_0)}{(m+1)!}(z-z_0)^{m+1} + \cdots \\
&= (z-z_0)^m \left[\frac{f^{(m)}(z_0)}{m!} + \frac{f^{(m+1)}(z_0)}{(m+1)!}(z-z_0) + \cdots \right] \\
&= (z-z_0)^m \varphi(z).
\end{aligned}$$

其中 $\varphi(z)$ 在 z_0 处解析且 $\varphi(z_0) = \frac{f^{(m)}(z_0)}{m!} \neq 0$,故 z_0 为 $f(z)$ 的 m 级零点.命题得证.

例如 $f(z) = z^3 - 1, z = 1$ 是 $f(z)$ 的零点,且 $f'(1) \neq 0$,故 $z = 1$ 是 $f(z)$ 的一级零点.又如 $z = 0$ 为 $f(z) = 1 - \cos z$ 的零点,并且 $f'(0) = 0, f''(0) = 1 \neq 0$,所以 $z = 0$ 为 $f(z) = 1 - \cos z$ 的二级零点.或者

$$\begin{aligned}
f(z) = 1 - \cos z &= \frac{z^2}{2!} - \frac{z^4}{4!} + \cdots + (-1)^{n+1}\frac{z^{2n}}{(2n)!} + \cdots \\
&= z^2 \left[\frac{1}{2!} - \frac{z^2}{4!} + \cdots + (-1)^{n+1}\frac{z^{2n-2}}{(2n)!} + \cdots \right] \\
&= z^2 \varphi(z).
\end{aligned}$$

其中 $\varphi(z)$ 在零点处解析且 $\varphi(0) = \frac{1}{2} \neq 0$,利用零点定义也可知 $z = 0$ 为 $f(z) = 1 - \cos z$ 的二级零点.

利用零点定义与极点性质,可以得到以下定理.

定理 5.1.2　若 z_0 为 $f(z)$ 的 m 级极点,则 z_0 为 $\frac{1}{f(z)}$ 的 m 级零点.反之同样成立.

证　若 z_0 为 $f(z)$ 的 m 级极点,根据式(5.1.4),则

$$f(z) = \frac{1}{(z-z_0)^m} g(z),$$

其中 $g(z)$ 在 z_0 处解析且 $g(z_0) \neq 0$,所以当 $z \neq z_0$ 时,有

$$\frac{1}{f(z)} = (z-z_0)^m \frac{1}{g(z)} = (z-z_0)^m h(z). \tag{5.1.9}$$

函数 $h(z)$ 也在 z_0 处解析,且 $h(z_0) = \frac{1}{g(z_0)} \neq 0$,由于

$$\lim_{z \to z_0} \frac{1}{f(z)} = 0,$$

只需令 $\frac{1}{f(z_0)} = 0$,则由(5.1.9)式可知 z_0 为 $\frac{1}{f(z)}$ 的 m 级零点.

若 z_0 为 $\frac{1}{f(z)}$ 的 m 级零点,则

$$\frac{1}{f(z)} = (z-z_0)^m \varphi(z).$$

其中 $\varphi(z)$ 在 z_0 处解析且 $\varphi(z_0) \neq 0$,所以当 $z \neq z_0$ 时,得

$$f(z) = \frac{1}{(z-z_0)^m} \phi(z). \tag{5.1.10}$$

而 $\phi(z) = \dfrac{1}{\varphi(z)}$ 在 z_0 处解析,且 $\phi(z_0) \neq 0$,所以 z_0 为 $f(z)$ 的 m 级极点.

利用刚才所研究的函数零点与极点的关系,我们对函数零点和极点级别有更进一步的研究.

定理 5.1.3　若 z_0 分别为 $f(z),g(z)$ 的 m,n 级零点,则 z_0 为 $f(z) \cdot g(z)$ 的 $m+n$ 级零点. 若 $m > n$,则 z_0 为 $\dfrac{f(z)}{g(z)}$ 的 $m-n$ 级零点;若 $m < n$,z_0 为 $\dfrac{f(z)}{g(z)}$ 的 $n-m$ 级极点;若 $m = n$,z_0 为 $\dfrac{f(z)}{g(z)}$ 的可去奇点.

证　根据零点定义及假设要求可设

$$f(z) = (z-z_0)^m \varphi_1(z), \quad g(z) = (z-z_0)^n \varphi_2(z).$$

其中,$\varphi_1(z),\varphi_2(z)$ 均在 z_0 处解析且 $\varphi_1(z_0) \neq 0,\varphi_2(z_0) \neq 0$. 则

$$f(z) \cdot g(z) = (z-z_0)^{m+n} \varphi_1(z)\varphi_2(z), \tag{5.1.11}$$

$$\frac{f(z)}{g(z)} = (z-z_0)^{m-n} \frac{\varphi_1(z)}{\varphi_2(z)}. \tag{5.1.12}$$

再利用零点、极点、可去奇点等相关知识即可证得命题成立.

这个定理为判别函数的孤立奇点类型尤其是极点级别提供了一个较为简便的方法.

例 5.3　$f(z) = \dfrac{1}{\sin z}$,求其奇点并指出是几级极点.

解　$z = k\pi$ 是 $\sin z$ 的零点,$(\sin z)' \big|_{z=k\pi} = \cos z \big|_{z=k\pi} = (-1)^k \neq 0$,故 $z = k\pi$ 是 $\sin z$ 的一级零点,也即为 $f(z)$ 的一级极点.

例 5.4　对于函数 $f(z) = \sin^3 z$,$z = 0$ 为其三级零点. 对于函数 $f(z) = \dfrac{e^z - 1}{z^4}$,$z = 0$ 是其分子函数的一级零点,是其分母函数的四级零点,故 $z = 0$ 为 $f(z)$ 的三级极点. 对于函数 $f(z) = \dfrac{(1-\cos z)^2 (e^{z^2} - 1)}{z^4 \sin^2 z}$,$z = 0$ 为其可去奇点.

5.1.3　函数在无穷孤立奇点的性质

以上讨论了函数在有限孤立奇点邻域内的性质,现在我们来讨论解析函数在无穷远点邻域内的性质.

定义 5.1.3　若 $f(z)$ 在 $z = \infty$ 的邻域 $R < |z| < +\infty$ 内解析,则称 ∞ 为 $f(z)$ 的一个孤立奇点.

做变换 $z = \dfrac{1}{t}$,规定它把扩充 z 平面的 $z = \infty$ 映射成 t 平面的点 $t = 0$,把 $R < |z| < +\infty$ 映射成 $0 < |t| < \dfrac{1}{R}$,又

$$f(z) = f\left(\frac{1}{t}\right) = \varphi(t), \tag{5.1.13}$$

那么就可以把 $f(z)$ 转化为 $\varphi(t)$ 在 $0<|t|<\dfrac{1}{R}$ 内研究. 显然, $\varphi(t)$ 在 $0<|t|<\dfrac{1}{R}$ 内解析, 所以 $t=0$ 是 $\varphi(t)$ 的孤立奇点.

我们规定: 如果 $t=0$ 是 $\varphi(t)$ 的可去奇点、m 级极点或本性奇点, 那么就称点 $z=\infty$ 是 $f(z)$ 的可去奇点、m 级极点或本性奇点.

由于 $f(z)$ 在 $R<|z|<+\infty$ 内解析, 故可在此圆环内展开成洛朗级数:

$$f(z)=\sum_{n=1}^{+\infty}c_{-n}z^{-n}+c_0+\sum_{n=1}^{+\infty}c_nz^n. \tag{5.1.14}$$

其中,

$$c_n=\frac{1}{2\pi i}\oint_C\frac{f(\xi)}{\xi^{n+1}}d\xi \quad (n=0,\pm1,\pm2,\cdots).$$

C 为 $R<|z|<+\infty$ 内绕原点的任意一条正向简闭曲线.

从而 $\varphi(t)$ 在 $0<|t|<\dfrac{1}{R}$ 内的洛朗级数为

$$\varphi(t)=\sum_{n=1}^{+\infty}c_{-n}t^n+c_0+\sum_{n=1}^{+\infty}c_nt^{-n}. \tag{5.1.15}$$

我们知道: 若式(5.1.15) 的级数中 ① 不含负幂项、② 含有有限多的负幂项, 且 t^{-m} 为最高负幂、③ 含有无穷多的负幂项, 则 $t=0$ 是 $\varphi(t)$ 的 ① 可去奇点、②m 级极点、③ 本性奇点。根据前面的规定, 对应的, 我们有:

在式(5.1.14) 中, 右端展式中若 ① 不含正幂项、② 含有有限多的正幂项, 且 z^m 为最高正幂、③ 含有无穷多的正幂项, 则 $z=\infty$ 是 $f(z)$ 的 ① 可去奇点、②m 级极点、③ 本性奇点.

由于 $\varphi(t)$ 的奇点类型可用 $\lim\limits_{t\to0}\varphi(t)$ 的值来判断, 且

$$\lim_{z\to\infty}f(z)=\lim_{t\to0}\varphi(t), \tag{5.1.16}$$

从而 $f(z)$ 在 $z=\infty$ 的奇点类型可用下列极限来判别:

$$\lim_{z\to\infty}f(z)=\begin{cases}\alpha(\text{有限值}),z=\infty \text{ 为可去奇点};\\\infty,z=\infty \text{ 为极点};\\\text{不存在, 也不是}\infty,z=\infty \text{ 为本性奇点}.\end{cases} \tag{5.1.17}$$

当 $z=\infty$ 是 $f(z)$ 的可去奇点时, 可认为 $f(z)$ 在 $z=\infty$ 处是解析的, 只要取 $f(\infty)=\lim\limits_{z\to\infty}f(z)$ 即可.

例如 $f(z)=\dfrac{z}{z+1}$, $\lim\limits_{z\to\infty}f(z)=1$, 所以 $z=\infty$ 为其可去奇点. 或者

$$f(z)=\frac{z}{z+1}=\frac{1}{1+\frac{1}{z}}=1-\frac{1}{z}+\frac{1}{z^2}-\frac{1}{z^3}+\cdots+(-1)^n\frac{1}{z^n}+\cdots \quad (1<|z|<+\infty),$$

它不含正幂项, 也可判断出 $z=\infty$ 为其可去奇点. 此时只需假设 $f(\infty)=1$, 那么 $f(z)$ 就在 $z=\infty$ 处解析.

又如 $f(z)=\dfrac{1}{z}+z+z^2$, $\lim\limits_{z\to\infty}f(z)=\infty$, 且含 z^2, 故 $z=\infty$ 为二级极点.

函数 e^z 的展开式为

$$f(z)=e^z=1+z+\frac{z^2}{2!}+\cdots+\frac{z^n}{n!}+\cdots \quad (0<|z|<+\infty),$$

含无穷多个正幂项,故 $z = \infty$ 为 e^z 的本性奇点.

例 5.5　函数 $f(z) = \dfrac{(z^2 - 1)(z - 2)^3}{(\sin\pi z)^3}$ 在扩充复平面内有什么类型的奇点?指出极点的级.

解　分母的零点为该函数的奇点,所以 $f(z)$ 在除去分母为零的点 $z = 0, \pm 1, \pm 2, \cdots$ 外在 $|z| < +\infty$ 内解析,由于 $(\sin\pi z)'|_{z=k} = \pi\cos\pi z|_{z=k} = (-1)^k \pi \neq 0$,因此这些点都是 $\sin\pi z$ 的一级零点,是 $(\sin\pi z)^3$ 的三级零点,它们中除去 $1, -1, 2$ 外都是 $f(z)$ 的三级极点. 因为 $1, -1$ 为 $z^2 - 1$ 的一级零点,所以 $1, -1$ 为 $f(z)$ 的二级极点. 当 $z = 2$ 时,

$$\lim_{z \to 2} f(z) = \lim_{z \to 2} \frac{(z^2 - 1)(z - 2)^3}{(\sin\pi z)^3} = \lim_{z \to 2} (z^2 - 1) \left(\frac{z - 2}{\sin\pi z}\right)^3$$

$$= \lim_{\xi \to 0} \left[(\xi + 2)^2 - 1\right] \left(\frac{\pi\xi}{\sin\pi\xi}\right)^3 \cdot \frac{1}{\pi^3} = \frac{3}{\pi^3},$$

所以 $z = 2$ 是 $f(z)$ 的可去奇点.

或者 $z = 2$ 为 $f(z)$ 中分子函数 $(z^2 - 1)(z - 2)^3$ 的三级零点,分母函数 $(\sin\pi z)^3$ 的三级零点,利用定理 5.1.3,易知 $z = 2$ 为 $f(z)$ 的可去奇点.

对于 $z = \infty$,因为还有其他奇点(所有整数),可知不存在确定的 $R(R > 0)$,使得 $f(z)$ 在 $R < |z| < +\infty$ 解析,所以 $z = \infty$ 不是 $f(z)$ 的孤立奇点,是非孤立奇点.

5.2　留数及其计算

5.2.1　留数与留数定理

若函数 $f(z)$ 在点 z_0 处解析,那么根据柯西-古萨基本定理,积分

$$\oint_C f(z)\mathrm{d}z = 0.$$

其中 C 为 z_0 邻域内的任意一条简闭曲线.

如果函数 $f(z)$ 在区域 $0 < |z - z_0| < \delta$ 内解析. 选取 r,使 $0 < r < \delta$,并且作圆 $C: |z - z_0| = r$,那么如果 $f(z)$ 在 z_0 也解析,则上面的积分也等于零;如果 z_0 是 $f(z)$ 的孤立奇点,则上述积分就不一定等于零,可将函数 $f(z)$ 在此邻域内展开洛朗级数:

$$f(z) = \cdots + c_{-n}(z - z_0)^{-n} + \cdots + c_{-1}(z - z_0)^{-1} + c_0 + c_1(z - z_0) + \cdots + c_n(z - z_0)^n + \cdots.$$

两端沿 C 逐项积分,右端各项积分除留下 $c_{-1}(z - z_0)^{-1}$ 一项外,其余各项积分都等于零,故

$$\oint_C f(z)\mathrm{d}z = 2\pi\mathrm{i}c_{-1}.$$

这时,我们把(留下的)积分值除以 $2\pi\mathrm{i}$ 后所得的数称为 $f(z)$ 在孤立奇点 z_0 处的留数,记作 $\mathrm{Res}[f(z), z_0]$,即

$$\mathrm{Res}[f(z), z_0] = \frac{1}{2\pi\mathrm{i}} \oint_C f(z)\mathrm{d}z = c_{-1}. \tag{5.2.1}$$

从式(5.2.1)可以看出,孤立奇点处的留数本质上就是 $f(z)$ 在孤立奇点 z_0 的去心邻域 $0 < |z - z_0| < \delta$ 内展开的洛朗级数中 $\dfrac{1}{z - z_0}$ 项的系数.

关于留数,我们有下面的留数定理,这是解决复变函数积分问题的一种新思路.

定理 5.2.1　（留数定理）复变函数 $f(z)$ 在区域 D 内除去有限个孤立奇点 $z_1, z_2, \cdots, z_n$ 外处处解析，C 为 D 内包含所有孤立奇点的一条正向简闭曲线，则

$$\oint_C f(z)\mathrm{d}z = 2\pi\mathrm{i}\sum_{k=1}^{n}\mathrm{Res}[f(z), z_k]. \tag{5.2.2}$$

证　以 D 内每一个孤立奇点 $z_k(k=1,2,\cdots,n)$ 为圆心，作圆 C_k，使以它为边界的闭圆盘上每一点都在 D 内，并且使任意两个这样的闭圆盘互不包含互不相交。根据复合闭路定理有

$$\oint_C f(z)\mathrm{d}z = \oint_{C_1} f(z)\mathrm{d}z + \oint_{C_2} f(z)\mathrm{d}z + \cdots + \oint_{C_n} f(z)\mathrm{d}z. \tag{5.2.3}$$

运用留数定义得

$$\oint_C f(z)\mathrm{d}z = 2\pi\mathrm{i}\{\mathrm{Res}[f(z), z_1] + \mathrm{Res}[f(z), z_2] + \cdots + \mathrm{Res}[f(z), z_n]\}$$

$$= 2\pi\mathrm{i}\sum_{k=1}^{n}\mathrm{Res}[f(z), z_k].$$

利用这个定理，求沿简闭曲线 C 的积分，就转化为求被积函数在 C 中的各孤立奇点处的留数。

5.2.2　留数的具体计算

通过式 (5.2.1) 知，留数本质即为 $f(z)$ 在孤立奇点 z_0 的去心邻域 $0 < |z-z_0| < \delta$ 内展开的洛朗级数中 $(z-z_0)^{-1}$ 项的系数。但是如果 $f(z)$ 在孤立奇点 z_0 的去心邻域内洛朗级数展开较为复杂，这样通过找系数的办法就变得不好操作。如果我们能先确定出孤立奇点的具体类型，则求留数就变得更为简便了。

例如当 z_0 是 $f(z)$ 的可去奇点，其洛朗级数中无负幂项，也即 $c_{-1} = 0$ 时，$\mathrm{Res}[f(z), z_0] = 0$。如果 z_0 是 $f(z)$ 的本性奇点，往往只能把 $f(z)$ 在以 z_0 的去心邻域展开成洛朗级数来求出 c_{-1}。如果 z_0 是 $f(z)$ 的 m 级极点，常常采用如下的运算规则：

规则 I　若 z_0 是 $f(z)$ 的一级极点，则

$$\mathrm{Res}[f(z), z_0] = \lim_{z \to z_0}(z-z_0)f(z). \tag{5.2.4}$$

证　此时 $f(z)$ 展开的洛朗级数形式为

$$f(z) = c_{-1}(z-z_0)^{-1} + c_0 + c_1(z-z_0) + \cdots + c_n(z-z_0)^n + \cdots, \tag{5.2.5}$$

等式两边同乘以 $z-z_0$，得到

$$(z-z_0)f(z) = c_{-1} + c_0(z-z_0) + c_1(z-z_0)^2 + \cdots + c_n(z-z_0)^{n+1} + \cdots,$$

等式两端同取 $z \to z_0$ 时极限，可得

$$\mathrm{Res}[f(z), z_0] = c_{-1} = \lim_{z \to z_0}(z-z_0)f(z).$$

规则 II　若 z_0 是 $f(z)$ 的 m 级极点，则

$$\mathrm{Res}[f(z), z_0] = \frac{1}{(m-1)!}\lim_{z \to z_0}\frac{\mathrm{d}^{m-1}}{\mathrm{d}z^{m-1}}\{(z-z_0)^m f(z)\}. \tag{5.2.6}$$

证　此时 $f(z)$ 展开的洛朗级数形式为

$$f(z) = c_{-m}(z-z_0)^{-m} + \cdots + c_{-2}(z-z_0)^{-2} + c_{-1}(z-z_0)^{-1} + c_0 + c_1(z-z_0) + \cdots, \tag{5.2.7}$$

等式两端同乘以 $(z-z_0)^m$，可得

$$(z-z_0)^m f(z) = c_{-m} + c_{-m+1}(z-z_0)\cdots + c_{-1}(z-z_0)^{m-1} + c_0(z-z_0)^m + \cdots,$$

两边求 $m-1$ 阶导数,得

$$\frac{\mathrm{d}^{m-1}}{\mathrm{d}z^{m-1}}[(z-z_0)^m f(z)] = (m-1)! \cdot c_{-1} + \{\text{含有 } z-z_0 \text{ 的正幂项}\},$$

再令 $z \to z_0$,等式两端同时取极限,即可得证.

实际上,当 $m=1$ 时,式(5.2.6)就是式(5.2.4).

规则 Ⅲ　设 $f(z) = \dfrac{P(z)}{Q(z)}$, $P(z)$ 和 $Q(z)$ 在 z_0 处都解析,如果 $P(z_0) \neq 0$, $Q(z_0) = 0$, $Q'(z_0) \neq 0$,则 z_0 是 $f(z)$ 的一级极点,且

$$\mathrm{Res}[f(z), z_0] = \frac{P(z_0)}{Q'(z_0)}. \tag{5.2.8}$$

证　因为 $Q(z_0) = 0$ 及 $Q'(z_0) \neq 0$,故 z_0 为 $Q(z)$ 的一级零点,为 $\dfrac{1}{Q(z)}$ 的一级极点,故

$$\frac{1}{Q(z)} = \frac{1}{z-z_0} \varphi(z).$$

其中 $\varphi(z)$ 在 z_0 处解析,且 $\varphi(z_0) \neq 0$,由此得

$$f(z) = \frac{1}{z-z_0} g(z).$$

其中 $g(z) = \varphi(z)P(z)$ 在 z_0 处解析,且 $g(z_0) = \varphi(z_0)P(z_0) \neq 0$,故 z_0 是 $f(z)$ 的一级极点.

根据规则 Ⅰ,得

$$\mathrm{Res}[f(z), z_0] = \lim_{z \to z_0}(z-z_0)f(z) = \lim_{z \to z_0} \frac{P(z)}{\dfrac{Q(z)-Q(z_0)}{z-z_0}} = \frac{P(z_0)}{Q'(z_0)}. \tag{5.2.9}$$

例 5.6　求 $\displaystyle\oint_{|z|=2} \frac{\mathrm{e}^z - 1}{z} \mathrm{d}z$.

解　$\displaystyle\lim_{z \to 0} \frac{\mathrm{e}^z - 1}{z} = 1$,故 $z=0$ 是可去奇点,再结合留数定理,所以

$$\oint_{|z|=2} \frac{\mathrm{e}^z - 1}{z} \mathrm{d}z = 2\pi\mathrm{i}\,\mathrm{Res}\left[\frac{\mathrm{e}^z - 1}{z}, 0\right] = 0.$$

例 5.7　求 $\mathrm{Res}[\mathrm{e}^{\frac{1}{z}}, 0]$.

解　$\mathrm{e}^{\frac{1}{z}} = 1 + \dfrac{1}{z} + \cdots + \dfrac{1}{n!z^n} + \cdots$,故 $\mathrm{Res}[\mathrm{e}^{\frac{1}{z}}, 0] = 1$.

例 5.8　计算 $\displaystyle\oint_{|z|=2} \frac{z\mathrm{e}^z}{z^2-1} \mathrm{d}z$.

解　设被积函数记为 $f(z)$,它有两个一级极点 ± 1,且都在 $|z|=2$ 内,故

$$\oint_{|z|=2} \frac{z\mathrm{e}^z}{z^2-1} \mathrm{d}z = 2\pi\mathrm{i}\{\mathrm{Res}[f(z), 1] + \mathrm{Res}[f(z), -1]\}.$$

利用规则 Ⅰ,得

$$\mathrm{Res}[f(z), 1] = \lim_{z \to 1}(z-1)\frac{z\mathrm{e}^z}{z^2-1} = \frac{\mathrm{e}}{2},$$

$$\mathrm{Res}[f(z), -1] = \lim_{z \to -1}(z+1)\frac{z\mathrm{e}^z}{z^2-1} = \frac{\mathrm{e}^{-1}}{2}.$$

所以

$$\oint_{|z|=2} \frac{z\mathrm{e}^z}{z^2-1}\mathrm{d}z = 2\pi\mathrm{i}\left(\frac{\mathrm{e}}{2}+\frac{\mathrm{e}^{-1}}{2}\right)=\pi\mathrm{i}\mathrm{ch}1.$$

例 5.9　计算 $\oint_{|z|=3} \dfrac{\mathrm{e}^z}{z\,(z-1)^2}\mathrm{d}z$.

解　设被积函数记为 $f(z)$，$z=0$ 为 $f(z)$ 的一级极点，$z=1$ 为 $f(z)$ 的二级极点，而

$$\mathrm{Res}[f(z),0]=\lim_{z\to 0}z\cdot\frac{\mathrm{e}^z}{z\,(z-1)^2}=1,$$

$$\mathrm{Res}[f(z),1]=\frac{1}{(2-1)!}\lim_{z\to 1}\frac{\mathrm{d}}{\mathrm{d}z}\left[(z-1)^2\frac{\mathrm{e}^z}{z\,(z-1)^2}\right]=\lim_{z\to 1}\frac{\mathrm{e}^z(z-1)}{z^2}=0.$$

故

$$\oint_{|z|=3}\frac{\mathrm{e}^z}{z\,(z-1)^2}\mathrm{d}z=2\pi\mathrm{i}\{\mathrm{Res}[f(z),0]+\mathrm{Res}[f(z),1]\}=2\pi\mathrm{i}.$$

例 5.10　求 $\mathrm{Res}\left[\dfrac{z-\sin z}{z^6},0\right]$.

解　因为 0 为 $\dfrac{z-\sin z}{z^6}$ 的三级极点，直接用公式计算时，会遇到对一个分式函数求二阶导数情况，计算非常麻烦，我们可用洛朗级数展开的方法来解决这个问题.

$$\frac{z-\sin z}{z^6}=\frac{1}{z^6}\left[z-\left(z-\frac{z^3}{3!}+\frac{z^5}{5!}-\cdots\right)\right]=\frac{1}{3!z^3}-\frac{1}{5!z^1}+\cdots,$$

所以

$$\mathrm{Res}\left[\frac{z-\sin z}{z^6},0\right]=c_{-1}=-\frac{1}{5!}=-\frac{1}{120}.$$

可见，问题的关键在于要根据具体问题来灵活选择计算方法，不必死套公式.

5.2.3　无穷远点处留数

定义 5.2.1　设 $f(z)$ 在 $R<|z|<+\infty$ 内解析，C 为此区域内绕原点的任一条正向简闭曲线，则 $\dfrac{1}{2\pi\mathrm{i}}\oint_{C^-}f(z)\mathrm{d}z$ 与 C 无关，此值称为 $f(z)$ 在 ∞ 点处的留数. 记为

$$\mathrm{Res}[f(z),\infty]=\frac{1}{2\pi\mathrm{i}}\oint_{C^-}f(z)\mathrm{d}z. \tag{5.2.10}$$

这里需要注意，积分路线方向是负的，也即为顺时针方向.

接下来我们推导无穷远点处留数与洛朗系数的关系.

因 $f(z)$ 在 $R<|z|<+\infty$ 内解析，则

$$f(z)=\sum_{n=-\infty}^{+\infty}c_n z^n\quad(R<|z|<+\infty)$$

两边在 C^- 上积分，可得

$$\oint_{C^-}f(z)\mathrm{d}z=\oint_{C^-}\sum_{n=-\infty}^{+\infty}c_n z^n\mathrm{d}z=-\oint_{C}\sum_{n=-\infty}^{+\infty}c_n z^n\mathrm{d}z$$

$$=-c_{-1}\oint_C\frac{1}{z}\mathrm{d}z=-2\pi\mathrm{i}c_{-1}. \tag{5.2.11}$$

结合式(5.2.10)与式(5.2.11)，可得

$$\text{Res}[f(z),\infty] = -c_{-1}. \tag{5.2.12}$$

也即 $f(z)$ 在 ∞ 点处的留数,等于它在 ∞ 点的去心圆域 $R < |z| < +\infty$ 内洛朗级数展开式中 z^{-1} 的系数再变号.

下述定理在计算留数或者复积分方面非常有用.

定理 5.2.2 (广义留数定理) 若函数 $f(z)$ 在扩充复平面内只有有限个孤立奇点,那么 $f(z)$ 在各奇点(包括 ∞ 点)处的留数总和必等于零.

证 除 ∞ 点外,设 $f(z)$ 的有限个奇点为 $z_k(k=1,2,\cdots,n)$,又设 C 为一条绕原点并将 $z_k(k=1,2,\cdots,n)$ 包含在它内部的正向简闭曲线,那么根据前面的留数定理及无穷远点处留数定义,有

$$\text{Res}[f(z),\infty] + \sum_{k=1}^{n}\text{Res}[f(z),z_k] = \frac{1}{2\pi i}\oint_{C^-} f(z)dz + \frac{1}{2\pi i}\oint_C f(z)dz = 0. \tag{5.2.13}$$

关于在无穷远点处的留数计算,我们有以下的规则.

规则 Ⅳ $\text{Res}[f(z),\infty] = -\text{Res}\left[f\left(\frac{1}{z}\right)\cdot\frac{1}{z^2},0\right].$

证 在无穷远点的留数定义中,取正向简闭曲线 C 为半径足够大的正向圆周:$|z| = \rho$,令 $z = \frac{1}{\xi}$,并设 $z = \rho e^{i\theta}, \xi = re^{i\varphi}$,那么 $\rho = \frac{1}{r}, \theta = -\varphi$,于是有

$$\text{Res}[f(z),\infty] = \frac{1}{2\pi i}\oint_{C^-} f(z)dz = \frac{1}{2\pi i}\int_0^{-2\pi} f(\rho e^{i\theta})i\rho e^{i\theta}d\theta$$

$$= -\frac{1}{2\pi i}\int_0^{2\pi} f\left(\frac{1}{re^{i\varphi}}\right)\frac{i}{re^{i\varphi}}d\varphi = -\frac{1}{2\pi i}\int_0^{2\pi} f\left(\frac{1}{re^{i\varphi}}\right)\frac{1}{(re^{i\varphi})^2}d(re^{i\varphi})$$

$$= -\frac{1}{2\pi i}\oint_{|\xi|=\frac{1}{\rho}} f\left(\frac{1}{\xi}\right)\frac{1}{\xi^2}d\xi \quad \left(|\xi| = \frac{1}{\rho}\text{ 取正向}\right). \tag{5.2.14}$$

由于 $f(z)$ 在 $\rho < |z| < +\infty$ 内解析,从而 $f\left(\frac{1}{\xi}\right)$ 在 $0 < |\xi| < \frac{1}{\rho}$ 内解析,因此 $f\left(\frac{1}{\xi}\right)\cdot\frac{1}{\xi^2}$ 在 $0 < |\xi| < \frac{1}{\rho}$ 内除 $\xi = 0$ 外没有其他奇点.由留数定理得

$$\frac{1}{2\pi i}\oint_{|\xi|=\frac{1}{\rho}} f\left(\frac{1}{\xi}\right)\frac{1}{\xi^2}d\xi = \text{Res}\left[f\left(\frac{1}{\xi}\right)\frac{1}{\xi^2},0\right]. \tag{5.2.15}$$

比较式(5.2.14)与式(5.2.15),即可得到

$$\text{Res}[f(z),\infty] = -\text{Res}\left[f\left(\frac{1}{z}\right)\cdot\frac{1}{z^2},0\right].$$

此规则提供了一种将无穷远点处留数计算转化为有限点$(z=0)$处留数计算的方法.

例 5.11 计算积分 $\oint_{|z|=2}\dfrac{z}{z^4-1}dz$.

解 令 $f(z) = \dfrac{z}{z^4-1}$,$f(z)$ 在 $|z|=2$ 内有四个孤立奇点 $\pm 1, \pm i$,不妨分别记作 z_k $(k=1,2,3,4)$,在 $|z|=2$ 外只有 ∞ 点一个孤立奇点,因此根据定理 5.2.1、定理 5.2.2 与规则 Ⅳ,有

$$\oint_{|z|=2}\frac{z}{z^4-1}dz = 2\pi i\sum_{k=1}^{4}\text{Res}[f(z),z_k]$$

$$=-2\pi i\mathrm{Res}[f(z),\infty]$$

$$=2\pi i\mathrm{Res}\Big[f\Big(\frac{1}{z}\Big)\frac{1}{z^2},0\Big]$$

$$=2\pi i\mathrm{Res}\Big[\frac{z}{1-z^4},0\Big]$$

$$=0.$$

例 5.12 计算积分 $\oint_{|z|=3}\dfrac{z^{15}}{(z^2+1)^2(z^4+2)^3}\mathrm{d}z.$

解 令 $f(z)=\dfrac{z^{15}}{(z^2+1)^2(z^4+2)^3}$，$f(z)$ 在 $|z|=3$ 内有六个孤立奇点 $\pm i$ 和 $\sqrt[4]{-2}=$ $2^{\frac14}\mathrm{e}^{\mathrm{i}\frac{\pi+2k\pi}{4}}(k=0,1,2,3)$，不妨分别记作 $z_m(m=1,2,3,4,5,6)$，在 $|z|=3$ 外只有 ∞ 点一个孤立奇点，因此根据定理 5.2.1、定理 5.2.2 与规则 Ⅳ，有

$$\oint_{|z|=3}\frac{z^{15}}{(z^2+1)^2(z^4+2)^3}\mathrm{d}z=2\pi i\sum_{m=1}^{6}\mathrm{Res}[f(z),z_m]$$

$$=-2\pi i\mathrm{Res}[f(z),\infty]$$

$$=2\pi i\mathrm{Res}\Big[f\Big(\frac{1}{z}\Big)\frac{1}{z^2},0\Big]$$

$$=2\pi i\mathrm{Res}\Big[\frac{1}{z(1+z^2)^2(1+2z^4)^3},0\Big]$$

$$=2\pi i.$$

或者也可利用 $f(z)$ 在圆环域 $2^{\frac14}<|z|<+\infty$ 内的洛朗级数的形式来求 $\mathrm{Res}[f(z),\infty]$：

$$f(z)=\frac{z^{15}}{(z^2+1)^2(z^4+2)^3}=\frac{1}{z}\Big(1+\frac{1}{z^2}\Big)^{-2}\Big(1+\frac{2}{z^4}\Big)^{-3}$$

$$=\frac{1}{z}\Big(1+\frac{-2}{z^2}+\frac{3}{z^4}+\cdots\Big)\Big(1+\frac{-6}{z^4}+\frac{24}{z^8}+\cdots\Big),$$

可知，该展开式中 $\dfrac{1}{z}$ 的项只有 $\dfrac{1}{z}$ 这一项，所以

$$\mathrm{Res}[f(z),\infty]=-1,$$

则

$$\oint_{|z|=3}\frac{z^{15}}{(z^2+1)^2(z^4+2)^3}\mathrm{d}z=-2\pi i\mathrm{Res}[f(z),\infty]=2\pi i.$$

5.3 留数在定积分计算中的应用

在高等数学中我们知道，有很多函数的原函数不能用初等函数来表达，因此，通过求原函数的办法求定积分或广义积分就受到限制.在很多实际问题及理论研究中，往往需要计算很难用初等函数表示出来的定积分，例如：有阻尼的振动问题 $\int_0^{+\infty}\dfrac{\sin x}{x}\mathrm{d}x$；热传导问题 $\int_0^{+\infty}\mathrm{e}^{-ax^2}\cos bx\,\mathrm{d}x(a>0)$；光的折射问题 $\int_0^{+\infty}\sin(x^2)\mathrm{d}x$ 等.很多这样的问题可以利用留数定理来解决，当然这个方法的使用还受到很大的限制.第一，被积函数必须与某个解析函数密切相

关,因为被积函数通常是初等函数,而初等函数是可以推广到复数域去的.第二,定积分的积分域是区间,而用留数来计算要涉及把问题化为沿闭曲线的积分,这是比较复杂和困难的一点.下面我们分几种类型介绍怎样利用留数定理求实积分的值.

5.3.1　形如 $\int_0^{2\pi} R[\cos\theta, \sin\theta] d\theta$ 的计算

$\int_0^{2\pi} R[\cos\theta, \sin\theta] d\theta$ 中,$R[\cos\theta, \sin\theta]$ 为 $\sin\theta, \cos\theta$ 的有理分式函数,并且在 $[0, 2\pi]$ 上连续.这是一个实积分,利用留数定理,需要完成两个方面的工作:一是将此积分转化为一个复变函数沿简闭曲线的积分;二是利用留数定理来计算此沿一条简闭曲线的复积分.下面我们就按照这样的思路来进行讨论.

令 $z = e^{i\theta}$,则 $dz = ie^{i\theta} d\theta$,

$$\sin\theta = \frac{e^{i\theta} - e^{-i\theta}}{2i} = \frac{z^2 - 1}{2iz},$$

$$\cos\theta = \frac{e^{i\theta} + e^{-i\theta}}{2} = \frac{z^2 + 1}{2z}.$$

当 θ 从 0 变到 2π 时,z 沿圆周 $|z| = 1$ 的正向绕行一周,于是所设积分化为沿正方向单位圆周的积分:

$$\oint_{|z|=1} R\left[\frac{z^2+1}{2z}, \frac{z^2-1}{2iz}\right] \frac{dz}{iz} = \oint_{|z|=1} f(z) dz,$$

其中 $f(z)$ 为 z 的有理函数,且在单位圆周上分母不为零,所以满足留数定理的条件,

$$\int_0^{2\pi} R[\cos\theta, \sin\theta] d\theta = 2\pi i \sum_{k=1}^{\infty} \text{Res}[f(z), z_k], \tag{5.3.1}$$

其中 $z_k (k = 1, 2, \cdots, n)$ 为包含在单位圆周内的 $f(z)$ 的孤立奇点.

例 5.13　计算 $I = \int_0^{2\pi} \frac{d\theta}{1 + \varepsilon\cos\theta}$ $(0 < \varepsilon < 1)$.

解　显然分母不为 0,故

$$I = \int_0^{2\pi} \frac{d\theta}{1 + \varepsilon\cos\theta} = \oint_{|z|=1} \frac{1}{1 + \varepsilon \frac{z^2+1}{2z}} \cdot \frac{dz}{iz} = \frac{2}{i\varepsilon} \oint_{|z|=1} \frac{1}{z^2 + 1 + \frac{2}{\varepsilon}z} dz,$$

被积函数有两个奇点 $z_{1,2} = -\frac{1}{\varepsilon} \pm \frac{\sqrt{1-\varepsilon^2}}{\varepsilon}$,由韦达定理知 z_1 在 $|z| = 1$ 的内部($|z_1||z_2| = 1$).又

$$\text{Res}[f(z), z_1] = \frac{1}{2z + \frac{2}{\varepsilon}}\bigg|_{z=z_1 = -\frac{1}{\varepsilon} + \frac{\sqrt{1-\varepsilon^2}}{\varepsilon}} = \frac{\varepsilon}{2\sqrt{1-\varepsilon^2}},$$

故

$$I = 2\pi i \text{Res}[f(z), z_1] \cdot \frac{2}{i\varepsilon} = \frac{2\pi\varepsilon i}{2\sqrt{1-\varepsilon^2}} \cdot \frac{2}{i\varepsilon} = \frac{2\pi}{\sqrt{1-\varepsilon^2}}.$$

例 5.14　计算积分 $I = \int_0^{2\pi} \frac{\cos mx}{5 + 4\cos x} dx$ $(m > 0)$.

解　注意到 $(e^{ix})^m = \cos mx + i\sin mx$,令 $I_1 = \int_0^{2\pi} \frac{\sin mx}{5 + 4\cos x} dx$,则

$$I + \mathrm{i}I_1 = \int_0^{2\pi} \frac{\mathrm{e}^{\mathrm{i}mx}}{5 + 4\cos x}\mathrm{d}x.$$

设 $z = \mathrm{e}^{\mathrm{i}x}$，则

$$
\begin{aligned}
I + \mathrm{i}I_1 &= \frac{1}{\mathrm{i}} \oint_{|z|=1} \frac{z^m}{2z^2 + 5z + 2}\mathrm{d}z \\
&= 2\pi\mathrm{i} \cdot \frac{1}{\mathrm{i}} \cdot \mathrm{Res}\left[\frac{z^m}{2z^2 + 5z + 2}, -\frac{1}{2}\right] \\
&= 2\pi \cdot \left.\frac{z^m}{2(z+2)}\right|_{z=-\frac{1}{2}} \\
&= \frac{(-1)^m}{3} \cdot \frac{\pi}{2^{m-1}},
\end{aligned}
$$

再利用复数相等，即可推出

$$\int_0^{2\pi} \frac{\cos mx}{5 + 4\cos x}\mathrm{d}x = \frac{(-1)^m}{3} \cdot \frac{\pi}{2^{m-1}},$$

$$\int_0^{2\pi} \frac{\sin mx}{5 + 4\cos x}\mathrm{d}x = 0.$$

5.3.2　形如 $\int_{-\infty}^{+\infty} R(x)\mathrm{d}x$ 积分的计算

当被积函数 $R(x)$ 是 x 的有理函数，而分母次数至少比分子的次数高二次，并且 $R(z)$ 在实轴上没有孤立奇点时，积分是存在的.

不妨设

$$R(z) = \frac{z^n + a_1 z^{n-1} + \cdots + a_n}{z^m + b_1 z^{m-1} + \cdots + b_m} \quad (m - n \geqslant 2)$$

为一已约分式.

我们取积分路线如图 5.1 所示，其中 C_R 是以原点为圆心、以 R 为半径的在上半平面的半圆周. 取 R 适当大，使 $R(z)$ 所有的在上半平面内的极点 z_k 都包含在这个积分路径所围区域内，由留数定理得

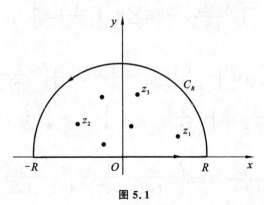

图 5.1

$$\int_{-R}^{R} R(x)\mathrm{d}x + \int_{C_R} R(z)\mathrm{d}z = 2\pi\mathrm{i}\sum \mathrm{Res}[R(z), z_k], \tag{5.3.2}$$

并且这个等式不因 C_R 的半径 R 不断增大而改变. 又因为

$$|R(z)| = \frac{|z^n + a_1 z^{n-1} + \cdots + a_n|}{|z^m + b_1 z^{m-1} + \cdots + b_m|} = \frac{1}{|z|^{m-n}} \cdot \frac{|1 + a_1 z^{-1} + \cdots + a_n z^{-n}|}{|1 + b_1 z^{-1} + \cdots + b_m z^{-m}|}$$

$$\leqslant \frac{1}{|z|^{m-n}} \cdot \frac{1 + |a_1 z^{-1} + \cdots + a_n z^{-n}|}{1 - |b_1 z^{-1} + \cdots + b_m z^{-m}|},$$

而当 $|z|$ 充分大时,总可使

$$|a_1 z^{-1} + \cdots + a_n z^{-n}| < \frac{1}{10}, \quad |b_1 z^{-1} + \cdots + b_m z^{-m}| < \frac{1}{10}.$$

由于 $m - n \geqslant 2$,故有

$$|R(z)| < \frac{1}{|z|^{m-n}} \cdot \frac{1 + \frac{1}{10}}{1 - \frac{1}{10}} < \frac{2}{|z|^2}. \tag{5.3.3}$$

因此在半径 R 充分大的半圆周 C_R 上,有

$$\left| \int_{C_R} R(z) \mathrm{d}z \right| \leqslant \int_{C_R} |R(z)| \, \mathrm{d}s \leqslant \frac{2}{R^2} \cdot \pi R = \frac{2\pi}{R}.$$

所以,当 $R \to +\infty$ 时,$\int_{C_R} R(z)\mathrm{d}z \to 0$,从而由式(5.3.2)得

$$\int_{-\infty}^{+\infty} R(x)\mathrm{d}x = 2\pi\mathrm{i} \sum_{k=1}^{n} \mathrm{Res}[R(z), z_k]. \tag{5.3.4}$$

如果 $R(x)$ 为偶函数,那么

$$\int_0^{+\infty} R(x)\mathrm{d}x = \pi\mathrm{i} \sum_{k=1}^{n} \mathrm{Res}[R(z), z_k]. \tag{5.3.5}$$

例 5.15 计算积分 $I = \int_{-\infty}^{\infty} \frac{\mathrm{d}x}{1 + x^4}.$

解 $f(z) = \frac{1}{1 + z^4}$ 的分母多项式次数比分子多项式次数高了四次,其在实轴上无奇点,奇点为 $\sqrt[4]{-1} = \mathrm{e}^{\frac{\pi + 2k\pi}{4}}$ $(k = 0, 1, 2, 3)$,在上半平面有两个奇点:$z_1 = \mathrm{e}^{\mathrm{i}\frac{\pi}{4}}$,$z_2 = \mathrm{e}^{\mathrm{i}\frac{3\pi}{4}}$,故

$$\int_{-\infty}^{\infty} \frac{\mathrm{d}x}{1 + x^4} = 2\pi\mathrm{i} \sum \mathrm{Res}\left[\frac{1}{1 + z^4}, z_k\right].$$

又

$$\mathrm{Res}\left[\frac{1}{1 + z^4}, z_1\right] = \frac{1}{4z^3}\bigg|_{z_1 = \mathrm{e}^{\mathrm{i}\frac{\pi}{4}}} = \frac{1}{4}\mathrm{e}^{-\mathrm{i}\frac{3\pi}{4}} = \frac{1}{4}\left(-\frac{1}{\sqrt{2}} - \frac{1}{\sqrt{2}}\mathrm{i}\right),$$

$$\mathrm{Res}\left[\frac{1}{1 + z^4}, z_2\right] = \frac{1}{4z^3}\bigg|_{z_2 = \mathrm{e}^{\mathrm{i}\frac{3\pi}{4}}} = \frac{1}{4}\mathrm{e}^{-\mathrm{i}\frac{9\pi}{4}} = \frac{1}{4}\left(\frac{1}{\sqrt{2}} - \frac{1}{\sqrt{2}}\mathrm{i}\right),$$

从而

$$I = \int_{-\infty}^{\infty} \frac{\mathrm{d}x}{1 + x^4} = 2\pi\mathrm{i}\left(-\frac{1}{4\sqrt{2}} - \frac{1}{4\sqrt{2}}\mathrm{i} + \frac{1}{4\sqrt{2}} - \frac{1}{4\sqrt{2}}\mathrm{i}\right) = \frac{\pi}{\sqrt{2}}.$$

例 5.16 计算积分 $\int_{-\infty}^{+\infty} \frac{x^2 - x + 2}{x^4 + 10x^2 + 9}\mathrm{d}x.$

解 记 $f(z) = \frac{z^2 - z + 2}{z^4 + 10z^2 + 9}$,则 $f(z)$ 满足式(5.3.4)的条件,且 $f(z)$ 在上半平面有两个一级极点 $z_1 = \mathrm{i}$ 和 $z_2 = 3\mathrm{i}$,而

$$\text{Res}[f(z),i] = \lim_{z \to i}(z-i)\frac{z^2-z+2}{(z^2+9)(z+i)(z-i)} = \frac{-1-i}{16},$$

$$\text{Res}[f(z),3i] = \lim_{z \to 3i}(z-3i)\frac{z^2-z+2}{(z^2+1)(z+3i)(z-3i)} = \frac{3-7i}{48},$$

所以

$$\int_{-\infty}^{+\infty}\frac{x^2-x+2}{x^4+10x^2+9}dx = 2\pi i \cdot \{\text{Res}[f(z),i]+\text{Res}[f(z),3i]\}$$

$$= 2\pi i \cdot \left(\frac{-1-i}{16}+\frac{3-7i}{48}\right)$$

$$= \frac{5}{12}\pi.$$

5.3.3　形如 $\int_{-\infty}^{+\infty}R(x)e^{iax}dx\,(a>0)$ 积分的计算

当被积函数中 $R(x)$ 是 x 的有理函数而分母的次数至少比分子的次数高一次,并且 $R(z)$ 在实轴上没有孤立奇点时,积分是存在的.

同上面的处理完全一样,可得

$$\int_{-R}^{R}R(x)e^{iax}dx+\int_{C_R}R(z)e^{iaz}dz = 2\pi i \sum \text{Res}[R(z)e^{iaz},z_k], \qquad (5.3.6)$$

由于 $m-n \geqslant 1$,结合式(5.3.3),故对于充分大的 $|z|$,有

$$|R(z)| < \frac{2}{|z|}.$$

因此,在半径 R 充分大的半圆周 C_R 上,有

$$\left|\int_{C_R}R(z)e^{iaz}dz\right| \leqslant \int_{C_R}|R(z)|\,|e^{iaz}|\,ds < \frac{2}{R}\int_{C_R}e^{-ay}ds$$

$$= 2\int_0^{\pi}e^{-aR\sin\theta}d\theta = 2\int_0^{\frac{\pi}{2}}e^{-aR\sin\theta}d\theta + 2\int_{\frac{\pi}{2}}^{\pi}e^{-aR\sin\theta}d\theta$$

$$\overset{\theta=\pi-t}{=} 4\int_0^{\frac{\pi}{2}}e^{-aR\sin\theta}d\theta \overset{\sin\theta \geqslant \frac{2\theta}{\pi}}{\leqslant} 4\int_0^{\frac{\pi}{2}}e^{-aR\left(\frac{2\theta}{\pi}\right)}d\theta = \frac{2\pi}{aR}(1-e^{-aR}).$$

于是当 $R \to +\infty$ 时,$\int_{C_R}R(z)e^{iaz}dz \to 0$,因此得

$$\int_{-\infty}^{+\infty}R(x)e^{iax}dx = 2\pi i \sum \text{Res}[R(z)e^{iaz},z_k],$$

或者

$$\int_{-\infty}^{+\infty}R(x)\cos ax\,dx+i\int_{-\infty}^{+\infty}R(x)\sin ax\,dx = 2\pi i \sum \text{Res}[R(z)e^{iaz},z_k].$$

例 5.17　计算 $I = \int_0^{+\infty}\frac{x\sin x}{x^2+a^2}dx\,(a>0)$ 的值.

解　$f(z) = \dfrac{ze^{iz}}{z^2+a^2}$ 的分母多项式次数比分子多项式次数高了一次,且在实轴上无奇点,在上半平面内有一级极点 ai,故有

$$\int_{-\infty}^{+\infty}\frac{xe^{iz}}{x^2+a^2}dx = 2\pi i \text{Res}[R(z)e^{iz},ai] = 2\pi i \cdot \frac{e^{-a}}{2} = \pi e^{-a}i,$$

也即

$$\int_{-\infty}^{+\infty} \frac{x\cos x}{x^2+a^2}\mathrm{d}x + \mathrm{i}\int_{-\infty}^{+\infty} \frac{x\sin x}{x^2+a^2}\mathrm{d}x = \pi\mathrm{e}^{-a}\mathrm{i},$$

所以

$$I = \int_0^{+\infty} \frac{x\sin x}{x^2+a^2}\mathrm{d}x = \frac{1}{2}\int_{-\infty}^{+\infty} \frac{x\sin x}{x^2+a^2}\mathrm{d}x = \frac{1}{2}\pi\mathrm{e}^{-a}.$$

5.3.4   其他综合实例

例 5.18   计算狄利克雷积分 $I = \int_0^{+\infty} \frac{\sin x}{x}\mathrm{d}x$.

解 $I = \int_0^{+\infty} \frac{\sin x}{x}\mathrm{d}x = \frac{1}{2}\int_{-\infty}^{+\infty} \frac{\sin x}{x}\mathrm{d}x$,我们可沿

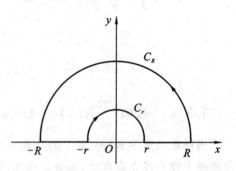

图 5.2

一条闭曲线来计算,但要注意到 $z=0$ 是 $\frac{\mathrm{e}^{\mathrm{i}z}}{z}$ 的一级极

点,且在实轴上,故我们取如图 5.2 的积分曲线,则由
C - G 基本定理有

$$\int_{C_R} \frac{\mathrm{e}^{\mathrm{i}z}}{z}\mathrm{d}z + \int_{-R}^{-r} \frac{\mathrm{e}^{\mathrm{i}x}}{x}\mathrm{d}x + \int_{C_r} \frac{\mathrm{e}^{\mathrm{i}z}}{z}\mathrm{d}z + \int_r^R \frac{\mathrm{e}^{\mathrm{i}x}}{x}\mathrm{d}x = 0.$$

这个等式不因 R 变大和 r 变小而改变.

而

$$\int_{-R}^{-r} \frac{\mathrm{e}^{\mathrm{i}x}}{x}\mathrm{d}x \overset{x=-t}{=\!=\!=} \int_R^r \frac{\mathrm{e}^{-\mathrm{i}t}}{t}\mathrm{d}t = -\int_r^R \frac{\mathrm{e}^{-\mathrm{i}x}}{x}\mathrm{d}x,$$

故

$$\int_{C_R} \frac{\mathrm{e}^{\mathrm{i}z}}{z}\mathrm{d}z + \int_{C_r} \frac{\mathrm{e}^{\mathrm{i}z}}{z}\mathrm{d}z + \int_r^R \frac{\mathrm{e}^{\mathrm{i}x} - \mathrm{e}^{-\mathrm{i}x}}{x}\mathrm{d}x = 0,$$

也即

$$2\mathrm{i}\int_r^R \frac{\sin x}{x}\mathrm{d}x + \int_{C_R} \frac{\mathrm{e}^{\mathrm{i}z}}{z}\mathrm{d}z + \int_{C_r} \frac{\mathrm{e}^{\mathrm{i}z}}{z}\mathrm{d}z = 0. \qquad (5.3.7)$$

由于

$$\left| \int_{C_R} \frac{\mathrm{e}^{\mathrm{i}z}}{z}\mathrm{d}z \right| \leqslant \int_{C_R} \frac{|\mathrm{e}^{\mathrm{i}z}|}{|z|}\mathrm{d}s = \frac{1}{R}\int_{C_R} \mathrm{e}^{-y}\mathrm{d}s$$

$$= \int_0^{\pi} \mathrm{e}^{-R\sin\theta}\mathrm{d}\theta = 2\int_0^{\frac{\pi}{2}} \mathrm{e}^{-R\sin\theta}\mathrm{d}\theta$$

$$\leqslant 2\int_0^{\frac{\pi}{2}} \mathrm{e}^{-R\left(\frac{2\theta}{\pi}\right)}\mathrm{d}\theta = \frac{\pi}{R}(1 - \mathrm{e}^{-R}),$$

所以

$$\lim_{R\to+\infty}\int_{C_R} \frac{\mathrm{e}^{\mathrm{i}z}}{z}\mathrm{d}z = 0. \qquad (5.3.8)$$

又

$$\frac{\mathrm{e}^{\mathrm{i}z}}{z} = \frac{1}{z} + \mathrm{i} - \frac{z}{2!} + \cdots + \frac{\mathrm{i}^n z^{n-1}}{n!} + \cdots = \frac{1}{z} + \varphi(z),$$

其中 $\varphi(z)$ 是在 $z=0$ 处的解析函数,且当 $|z|$ 充分小时,可使 $|\varphi(z)|\leqslant 2$,由于

$$\int_{C_r}\frac{\mathrm{e}^{\mathrm{i}z}}{z}\mathrm{d}z=\int_{C_r}\frac{1}{z}\mathrm{d}z+\int_{C_r}\varphi(z)\mathrm{d}z=-\pi\mathrm{i}+\int_{C_r}\varphi(z)\mathrm{d}z,$$

且在 r 充分小时,

$$\left|\int_{C_r}\varphi(z)\mathrm{d}z\right|\leqslant\int_{C_r}|\varphi(z)|\mathrm{d}s\leqslant 2\int_{C_r}\mathrm{d}s=2\pi r,$$

从而有

$$\lim_{r\to 0}\int_{C_r}\varphi(z)\mathrm{d}z=0.$$

由此得到

$$\lim_{r\to 0}\int_{C_r}\frac{\mathrm{e}^{\mathrm{i}z}}{z}\mathrm{d}z=-\pi\mathrm{i}. \tag{5.3.9}$$

所以由式(5.3.7)、式(5.3.8) 和式(5.3.9) 就可求得

$$I=\int_0^{+\infty}\frac{\sin x}{x}\mathrm{d}x=\frac{\pi}{2}.$$

例 5.19　证明:$\displaystyle\int_0^{+\infty}\sin x^2\mathrm{d}x=\int_0^{+\infty}\cos x^2\mathrm{d}x=\frac{1}{2}\sqrt{\frac{\pi}{2}}.$

证明: 考虑函数 $\mathrm{e}^{\mathrm{i}z^2}$,当 $z=x$ 时 $\mathrm{e}^{\mathrm{i}x^2}=\cos x^2+\mathrm{i}\sin x^2$,其实部和虚部就是我们所求积分中的被积函数部分. 所以我们取积分曲线为一半径为 R 的 $\dfrac{\pi}{4}$ 扇形的边界,如图 5.3 所示,由于 $\mathrm{e}^{\mathrm{i}z^2}$ 在整个复平面上解析(曲线 C 为区域 D 的边界),根据柯西-古萨基本定理有

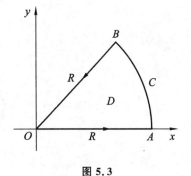

图 5.3

$$\oint_C\mathrm{e}^{\mathrm{i}z^2}\mathrm{d}z=0.$$

即

$$\int_{OA}\mathrm{e}^{\mathrm{i}x^2}\mathrm{d}x+\int_{AB}\mathrm{e}^{\mathrm{i}z^2}\mathrm{d}z+\int_{BO}\mathrm{e}^{\mathrm{i}z^2}\mathrm{d}z=0,$$

也即

$$\int_0^R\mathrm{e}^{\mathrm{i}x^2}\mathrm{d}x+\int_0^{\frac{\pi}{4}}\mathrm{e}^{\mathrm{i}R^2\mathrm{e}^{\mathrm{i}2\theta}}R\mathrm{i}\mathrm{e}^{\mathrm{i}\theta}\mathrm{d}\theta+\int_R^0\mathrm{e}^{\mathrm{i}r^2\mathrm{e}^{\frac{\pi\mathrm{i}}{2}}}\mathrm{e}^{\frac{\pi\mathrm{i}}{4}}\mathrm{d}r=0.$$

或

$$\int_0^R(\cos x^2+\mathrm{i}\sin x^2)\mathrm{d}x=\mathrm{e}^{\frac{\pi\mathrm{i}}{4}}\int_0^R\mathrm{e}^{-r^2}\mathrm{d}r-\int_0^{\frac{\pi}{4}}\mathrm{e}^{\mathrm{i}R^2\cos 2\theta-R^2\sin 2\theta}R\mathrm{i}\mathrm{e}^{\mathrm{i}\theta}\mathrm{d}\theta.$$

当 $R\to+\infty$ 时,

$$\mathrm{e}^{\frac{\pi\mathrm{i}}{4}}\int_0^{+\infty}\mathrm{e}^{-r^2}\mathrm{d}r=\frac{\sqrt{\pi}}{2}\mathrm{e}^{\frac{\pi\mathrm{i}}{4}}=\frac{1}{2}\sqrt{\frac{\pi}{2}}+\frac{\mathrm{i}}{2}\sqrt{\frac{\pi}{2}},$$

因为

$$\left|\int_0^{\frac{\pi}{4}}\mathrm{e}^{\mathrm{i}R^2\cos 2\theta-R^2\sin 2\theta}R\mathrm{i}\mathrm{e}^{\mathrm{i}\theta}\mathrm{d}\theta\right|\leqslant\int_0^{\frac{\pi}{4}}\mathrm{e}^{-R^2\sin 2\theta}R\mathrm{d}\theta\leqslant R\int_0^{\frac{\pi}{4}}\mathrm{e}^{-\frac{4}{\pi}R^2\theta}\mathrm{d}\theta=\frac{\pi}{4R}(1-\mathrm{e}^{-R^2}),$$

所以

$$\int_0^{\frac{\pi}{4}} e^{iR^2\cos2\theta - R^2\sin2\theta} R\,ie^{i\theta}\,d\theta \to 0 \quad (R \to +\infty),$$

从而有

$$\int_0^{+\infty} (\cos x^2 + i\sin x^2)\,dx = \frac{1}{2}\sqrt{\frac{\pi}{2}} + \frac{i}{2}\sqrt{\frac{\pi}{2}},$$

利用复数相等,就得

$$\int_0^{+\infty} \sin x^2\,dx = \int_0^{+\infty} \cos x^2\,dx = \frac{1}{2}\sqrt{\frac{\pi}{2}}.$$

这两个积分称为菲涅耳(Fresnel)积分,它们在光学的研究中非常有用.

第6章　共形映射

在研究许多实际问题中,往往遇到区域的复杂性问题,给问题的研究带来不便和困难,为此常常需要从几何角度来对解析函数的性质及其应用进行讨论.这就需要我们了解共形映射这一重要概念.本章首先分析解析函数所构成的映射的特性,引出共形映射的概念,然后研究一类重要的共形映射 —— 分式线性映射及其决定条件,最后研究几个由常见初等函数所构成的共形映射的性质.

6.1　共形映射的概念

根据复数的几何意义,可知 z 平面内一条有向连续曲线 C 可用

$$z = z(t) \quad (\alpha \leqslant t \leqslant \beta)$$

表示,它的正向取为 t 增大时点 z 的移动方向,$z(t)$ 为一连续函数.

若 $z'(t_0) \neq 0, \alpha < t < \beta$,那么表示 $z'(t_0)$ 的向量与 C 相切于点 $z_0 = z(t_0)$.

若规定通过 C 上两点 p_0 与 p 的割线 $p_0 p$ 的正向对应于参数增大的方向,那么这个方向与表示

$$\frac{z(t_0 + \Delta t) - z(t_0)}{\Delta t}$$

的向量的方向相同,这里 $z(t_0 + \Delta t)$ 与 $z(t_0)$ 分别为点 p_0 与 p 所对应的复数(见图 6.1),当 p 沿 C 无限接近 p_0 时,割线 $p_0 p$ 的极限位置就是 C 上 p_0 处的切线,因此表示

$$z'(t_0) = \lim_{\Delta t \to 0} \frac{z(t_0 + \Delta t) - z(t_0)}{\Delta t}$$

的向量与 C 相切于点 $z_0 = z(t_0)$,且方向与 C 的正向一致,若我们规定这个向量的方向作为 C 上点 z_0 处的切线的正向,那么我们有:

(1) $\mathrm{Arg}\, z'(t_0)$ 就是在 C 上点 z_0 处的切线的正向与 x 轴正向之间的夹角;

(2) 相交于一点的两条曲线 C_1 与 C_2 正向之间的夹角就是 C_1 与 C_2 在交点处的两条切线正向之间的夹角.

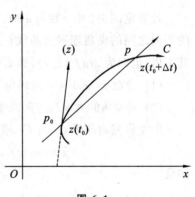

图 6.1

6.1.1　解析函数的导数的几何意义

设 $w = f(z)$ 在 D 内解析,z_0 为 D 内一点且 $f'(z_0) \neq 0$,设 C 为 z 平面内通过 z_0 的一条有向光滑曲线(见图 6.2(a)),它的参数方程为

$$z = z(t) \quad (\alpha \leqslant t \leqslant \beta).$$

它的正向相应于参数 t 增大的方向,且 $z_0 = z(t_0)$,$z'(t_0) \neq 0 (\alpha < t < \beta)$,这样映射 $w = f(z)$ 就把曲线 C 映射成 w 平面内通过 z_0 的对应点 $w_0 = f(z_0)$ 的一条有向光滑曲线 Γ(见图 6.2(b)),它的参数方程为

$$w = f[z(t)] \quad (\alpha \leqslant t \leqslant \beta).$$

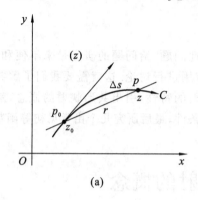 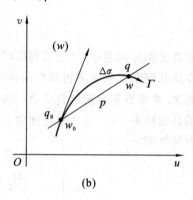

(a)　　　　　　　　　　　　　　(b)

图 6.2

根据复合函数求导法则,有

$$w'(t_0) = f'(z_0) \cdot z'(t_0) \neq 0. \tag{6.1.1}$$

因此由前面的讨论可知,在 Γ 上点 w_0 处也有切线存在,且切线的正向与 u 轴正向之间的夹角是

$$\mathrm{Arg}w'(t_0) = \mathrm{Arg}f'(z_0) + \mathrm{Arg}z'(t_0),$$

或

$$\mathrm{Arg}f'(z_0) = \mathrm{Arg}w'(t_0) - \mathrm{Arg}z'(t_0). \tag{6.1.2}$$

若假定图 6.2 中 x 轴与 u 轴、y 轴与 v 轴的正向相同,将原来的切线的正向与映射后的切线的正向之间的夹角理解为曲线 C 经过 $w = f(z)$ 映射后在 z_0 处的转动角(通常所说的转动角是其主值,也即为 $\arg f'(z_0)$),那么式(6.1.2)表明:

(1) 导数 $f'(z_0) \neq 0$ 的辐角 $\mathrm{Arg}f'(z_0)$ 是曲线 C 经过 $w = f(z)$ 映射后在 z_0 处的转动角;

(2) 转动角的大小与方向跟曲线 C 的形状和方向无关,所以这种映射具有转动角的不变性.

现在研究两曲线 C_1 与 C_2 相交于点 z_0,它们的参数方程分别为

$$z = z_1(t) \ (\alpha \leqslant t \leqslant \beta), \quad z = z_2(t) \ (\alpha \leqslant t \leqslant \beta),$$

并且

$$z_0 = z_1(t_0) = z_2(t'_0), z'_1(t_0) \neq 0, z'_2(t'_0) \neq 0, \alpha < t_0 < \beta, \alpha < t'_0 < \beta.$$

又设映射 $w = f(z)$ 将 C_1 与 C_2 分别映射为相交于点 $w_0 = f(z_0)$ 的曲线 Γ_1 与 Γ_2,它们的参数方程分别是 $w = w_1(t) \ (\alpha \leqslant t \leqslant \beta)$ 与 $w = w_2(t) \ (\alpha \leqslant t \leqslant \beta)$.由式(6.1.2)有

$$\mathrm{Arg}w'_1(t_0) - \mathrm{Arg}z'_1(t_0) = \mathrm{Arg}w'_2(t'_0) - \mathrm{Arg}z'_2(t'_0),$$

或

$$\mathrm{Arg}w'_2(t'_0) - \mathrm{Arg}w'_1(t_0) = \mathrm{Arg}z'_2(t'_0) - \mathrm{Arg}z'_1(t_0). \tag{6.1.3}$$

上式两端分别是 Γ_1 与 Γ_2 以及 C_1 与 C_2 之间的夹角,因此有下面的结论:

相交于一点 z_0 的任何两条曲线 C_1 与 C_2 之间的夹角, 在其大小和方向上都等同于经过 $w = f(z)$ 映射后跟 C_1 与 C_2 对应的曲线 Γ_1 与 Γ_2 之间的夹角(见图 6.3). 所以这种映射具有保持两曲线间夹角的大小与方向不变的性质, 这种性质称为保角性.

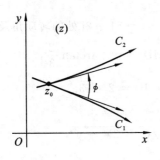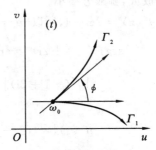

图 6.3

下面考虑解析函数 $f(z)$ 在 z_0 点处导数模 $|f'(z_0)|$ 的几何意义.

设 $z - z_0 = r\mathrm{e}^{\mathrm{i}\theta}, w - w_0 = \rho\mathrm{e}^{\mathrm{i}\varphi}$, 且用 Δs 表示 C 上 z 与 z_0 之间的一段弧长, $\Delta\sigma$ 表示 Γ 上的对应点 w 与 w_0 之间的弧长(见图 6.2), 则由

$$\frac{w - w_0}{z - z_0} = \frac{f(z) - f(z_0)}{z - z_0} = \frac{\rho\mathrm{e}^{\mathrm{i}\varphi}}{r\mathrm{e}^{\mathrm{i}\theta}} = \frac{\Delta\sigma}{\Delta s} \cdot \frac{\rho}{\Delta\sigma} \cdot \frac{\Delta s}{r}\mathrm{e}^{\mathrm{i}(\varphi-\theta)},$$

及

$$\lim_{z \to z_0} \frac{\rho}{\Delta\sigma} = 1, \lim_{z \to z_0} \frac{\Delta s}{r} = 1,$$

得

$$|f'(z_0)| = \lim_{z \to z_0}\left|\frac{w - w_0}{z - z_0}\right| = \lim_{z \to z_0}\left|\frac{f(z) - f(z_0)}{z - z_0}\right| = \lim_{z \to z_0}\frac{\Delta\sigma}{\Delta s}. \tag{6.1.4}$$

这个极限值称为曲线 C 在 z_0 处的伸缩率.

式(6.1.4)表明, $|f'(z_0)|$ 是经过映射 $w = f(z)$ 后通过点 z_0 处的任何曲线 C 在 z_0 处的伸缩率, 它与曲线 C 的形状及方向无关, 所以这种映射又具有伸缩率的不变性. 映射 $w = f(z)$ 的这种特性被称为伸缩率的不变性.

综上所述, 我们有下面的定理:

定理 6.1.1 设函数 $w = f(z)$ 在 D 内解析, z_0 为 D 内一点且 $f'(z_0) \neq 0$, 那么映射 $w = f(z)$ 在 z_0 处具有两个性质:

(1) 保角性, 即通过 z_0 的两条曲线间的夹角跟经过映射后所得两曲线间的夹角在大小和方向上保持不变.

(2) 伸缩率的不变性, 即通过 z_0 的任何一条曲线的伸缩率均为 $|f'(z_0)|$, 而与其形状和方向无关.

例 6.1 求在变换 $w = f(z) = 2z^3$ 下, 过点 $z_0 = 1 - \mathrm{i}$ 的伸缩率与转动角.

解 $w'(z) = f'(z) = 6z^2$, 所以伸缩率为

$$|f'(1 - \mathrm{i})| = |6(1 - \mathrm{i})^2| = 12,$$

转动角为

$$\arg f'(1-\mathrm{i}) = \arg(-12\mathrm{i}) = -\frac{\pi}{2}.$$

例 6.2　求映射 $w=f(z)=z^2-4z+2$ 在点 $-1+2\mathrm{i}$ 的伸缩率与转动角，并说明映射将 z 平面的哪部分放大，哪部分缩小。

解　因为 $f'(z)=2z-4$，所以 $w=f(z)$ 在 $z_0=-1+2\mathrm{i}$ 处的转动角及伸缩率分别为

$$\arg f'(-1+2\mathrm{i}) = \arg(-6+4\mathrm{i}) = \pi - \arctan\frac{2}{3},$$

$$|f'(-1+2\mathrm{i})| = |-6+4\mathrm{i}| = 2\sqrt{13}.$$

又

$$|f'(z)| = |2z-4| = 2\sqrt{(x-2)^2+y^2},$$

而

$$|f'(z)|<1 \Rightarrow (x-2)^2+y^2<\frac{1}{4},$$

所以映射 $w=f(z)=z^2-4z+2$ 把以 $z=2$ 为圆心，半径为 $\frac{1}{2}$ 的圆内部缩小，外部放大。

6.1.2　共形映射的概念

定义 6.1.1　设函数 $w=f(z)$ 在 z_0 的邻域内解析，且在 z_0 处具有保角性和伸缩率的不变性，那么称映射 $w=f(z)$ 在 z_0 处是共形的，或称 $w=f(z)$ 在 z_0 处是共形映射。如果映射 $w=f(z)$ 在 D 内每一点处都是共形的，那么称 $w=f(z)$ 是区域 D 内的共形映射。

根据以上论述及定理 6.1.1 和定义 6.1.1，我们有

定理 6.1.2　如果函数 $w=f(z)$ 在 z_0 处解析，且 $f'(z_0)\neq 0$，那么映射 $w=f(z)$ 在 z_0 处是共形的，而且 $\arg f'(z_0)$ 表示这个映射在 z_0 处的转动角，$|f'(z_0)|$ 表示伸缩率。

若解析函数 $w=f(z)$ 在 D 内处处有 $f'(z)\neq 0$，则映射 $w=f(z)$ 是 D 内的共形映射。

例 6.3　求映射 $w=f(z)=(z-1)^2$ 的等伸缩率方程和等转动角方程。

解　因为 $f'(z)=2(z-1)$，所以等伸缩率方程为 $|z-1|=c\,(c>0)$，是以 1 为圆心，以 c 为半径的圆。

等转动角方程为 $\arg(z-1)=c_1\,(c_1>0)$，是从点 1 出发的一条射线。

例 6.4　证明：在映射 $w=\mathrm{e}^{\mathrm{i}z}$ 下，互相正交的直线族 $\mathrm{Re}(z)=c_1$ 与 $\mathrm{Im}(z)=c_2$ 依次映射成互相正交的直线族 $v=u\tan c_1$ 与圆族 $u^2+v^2=\mathrm{e}^{-2c_2}$。

证　令 $z=x+\mathrm{i}y,\ w=\mathrm{e}^{\mathrm{i}z}=\mathrm{e}^{-y}(\cos x+\mathrm{i}\sin x)$，故

$$u=\mathrm{e}^{-y}\cos x, \quad v=\mathrm{e}^{-y}\sin x,$$

代入原正交直线族 $x=c_1, y=c_2$ 得

$$u=\mathrm{e}^{-c_2}\cos c_1, \quad v=\mathrm{e}^{-c_2}\sin c_1,$$

则

$$\frac{v}{u}=\tan c_1,$$

即

$$v=u\tan c_1,$$

以及

$$u^2 + v^2 = \mathrm{e}^{-2y} = \mathrm{e}^{-2c_2}.$$

6.2　分式线性映射

6.2.1　分式线性映射的概念

分式线性映射是共形映射中一类比较简单但却十分重要的映射形式,其形式为

$$w = \frac{az+b}{cz+d} \quad (ad-bc \neq 0, a,b,c,d \text{ 为复常数}). \tag{6.2.1}$$

为了保证映射的保角性,$ad-bc \neq 0$ 是必要的,否则 $\dfrac{\mathrm{d}w}{\mathrm{d}z} = \dfrac{ad-bc}{(cz+d)^2} \equiv 0$,它将整个 z 平面映射成 w 平面上的一点,没有太多的实际意义.

它的逆映射还是分式线性映射:

$$z = \frac{b-dw}{cw-a} \quad ((-a)(-d) - bc \neq 0). \tag{6.2.2}$$

根据定义也可很容易验证两个分式线性映射的复合还是分式线性映射.因此一个分式线性映射通常可化为几个简单分式线性映射的复合,如

$$w = \frac{\alpha\xi+\beta}{\gamma\xi+\delta} = \left(\beta - \frac{\alpha\delta}{\gamma}\right)\frac{1}{\gamma\xi+\delta} + \frac{\alpha}{\gamma} = \left(\rho - \frac{\alpha\delta}{\gamma}\right)\frac{1}{\xi_1} + \frac{\beta}{\gamma}A\xi_2 + B \quad (A,B \text{ 为常数}).$$

其中,$\xi_1 = \gamma\xi + \delta, \xi_2 = \dfrac{1}{\xi_1}$.

由此可见,一个一般形式分式线性映射是由下列三种特殊映射复合而成的:

$$①w = z + b, \quad ②w = az, \quad ③w = \frac{1}{z}.$$

对于 ①$w = z + b$,它是一平移映射.在映射 $w = z + b$ 下,z 沿 b 的方向平行移动一段距离 $|b|$ 后,就得到 w.

对于 ②$w = az (a \neq 0)$,这是一个旋转与伸长(或缩短)映射.事实上,设 $z = r\mathrm{e}^{\mathrm{i}\theta}, a = \lambda\mathrm{e}^{\mathrm{i}\alpha}$,那么 $w = r\lambda\mathrm{e}^{\mathrm{i}(\theta+\alpha)}$,因此,把 z 先转一个角度 α,再将 $|z|$ 伸长(或缩短)到 $|a| = \lambda$ 倍后,就得到 w.

对于 ③$w = \dfrac{1}{z}$,我们把它分解为

$$w_1 = \frac{1}{z}, \quad w = \overline{w_1}.$$

在讨论 ③ 之前,我们先讨论关于圆周的对称点问题:设 C 为以原点为中心、以 r 为半径的圆周,在以圆心为起点的一条半直线上,如果有两点 P 与 P'(见图 6.4)满足关系式

$$OP \cdot OP' = r^2 \tag{6.2.3}$$

那么我们就称这两点为关于这个圆周的对称点.

设 P 在 C 外,从 P 作圆周 C 的切线 PT,由 T 作 OP 的垂直线 TP' 与 OP 交于 P',那么 P 与 P' 即互为对称点.另外,我们规定,无穷远点的对称点是圆心 O.

如果设 $z = r\mathrm{e}^{\mathrm{i}\theta}$,则 $w_1 = \dfrac{1}{z} = \dfrac{1}{r}\mathrm{e}^{\mathrm{i}\theta}, w = \overline{w_1} = \dfrac{1}{r}\mathrm{e}^{-\mathrm{i}\theta}$,从而 $|w_1||z| = 1$.由此可知,z 与 w_1 是关于圆周 $|z| = 1$ 的对称点,w_1 与 w 是关于实轴的对称点.因此要从 z 作出 $w = \dfrac{1}{z}$,应先

作出点 z 关于圆周 $|z|=1$ 的对称点 w_1，再作出点 w_1 关于实轴对称的点，即得 w（见图 6.5）.

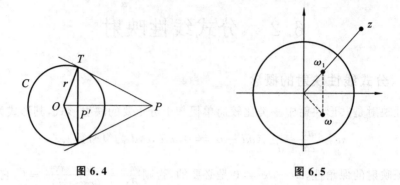

图 6.4　　　　　　　　　　　图 6.5

6.2.2　分式线性映射的性质

1. 保角性

首先讨论 $w=\dfrac{1}{z}$. $w=\dfrac{1}{z}$ 将 $z=\infty$ 映射成 $w=0$，也可认为当 $w=\infty$ 时，$z=0$. 由此可见，在扩充复平面上映射 $w=\dfrac{1}{z}$ 是一一对应的. 由于当 $|z|<1$ 时，$|w|>1$；当 $|z|>1$ 时，$|w|<1$；当 $|z|=1$ 时，$|w|=1$；当 $\arg z=\theta$ 时，$\arg w=-\theta$，故映射 $w=\dfrac{1}{z}$ 通常称为反演变换. 又因为

$$w'=\left(\frac{1}{z}\right)'=-\frac{1}{z^2},$$

当 $z\neq0$，$w\neq\infty$ 时，$w'\neq0$，所以除去 $z=0$ 与 $z=\infty$，映射 $w=\dfrac{1}{z}$ 是共形的. 对于 $z=0$ 与 $z=\infty$ 两点，如果我们规定：两条伸向无穷远的曲线在无穷远点 ∞ 处的夹角，等于它们在映射 $\xi=\dfrac{1}{z}$ 下所映成的通过原点 $\xi=0$ 的两条像曲线的夹角，那么映射 $w=\dfrac{1}{z}=\xi$ 在 $\xi=0$ 处解析，且 $w'(\xi)|_{\xi=0}=1\neq0$，所以映射 $w=\xi$ 在 $\xi=0$ 处，即映射 $w=\dfrac{1}{z}$ 在 $z=\infty$ 处是共形的. 再由 $z=\dfrac{1}{w}$ 知在 $w=\infty$ 处映射 $z=\dfrac{1}{w}$ 是共形的，也就是说在 $z=0$ 处映射 $w=\dfrac{1}{z}$ 是共形的. 所以映射 $w=\dfrac{1}{z}$ 在扩充复平面上是处处共形的，为一共形映射.

对于 $w=az+b(a\neq0)$（该映射可以认为是 $w=z+b$ 和 $w=az$ 的复合），它在扩充复平面上是一一对应的. 又因为

$$w'=(az+b)'=a\neq0,$$

所以当 $z\neq\infty$ 时，映射是共形的. 然后令

$$\xi=\frac{1}{z},\quad\eta=\frac{1}{w},$$

这时候映射 $w=az+b$ 成为

$$\eta=\frac{\xi}{a+b\xi}.$$

它在 $\xi = 0$ 处解析,且有 $\eta'(\xi)|_{\xi=0} = \dfrac{a}{(a+b\xi)^2}\Big|_{\xi=0} = \dfrac{1}{a} \neq 0$,因而在 $\xi = 0$ 处是共形的,即 $w = az + b$ 在 $z = \infty$ 处是共形的,所以映射 $w = az + b(a \neq 0)$ 在扩充复平面上是处处共形的,也为一共形映射.

由于分式线性映射是由上述三种映射复合而成的,因此,我们有下面的定理.

定理 6.2.1 　分式线性映射在扩充复平面上是一一对应的,且具有保角性.

2. 保圆性

映射 $w = az + b(a \neq 0)$ 是将 z 平面上的一点经平移旋转伸缩而得到像点 w 的,因此,z 平面内的一个圆周或一条直线经过映射 $w = az + b$ 所得的像曲线显然仍是一个圆周或一条直线. 如果我们把直线看成是半径为无穷大的圆周,那么这个映射在扩充复平面上把圆周映射成圆周. 这个性质称为保圆性.

对于 $w = \dfrac{1}{z}$,令 $z = x + \mathrm{i}y, w = \dfrac{1}{z} = u + \mathrm{i}v$,可得

$$u = \frac{x}{x^2 + y^2}, \quad v = -\frac{y}{x^2 + y^2},$$

或

$$x = \frac{u}{u^2 + v^2}, \quad y = -\frac{v}{u^2 + v^2}.$$

因此,映射 $w = \dfrac{1}{z}$ 将方程

$$a(x^2 + y^2) + bx + cy + d = 0$$

映射为方程

$$d(u^2 + v^2) + bu - cv + a = 0.$$

本质上,分式线性映射将圆周映射为圆周($a \neq 0, d \neq 0$);将圆周映射为直线($a \neq 0, d = 0$);将直线映射为圆周($a = 0, d \neq 0$);将直线映射为直线($a = 0, d = 0$). 映射 $w = \dfrac{1}{z}$ 把圆周映射成圆周,或者说,映射 $w = \dfrac{1}{z}$ 具有保圆性. 从而得到:

定理 6.2.2 　分式线性映射将扩充 z 平面上的圆周映射成扩充 w 平面上的圆周,即具有保圆性.

根据定理 6.2.2 可以推知,在分式线性映射下,如果给定的圆周或直线上没有点映射成无穷远点,那么它就映射成半径为有限的圆周;如果有一个点映射成无穷远点,那么它就映射成直线.

3. 保对称点性

为了证明此结论,先介绍对称点的一个重要特性:z_1, z_2 是关于圆周 $C: |z - z_0| = R$ 的一对对称点的充要条件是经过 z_1, z_2 的任何圆周 Γ 与 C 正交(见图 6.6).

证 　从 z_0 作 Γ 的切线,切点为 z',则

$$|z' - z_0|^2 = |z_2 - z_0||z_1 - z_0| = R^2,$$

故 $|z' - z_0| = R$,这表明 z' 在 C 上,而 Γ 的切线就是 C 的半径,因此 Γ 与 C 正交.

反之,设 Γ 是经过 z_1, z_2 且与 C 正交的任一圆周,那么连接 z_1, z_2 的直线作为 Γ 的特殊情形

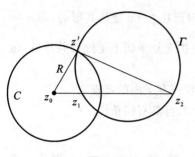

图 6.6

（半径为无穷大）必与 C 正交,因而必过 z_0. 又由于 Γ 与 C 于交点 z' 处正交,因此 C 的半径 $z_0 z'$ 就是 Γ 的切线,所以

$$|z_2 - z_0||z_1 - z_0| = R^2,$$

即 z_1 与 z_2 是关于圆周 C 的一对对称点.

定理 6.2.3 设点 z_1,z_2 是关于圆周 C 的一对对称点,那么在分式线性映射下,它们的像点 w_1 与 w_2 也是关于 C 的像曲线 Γ 的一对对称点.

[**析**]设经过 w_1 与 w_2 的任一圆周 Γ' 是经过 z_1 与 z_2 的圆周 Γ 由分式线性映射映射过来的. 由于 Γ 与 C 正交,分式线性映射具有保角性,所以 Γ' 与 C' (C 的像)也必正交,因此 w_1 与 w_2 是一对关于 C' 的对称点.

例 6.5 讨论区域 $\mathrm{Im}(z) > 0$,经 $w = (1+\mathrm{i})z$ 映射后变成什么区域.

解 令 $z = x + \mathrm{i}y$,则

$$w = u + \mathrm{i}v = (1+\mathrm{i})z = (x - y) + \mathrm{i}(x + y),$$

于是有

$$\begin{cases} u = x - y, \\ v = x + y, \end{cases}$$

即

$$\begin{cases} x = \dfrac{u + v}{2}, \\ y = \dfrac{v - u}{2}. \end{cases}$$

因为原区域为

$$\mathrm{Im}(z) = y > 0 \Rightarrow \frac{v - u}{2} > 0 \Rightarrow v > u,$$

故所求区域为

$$\mathrm{Im}(w) > \mathrm{Re}(w).$$

6.3 唯一决定分式线性映射的条件

由分式线性映射 $w = \dfrac{az + b}{cz + d} = A + \dfrac{B}{z + C}$ 知,只要给定三个条件,就能决定一个分式线性映射. 对此,我们有

定理 6.3.1 在 z 平面上任意给定三个相异的点 z_1,z_2,z_3,在 w 平面上也任意给定三个相异的点 w_1,w_2,w_3,那么存在唯一的分式线性映射,将 $z_k (k = 1,2,3)$ 依次映射成 $w_k (k = 1,2,3)$.

证 设 $w = \dfrac{az + b}{cz + d} (ad - bc \neq 0)$,将 $z_k (k = 1,2,3)$ 依次映射成 $w_k (k = 1,2,3)$,即

$$w_k = \frac{az_k + b}{cz_k + d} \quad (k = 1,2,3).$$

因而有

$$w - w_k = \frac{(z - z_k)(ad - bc)}{(cz + d)(cz_k + d)} \quad (k = 1,2),$$

及

$$w_3 - w_k = \frac{(z_3 - z_k)(ad - bc)}{(cz_3 + d)(cz_k + d)} \quad (k = 1,2).$$

由此得

$$\frac{w-w_1}{w-w_2}\cdot\frac{w_3-w_2}{w_3-w_1}=\frac{z-z_1}{z-z_2}\cdot\frac{z_3-z_2}{z_3-z_1},\qquad(6.3.1)$$

解出 w，即得 $w=f(z)$ 是所求的分式线性映射，同时也证明了它的唯一性.

值得注意的是，如果式(6.3.1)中，w_k 或 $z_k(k=1,2,3)$ 有一个为 ∞，则应将式中所有包含 ∞ 的分子及分母同时取 1. 对于 w_k 或 $z_k(k=1,2,3)$ 中有一些数为 ∞ 的其他情况，也可类似推出相应结果.

例 6.6　求把 z 平面上的点 $z_1=-1,z_2=\mathrm{i},z_3=1$ 分别映射为 $w_1=-1,w_2=0,w_3=1$ 的分式线性映射.

解　由定理 6.3.1 得

$$\frac{w-(-1)}{w-0}\cdot\frac{1-0}{1-(-1)}=\frac{z-(-1)}{z-\mathrm{i}}\cdot\frac{1-\mathrm{i}}{1-(-1)},$$

化简可得

$$w=\mathrm{i}\,\frac{z-\mathrm{i}}{z+\mathrm{i}}.$$

上述定理表明：把三个不同的点映射成另外三个不同的点的分式线性映射是唯一存在的. 再结合保圆性知，在两个已知圆周 C 与 C' 上，分别取定三个不同点后，能找到一个分式线性映射将 C 映射为 C'. 但是 C 的内部或外部映射特点是什么呢？

首先强调的是，在分式线性映射下，C 的内部不是映射成 C' 的内部，便是映射成 C' 的外部. 这也就是说，不可能将 C 内部的一部分映射成 C' 内部的一部分，而另一部分映射成 C' 外部的一部分. 理由如下.

设 z_1,z_2 为 C 内任意两点，如果线段 z_1z_2 的像为圆弧 $\overset{\frown}{w_1w_2}$（或直线段），且 w_1 在 C' 之外，w_2 在 C' 之内，那么圆弧 $\overset{\frown}{w_1w_2}$ 必与 C' 交于一点 Q. Q 在 C' 上，所以必须是 C 上某一点的像. 但从假设，Q 又是 z_1z_2 上某一点的像，因而就有两个不同的点被映射成同一点，这与分式线性映射的一一对应性相矛盾.

根据上述论断可知，在分式线性映射下，如果在 C 内任取一点 z_0，而点 z_0 的像在 C' 的内部，那么 C 的内部就映射成 C' 的内部，如果点 z_0 的像在 C' 的外部，那么 C 的内部就映射成 C' 的外部.

也可采取所谓的"绕向法"来判断. 在 C 上取定三点 z_1,z_2,z_3，假设它们在 C' 上的像分别为 w_1,w_2,w_3. 如果 C 依 $z_1\to z_2\to z_3$ 的绕向与 C' 依 $w_1\to w_2\to w_3$ 的绕向相同时，那么 C 的内部就映射成 C' 的内部；相反时，C 的内部就映射成 C' 的外部（见图 6.7）.

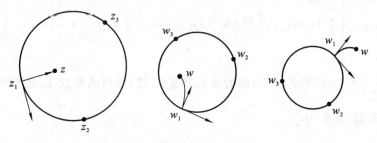

图 6.7

事实上，在过 z_1 的半径上取一点 z，线段 z_1z 的像必为正交于 C' 的圆弧 $\overset{\frown}{w_1w}$. 根据保角映射的性质,当绕向相同时,w 必在 C' 内;相反时,必在 C' 外.

总之,分式线性映射具有如下特点:

(1) 当两圆周上没有点映射成无穷远点时,这两圆周的弧所围成的区域映射成两圆弧所围成的区域;

(2) 当两圆周上有一个点映射成无穷远点时,这两圆周的弧所围成的区域映射成一圆弧与一直线所围成的区域;

(3) 当两圆周交点中的一个映射成无穷远点时,这两圆周的弧所围成的区域映射成角形区域.

由于分式线性映射具有保圆性与保对称性,因此处理边界由圆周、圆弧、直线、直线段所围成的区域的共形映射问题时,分式线性映射起着十分重要的作用.

例 6.7　讨论中心分别在 $z=1$ 与 $z=-1$,半径为 $\sqrt{2}$ 的两圆弧所围成的区域(见图 6.8(a)),在映射 $w=\dfrac{z-i}{z+i}$ 下映射成什么区域.

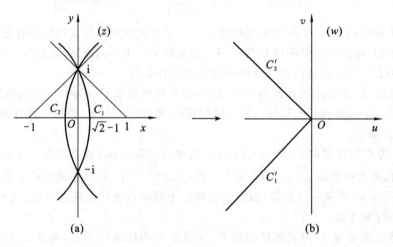

图 6.8

解　设 C_1 为 $z_1=-1+\sqrt{2}e^{i\theta}$,$C_2$ 为 $z_2=1+\sqrt{2}e^{i\theta}$,可求出交点为 $z=\pm i$,且

$$z_1=i,\theta=\frac{\pi}{4};\quad z_2=i,\theta=\frac{3\pi}{4}.$$

又

$$\text{Arg}z'_1\left(\frac{\pi}{4}\right)-\text{Arg}z'_2\left(\frac{3\pi}{4}\right)=\text{Arg}(-1+i)-\text{Arg}(-1-i)=-\frac{\pi}{2},$$

故两圆弧正交.

由 $w=\dfrac{z-i}{z+i}$ 可知,该映射把 $-i$ 映射成无穷远点,把 i 映射成原点,因此所给区域映成以原点为顶点的角形域,张角为 $\dfrac{\pi}{2}$.

为确定角形域位置,只要求出边上异于顶点的任何一点就可以了,取所给圆弧 C_1 与正实轴的交点 $z=\sqrt{2}-1$,它的对应点

$$w = \frac{z-\mathrm{i}}{z+\mathrm{i}} = \frac{\sqrt{2}-1-\mathrm{i}}{\sqrt{2}-1+\mathrm{i}} = \frac{(1-\sqrt{2})+\mathrm{i}(1-\sqrt{2})}{2-\sqrt{2}}$$

在第三象限的分角线 C_1' 上,由保角性知 C_2 映射为第二象限的分角线 C_2',C_1' 和 C_2' 所围区域即为所求(见图 6.8(b)).

或者取两圆弧所围成的区域内部一点 $z=0$,可知 $w(0)=-1$,也可知所求区域为 C_1' 和 C_2' 所围.

例 6.8　求将上半平面 $\mathrm{Im}(z)>0$ 映射成单位圆内部 $|w|<1$ 的分式线性映射.

解　(解法一)将上半平面看成半径为无穷大的圆,实轴就相当于圆域的边界圆周.利用分式线性映射的保圆性,它必能将上半平面 $\mathrm{Im}(z)>0$ 映射成单位圆 $|w|<1$.由于上半平面总有一点 $z=\lambda$ 要映射成单位圆周 $|w|=1$ 的圆心 $w=0$,实轴要映射成单位圆(见图 6.9),而 $z=\lambda$ 与 $z=\bar{\lambda}$ 是关于实轴的一对对称点,$w=0$ 与 $w=\infty$ 是与之对应的关于圆周 $|w|=1$ 的一对对称点,故根据分式线性映射具有保对称点不变的性质,$z=\bar{\lambda}$ 要映射成 $w=\infty$,所以所求分式线性映射具有下列形式:

$$w = k\left(\frac{z-\lambda}{z-\bar{\lambda}}\right),$$

其中 k 为常数.

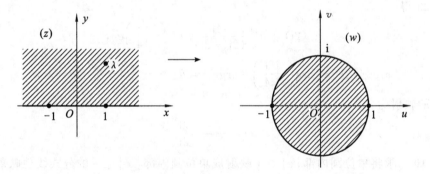

图 6.9

实轴上的点 z(比如 $z=0$)对应着 $|w|=1$ 上的点,且 $|w|=|k|\left|\dfrac{z-\lambda}{z-\bar{\lambda}}\right|$,所以 $\left|\dfrac{z-\lambda}{z-\bar{\lambda}}\right|=1$,从而有 $|k|=1$,即 $k=\mathrm{e}^{\mathrm{i}\theta}$,这里 θ 是任意实数.因此所求的分式线性映射的一般形式为

$$w = \mathrm{e}^{\mathrm{i}\theta}\left(\frac{z-\lambda}{z-\bar{\lambda}}\right) \quad (\mathrm{Im}(\lambda)>0). \tag{6.3.2}$$

(解法二)在 x 轴上依次取三点,分别为 $z_1=-1$,$z_2=0$,$z_3=1$;使它们依次对应于 $|w|=1$ 上的三点 $w_1=1$,$w_2=\mathrm{i}$,$w_3=-1$,那么因为 $z_1 \to z_2 \to z_3$ 与 $w_1 \to w_2 \to w_3$ 的绕向相同,由式(6.3.1)可得所求分式线性映射为

$$\frac{w-1}{w-\mathrm{i}} \cdot \frac{-1-\mathrm{i}}{-1-1} = \frac{z+1}{z-0} \cdot \frac{1-0}{1+1},$$

化简即得

$$w = \frac{z-\mathrm{i}}{\mathrm{i}z-1} = -\mathrm{i}\,\frac{z-\mathrm{i}}{z+\mathrm{i}}.$$

当用这种方法来解时,取不同的点对应不同的映射(关键是绕向一定要相同),也就是说把上半平面映射为单位圆的分式线性映射不唯一,有无穷多个.

例如我们所求的 $w = \dfrac{z-\mathrm{i}}{\mathrm{i}z-1} = -\mathrm{i}\,\dfrac{z-\mathrm{i}}{z+\mathrm{i}}$,就可以认为是式(6.3.2)中 $\lambda = \mathrm{i}$,$\theta = -\dfrac{\pi}{2}$ 的特殊情况.

综上所述,把上半平面 $\mathrm{Im}(z) > 0$ 映射成单位圆 $|w| < 1$ 的分式线性映射的一般形式为

$$w = \mathrm{e}^{\mathrm{i}\theta}\left(\frac{z-\lambda}{z-\bar{\lambda}}\right) \quad (\mathrm{Im}(\lambda) > 0). \tag{6.3.3}$$

例 6.9　求将上半平面 $\mathrm{Im}(z) > 0$ 映射成单位圆内部 $|w| < 1$ 且满足 $w(2\mathrm{i}) = 0$,$\arg w'(2\mathrm{i}) = \dfrac{\pi}{2}$ 的分式线性映射.

解　由 $w(2\mathrm{i}) = 0$ 及式(6.3.3)得

$$w = \mathrm{e}^{\mathrm{i}\theta}\left(\frac{z-2\mathrm{i}}{z+2\mathrm{i}}\right),$$

又

$$w'(z) = \mathrm{e}^{\mathrm{i}\theta}\frac{4\mathrm{i}}{(z+2\mathrm{i})^2},$$

代入 $z = 2\mathrm{i}$ 得

$$w'(2\mathrm{i}) = \mathrm{e}^{\mathrm{i}\theta}\frac{4\mathrm{i}}{(2\mathrm{i}+2\mathrm{i})^2} = \left(-\frac{\mathrm{i}}{4}\right)\mathrm{e}^{\mathrm{i}\theta},$$

$$\arg w'(2\mathrm{i}) = \arg\left(-\frac{\mathrm{i}}{4}\right) + \arg \mathrm{e}^{\mathrm{i}\theta} = \theta + \left(-\frac{\pi}{2}\right) = \frac{\pi}{2} \Rightarrow \theta = \pi,$$

从而所求的映射为

$$w = -\frac{z-2\mathrm{i}}{z+2\mathrm{i}}.$$

例 6.10　求将单位圆内部 $|z| < 1$ 映射成单位圆内部 $|w| < 1$ 的分式线性映射.

解　设 z 平面上单位圆 $|z| < 1$ 内部的一点 α 映射成 w 平面上的单位圆 $|w| < 1$ 的中心 $w = 0$.这时与 α 对称于单位圆 $|z| = 1$ 的点 $\dfrac{1}{\bar{\alpha}}$ 应该被映射成 w 平面上的无穷远点(即与 $w = 0$ 对称的点)(见图 6.10).

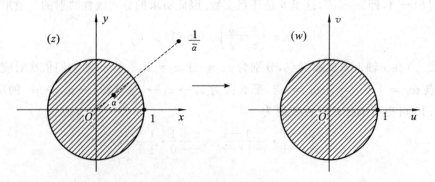

图 6.10

通过上面的分析知,当 $z = \alpha$ 时,$w = 0$;当 $z = \dfrac{1}{\bar{\alpha}}$ 时,$w = \infty$,故满足这些条件的分式线性映射具有如下的形式:

$$w = k_1 \left(\frac{z - \alpha}{z - \dfrac{1}{\bar{\alpha}}} \right) = k_1 \bar{\alpha} \left(\frac{z - \alpha}{\bar{\alpha} z - 1} \right) = k \left(\frac{z - \alpha}{1 - \bar{\alpha} z} \right),$$

其中 $k = -k_1 \bar{\alpha}$.

由于 z 平面上单位圆周上的点要映射成 w 平面上单位圆周上的点,所以当 $|z| = 1$ 时,$|w| = 1$. 将圆周 $|z| = 1$ 上的点 $z = 1$ 代入 $|w| = 1$,得

$$|k| \left| \frac{1 - \alpha}{1 - \bar{\alpha}} \right| = |w| = 1.$$

又因

$$|1 - \alpha| = |1 - \bar{\alpha}|,$$

所以 $|k| = 1$,即 $k = \mathrm{e}^{\mathrm{i}\varphi}$. 这里 φ 是任意实数,故将单位圆 $|z| < 1$ 映射成单位圆 $|w| < 1$ 的分式线性映射的一般形式是

$$w = \mathrm{e}^{\mathrm{i}\varphi} \left(\frac{z - \alpha}{1 - \bar{\alpha} z} \right) \quad (|\alpha| < 1). \tag{6.3.4}$$

例 6.11　求将单位圆 $|z| < 1$ 映成单位圆 $|w| < 1$ 且满足 $f\left(\dfrac{1}{2}\right) = 0$,$f'\left(\dfrac{1}{2}\right) > 0$ 的分式线性映射.

解　根据前面的分析,所求分式线性映射形式应为

$$w = \mathrm{e}^{\mathrm{i}\varphi} \left(\frac{z - \dfrac{1}{2}}{1 - \dfrac{1}{2} z} \right),$$

故

$$w' = \mathrm{e}^{\mathrm{i}\varphi} \frac{\left(1 - \dfrac{1}{2} z\right) - \left(z - \dfrac{1}{2}\right)\left(-\dfrac{1}{2}\right)}{\left(1 - \dfrac{1}{2} z\right)^2},$$

代入得

$$w'\left(\frac{1}{2}\right) = \mathrm{e}^{\mathrm{i}\varphi} \frac{4}{3}.$$

又

$$f'\left(\frac{1}{2}\right) > 0,$$

所以 $f'\left(\dfrac{1}{2}\right)$ 必为正实数,故

$$\arg f'\left(\frac{1}{2}\right) = \varphi + 0 = 0 \Rightarrow \varphi = 0.$$

所以所求的分式线性映射为

$$w = f(z) = \frac{z - \dfrac{1}{2}}{1 - \dfrac{1}{2} z} = \frac{2z - 1}{2 - z}.$$

6.4　几个初等函数所构成的映射

本节主要讨论幂函数、指数函数所确定的映射.

6.4.1　幂函数 $w = z^n$

幂函数 $w = z^n (n \geqslant 2 \in \mathbf{N})$ 在 z 平面内是处处可导的,它的导数是

$$\frac{\mathrm{d}w}{\mathrm{d}z} = nz^{n-1},$$

因而当 $z \neq 0$ 时,

$$\frac{\mathrm{d}w}{\mathrm{d}z} \neq 0,$$

所以在 z 平面内除去原点外,$w = z^n$ 所构成的映射是共形的.

令 $z = re^{\mathrm{i}\theta}, w = \rho e^{\mathrm{i}\varphi}$,则

$$\rho = r^n, \quad \varphi = n\theta. \tag{6.4.1}$$

由此可见,在 $w = z^n$ 映射下,z 平面上的圆周 $|z| = r$ 映射成 w 平面上的圆周 $|w| = r^n$(单位圆 $|z| = 1$ 映射成单位圆 $|w| = 1$);射线 $\theta = \theta_0$ 映射成射线 $\varphi = n\theta_0$(正实轴 $\theta = 0$ 映射成正实轴 $w = 0$);角形域 $0 < \theta < \theta_0 \left(< \dfrac{2\pi}{n} \right)$ 映射成角形域 $0 < \varphi < n\theta_0$,特殊地,$0 < \theta < \dfrac{2\pi}{n}$ 映射成沿正实轴割破的整个 w 平面(见图 6.11,其中"→"表示"映射成").

从上面的分析看出,当 $z = 0$ 处角形域的张角经过 $w = z^n$ 映射后变成了原来的 n 倍,因此,当 $n \geqslant 2$ 时,映射 $w = z^n$ 在 $z = 0$ 处没有保角性.

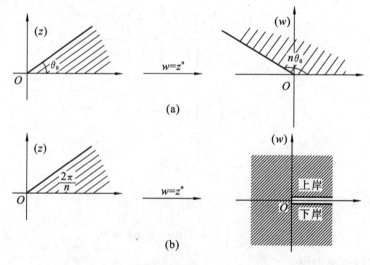

图 6.11

综上所述,$w = z^n$ 把以原点为顶点的角形域映射成以原点为顶点的角形域,但张角变成了原来的 n 倍,因此,要把角形域映射成角形域,我们常常利用幂函数.

例 6.12　求把角形域 $0 < \arg z < \dfrac{\pi}{4}$ 映射成单位圆 $|w| < 1$ 的一个映射.

解　我们学习过把上半平面映射成单位圆的分式线性映射,所以只需要通过幂函数把角形域映射成上半平面就可以了.

将角形域 $0 < \arg z < \dfrac{\pi}{4}$ 映射成上半平面 $\mathrm{Im}(\xi) > 0$,张角需要扩大 4 倍,为此可以选择 $\xi = z^4$ 达到此要求.

取一个可以把上半平面映射成单位圆的映射,例如 $w = \dfrac{\xi - \mathrm{i}}{\xi + \mathrm{i}}$. 两者结合,故所求的一个映射为

$$w = \frac{z^4 - \mathrm{i}}{z^4 + \mathrm{i}}.$$

求解过程示意如图 6.12 所示。

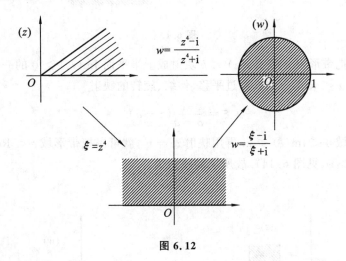

图 6.12

6.4.2　指数函数 $w = \mathrm{e}^z$

由于在整个复平面内,

$$w' = (\mathrm{e}^z)' = \mathrm{e}^z \neq 0,$$

所以由 $w = \mathrm{e}^z$ 所构成的映射是一个全平面上的共形映射.

设 $z = x + \mathrm{i}y, w = \rho \mathrm{e}^{\mathrm{i}\varphi}$,则

$$\rho = \mathrm{e}^x, \quad \varphi = y.$$

由此可知:z 平面上的直线 $x = x_0$ 映射成 w 平面上的圆周 $\rho = x_0$;而直线 $y = y_0$ 映射成射线 $\varphi = y_0$.

当实轴 $y = 0$ 平行移动到直线 $y = a(0 < a \leqslant 2\pi)$ 时,带形域 $0 < \mathrm{Im}(z) < a$ 映射成角形域 $0 < \arg w < a$.特别是带形域 $0 < \mathrm{Im}(z) < 2\pi$ 映射成沿正实轴剪开的 w 平面:$0 < \arg w < 2\pi$(见图 6.13),它们之间的点是一一对应的.

综上所述,指数函数可把水平的带形域 $0 < \mathrm{Im}(z) < a$ 映射成角形域 $0 < \arg w < a$.因此要把带形域映射成角形域,我们常常利用指数函数.

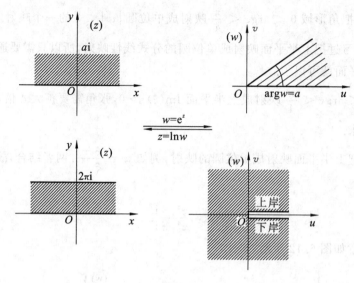

图 6.13

例 6.13　求把带形域 $a < \mathrm{Re}(z) < b$ 映射成上半平面 $\mathrm{Im}(w) > 0$ 的一个映射.

解　带形域 $a < \mathrm{Re}(z) < b$ 经过平移、伸缩、旋转的映射

$$\xi = \frac{\pi \mathrm{i}}{b - a}(z - a)$$

后,可映射成带形域 $0 < \mathrm{Im}(\xi) < \pi$. 再用映射 $w = \mathrm{e}^{\xi}$,就可以把带形域 $a < \mathrm{Re}(z) < b$ 映射成上半平面 $\mathrm{Im}(w) > 0$(见图 6.14).故所求的映射为

$$w = \mathrm{e}^{\frac{\pi \mathrm{i}}{b - a}(z - a)}.$$

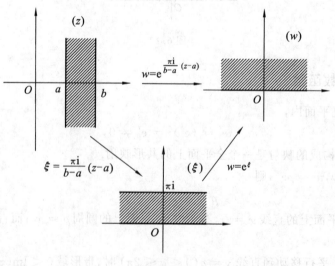

图 6.14

第 7 章　傅里叶变换

在数学中,常采用变换的思想来把较复杂的运算转化为较简单的运算.高等数学内解析几何部分的坐标变换、复变函数中的共形映射等都属于这种情况.在工程数学中,积分变换可以将分析运算(如微分、积分)转化为代数运算,这一特性使得它在微分方程和积分方程的求解中成为重要方法之一.同时又由于积分变换是一种可逆运算,可方便地分析和处理实际问题,所以它在许多科学技术领域,如在物理学、无线电技术以及信号处理等方面有着广泛的应用与研究,是一种必不可少的数学工具.本章主要介绍傅里叶变换的来源与定义、存在条件、主要性质以及实际应用等.

7.1　傅里叶积分与傅里叶变换

7.1.1　傅里叶级数的复指数形式

一个以 T 为周期的函数 $f_T(t)$,若在 $\left[-\dfrac{T}{2},\dfrac{T}{2}\right]$ 上满足狄利克雷条件,即 $f_T(t)$ 在 $\left[-\dfrac{T}{2},\dfrac{T}{2}\right]$ 上满足:

(1) 连续或只有有限个第一类间断点;

(2) 具有有限个极值点.

则 $f_T(t)$ 在 $\left[-\dfrac{T}{2},\dfrac{T}{2}\right]$ 上可以展开成傅里叶级数.

在 $f_T(t)$ 的连续点处,级数为

$$f_T(t) = \frac{a_0}{2} + \sum_{n=1}^{\infty}(a_n\cos n\omega t + b_n\sin n\omega t). \tag{7.1.1}$$

其中,

$$\omega = \frac{2\pi}{T},$$

$$a_0 = \frac{2}{T}\int_{-\frac{T}{2}}^{\frac{T}{2}}f_T(t)\,\mathrm{d}t,$$

$$a_n = \frac{2}{T}\int_{-\frac{T}{2}}^{\frac{T}{2}}f_T(t)\cos n\omega t\,\mathrm{d}t \quad (n=1,2,3,\cdots),$$

$$b_n = \frac{2}{T}\int_{-\frac{T}{2}}^{\frac{T}{2}}f_T(t)\sin n\omega t\,\mathrm{d}t \quad (n=1,2,3,\cdots).$$

为了与工程上习惯相符合,我们在这章和下章记 $\mathrm{j}(\mathrm{j}^2=-1)$ 为虚数单位.利用欧拉公式可得

$$\cos t = \frac{e^{jt} + e^{-jt}}{2}, \quad \sin t = -j\frac{e^{jt} - e^{-jt}}{2}.$$

将其代入式(7.1.1)有

$$f_T(t) = \frac{a_0}{2} + \sum_{n=1}^{\infty}\left(a_n\frac{e^{jn\omega t} + e^{-jn\omega t}}{2} + b_n\frac{e^{jn\omega t} - e^{-jn\omega t}}{2j}\right)$$

$$= \frac{a_0}{2} + \sum_{n=1}^{\infty}\left(\frac{a_n - jb_n}{2}e^{jn\omega t} + \frac{a_n + jb_n}{2}e^{-jn\omega t}\right).$$

若记

$$c_0 = \frac{a_0}{2}, c_n = \frac{a_n - jb_n}{2}, c_{-n} = \frac{a_n + jb_n}{2},$$

则得到 $f_T(t)$ 的傅里叶级数的复指数形式:

$$f_T(t) == c_0 + \sum_{n=1}^{\infty}(c_n e^{jn\omega t} + c_{-n}e^{-jn\omega t}), \tag{7.1.2}$$

这里

$$c_0 = \frac{a_0}{2} = \frac{1}{T}\int_{-\frac{T}{2}}^{\frac{T}{2}} f_T(t)\,dt,$$

$$c_n = \frac{a_n - jb_n}{2} = \frac{1}{T}\left[\int_{-\frac{T}{2}}^{\frac{T}{2}} f_T(t)\cos n\omega t\,dt - j\int_{-\frac{T}{2}}^{\frac{T}{2}} f_T(t)\sin n\omega t\,dt\right]$$

$$= \frac{1}{T}\int_{-\frac{T}{2}}^{\frac{T}{2}} f_T(t)[\cos n\omega t - j\sin n\omega t]\,dt$$

$$= \frac{1}{T}\int_{-\frac{T}{2}}^{\frac{T}{2}} f_T(t)e^{-jn\omega t}\,dt \quad (n = 1, 2, 3, \cdots),$$

同理,

$$c_{-n} = \frac{a_n + jb_n}{2} = \frac{1}{T}\int_{-\frac{T}{2}}^{\frac{T}{2}} f_T(t)e^{jn\omega t}\,dt \quad (n = 1, 2, 3, \cdots),$$

且 c_0, c_n, c_{-n} 可统一为

$$c_n = \frac{1}{T}\int_{-\frac{T}{2}}^{\frac{T}{2}} f_T(t)e^{-jn\omega t}\,dt \quad (n = 0, \pm 1, \pm 2, \pm 3, \cdots).$$

令

$$\omega_n = n\omega \quad (n = 0, \pm 1, \pm 2, \pm 3, \cdots),$$

则式(7.1.2)也可写成

$$f_T(t) = \sum_{n=-\infty}^{+\infty} c_n e^{j\omega_n t}.$$

这就是傅里叶级数的复指数形式. 它也可写为

$$f_T(t) = \frac{1}{T}\sum_{n=-\infty}^{+\infty}\left[\int_{-\frac{T}{2}}^{\frac{T}{2}} f_T(\tau)e^{-j\omega_n\tau}\,d\tau\right]e^{j\omega_n t}. \tag{7.1.3}$$

这里推导是非常形式化的,是不严格的,只是希望读者能对后面引入的傅里叶积分有个直观认识.

7.1.2　非周期函数的傅里叶积分

研究一个在实轴上处处有定义的非周期函数 $f(t)$. 我们作一以 T 为周期的周期函数

$f_T(t)$，使其在 $\left[-\dfrac{T}{2},\dfrac{T}{2}\right]$ 内等于 $f(t)$，而在此区间之外，按周期 T 延拓，在 $\left[-\dfrac{T}{2},\dfrac{T}{2}\right]$ 内把 $f_T(t)$ 展开成傅里叶级数可得

$$f_T(t) = \frac{1}{T}\sum_{n=-\infty}^{+\infty}\left[\int_{-\frac{T}{2}}^{\frac{T}{2}} f_T(\tau)\mathrm{e}^{-\mathrm{j}\omega_n\tau}\,\mathrm{d}\tau\right]\mathrm{e}^{\mathrm{j}\omega_n t}.$$

显然，T 越大，$f_T(t)$ 与 $f(t)$ 相等的范围越大，基于此，我们可以认为任何非周期函数都是周期为 $+\infty$ 的周期函数，即

$$\lim_{T\to+\infty} f_T(t) = f(t).$$

故结合式(7.1.3)有

$$f(t) = \lim_{T\to+\infty} f_T(t) = \lim_{T\to+\infty}\frac{1}{T}\sum_{n=-\infty}^{+\infty}\left[\int_{-\frac{T}{2}}^{\frac{T}{2}} f_T(\tau)\mathrm{e}^{-\mathrm{j}\omega_n\tau}\,\mathrm{d}\tau\right]\mathrm{e}^{\mathrm{j}\omega_n t}. \tag{7.1.4}$$

因为 $\omega_n = n\omega$，$\omega = \dfrac{2\pi}{T}$，当 n 取一切整数时，ω_n 便分布在整个实数轴上(见图 7.1)．记

$$\Delta\omega_n = \omega_n - \omega_{n-1} = \frac{2\pi}{T},$$

或

$$T = \frac{2\pi}{\Delta\omega_n},$$

图 7.1

则 $T\to+\infty$ 时，$\Delta\omega_n\to 0$，故非周期函数的傅里叶级数为

$$f(t) = \lim_{\Delta\omega_n\to 0}\frac{1}{2\pi}\sum_{n=-\infty}^{+\infty}\left[\int_{-\frac{T}{2}}^{\frac{T}{2}} f_T(\tau)\mathrm{e}^{-\mathrm{j}\omega_n\tau}\,\mathrm{d}\tau\right]\mathrm{e}^{\mathrm{j}\omega_n t}\,\Delta\omega_n.$$

当 t 固定时，$\dfrac{1}{2\pi}\left[\displaystyle\int_{-\frac{T}{2}}^{\frac{T}{2}} f_T(\tau)\mathrm{e}^{-\mathrm{j}\omega_n\tau}\,\mathrm{d}\tau\right]\mathrm{e}^{\mathrm{j}\omega_n t}$ 是参数 ω_n 的函数，记为 $\Phi_T(\omega_n)$，即

$$\Phi_T(\omega_n) = \frac{1}{2\pi}\left[\int_{-\frac{T}{2}}^{\frac{T}{2}} f_T(\tau)\mathrm{e}^{-\mathrm{j}\omega_n\tau}\,\mathrm{d}\tau\right]\mathrm{e}^{\mathrm{j}\omega_n t},$$

从而

$$f(t) = \lim_{\Delta\omega_n\to 0}\sum_{n=-\infty}^{+\infty}\Phi_T(\omega_n)\,\Delta\omega_n.$$

又 $\Delta\omega_n\to 0$，即 $T\to+\infty$ 时，$\Phi_T(\omega_n)\to\Phi(\omega_n) = \dfrac{1}{2\pi}\left[\displaystyle\int_{-\infty}^{+\infty} f(\tau)\mathrm{e}^{-\mathrm{j}\omega_n\tau}\,\mathrm{d}\tau\right]\mathrm{e}^{\mathrm{j}\omega_n t}$．从而，$f(t)$ 可以看成 $\Phi(\omega_n)$ 在 $(-\infty,+\infty)$ 上的积分

$$f(t) = \int_{-\infty}^{+\infty}\Phi(\omega_n)\,\mathrm{d}\omega_n,$$

即

$$f(t) = \int_{-\infty}^{+\infty}\Phi(\omega)\,\mathrm{d}\omega,$$

亦即

$$f(t) = \frac{1}{2\pi}\int_{-\infty}^{+\infty}\left[\int_{-\infty}^{+\infty} f(\tau)\mathrm{e}^{-\mathrm{j}\omega\tau}\,\mathrm{d}\tau\right]\mathrm{e}^{\mathrm{j}\omega t}\,\mathrm{d}\omega. \tag{7.1.5}$$

这样我们就得到了函数 $f(t)$ 的一个积分形式的展开式,这个公式通常称为函数 $f(t)$ 的傅里叶积分公式.应该指出,在上述推导中,每一步都是有条件的,我们只做了形式上的推导,是不严格的.究竟一个非周期函数 $f(t)$ 在什么条件下可用傅里叶积分公式表示呢?请看下面的收敛定理.

7.1.3 傅里叶积分存在定理

若 $f(t)$ 在 $(-\infty,+\infty)$ 上满足条件:

(1) $f(t)$ 在任一有限区间上满足 Dirichlet 条件;

(2) $f(t)$ 在 $(-\infty,+\infty)$ 上绝对可积,即

$$\int_{-\infty}^{+\infty}|f(t)|\,\mathrm{d}t<+\infty,$$

则 $f(t)$ 在它的连续点 t 处有

$$f(t)=\frac{1}{2\pi}\int_{-\infty}^{+\infty}\left[\int_{-\infty}^{+\infty}f(\tau)\mathrm{e}^{-\mathrm{j}\omega\tau}\,\mathrm{d}\tau\right]\mathrm{e}^{\mathrm{j}\omega t}\,\mathrm{d}\omega, \tag{7.1.6}$$

在 $f(t)$ 的间断点 t 处,有

$$\frac{f(t+0)+f(t-0)}{2}=\frac{1}{2\pi}\int_{-\infty}^{+\infty}\left[\int_{-\infty}^{+\infty}f(\tau)\mathrm{e}^{-\mathrm{j}\omega\tau}\,\mathrm{d}\tau\right]\mathrm{e}^{\mathrm{j}\omega t}\,\mathrm{d}\omega. \tag{7.1.7}$$

这就是傅里叶积分存在定理.

这个定理给出了一个傅里叶积分公式成立的充分条件,但是这个定理的证明要用到较多的基础理论知识,这里从略.

例 7.1 求矩形单脉冲函数 $f(t)=\begin{cases}E,|t|<\dfrac{\delta}{2},\\0,|t|\geqslant\dfrac{\delta}{2}\end{cases}$ 的傅里叶积分表达式.

解 函数 $f(t)$ 满足傅里叶积分定理的条件,所以

$$\begin{aligned}f(t)&=\frac{1}{2\pi}\int_{-\infty}^{+\infty}\left[\int_{-\infty}^{+\infty}f(\tau)\mathrm{e}^{-\mathrm{j}\omega\tau}\,\mathrm{d}\tau\right]\mathrm{e}^{\mathrm{j}\omega t}\,\mathrm{d}\omega\\&=\frac{1}{2\pi}\int_{-\infty}^{+\infty}\left(\int_{-\frac{\delta}{2}}^{\frac{\delta}{2}}E\mathrm{e}^{-\mathrm{j}\omega\tau}\,\mathrm{d}\tau\right)\mathrm{e}^{\mathrm{j}\omega t}\,\mathrm{d}\omega\\&=\frac{1}{2\pi}\int_{-\infty}^{+\infty}\left(E\left.\frac{\mathrm{e}^{-\mathrm{j}\omega\tau}}{-\mathrm{j}\omega}\right|_{-\frac{\delta}{2}}^{\frac{\delta}{2}}\right)\mathrm{e}^{\mathrm{j}\omega t}\,\mathrm{d}\omega\\&=\frac{E}{\pi}\int_{-\infty}^{+\infty}\frac{\sin\frac{\omega\delta}{2}}{\omega}\mathrm{e}^{\mathrm{j}\omega t}\,\mathrm{d}\omega\\&=\frac{2E}{\pi}\int_{0}^{+\infty}\frac{\sin\frac{\omega\delta}{2}\cos\omega t}{\omega}\,\mathrm{d}\omega.\end{aligned}$$

这就是函数 $f(t)$ 的傅里叶积分表达式.

7.1.4 傅里叶积分的几种形式

式 (7.1.6) 为 $f(t)$ 的傅里叶积分公式的复指数形式,继续化简得

$$f(t) = \frac{1}{2\pi} \int_{-\infty}^{+\infty} \left[\int_{-\infty}^{+\infty} f(\tau) \mathrm{e}^{-\mathrm{j}\omega\tau} \mathrm{d}\tau \right] \mathrm{e}^{\mathrm{j}\omega t} \mathrm{d}\omega$$

$$= \frac{1}{2\pi} \int_{-\infty}^{+\infty} \left[\int_{-\infty}^{+\infty} f(\tau) \mathrm{e}^{\mathrm{j}\omega(t-\tau)} \mathrm{d}\tau \right] \mathrm{d}\omega$$

$$= \frac{1}{2\pi} \int_{-\infty}^{+\infty} \left[\int_{-\infty}^{+\infty} f(\tau) \cos\omega(t-\tau) \mathrm{d}\tau + \mathrm{j} \int_{-\infty}^{+\infty} f(\tau) \sin\omega(t-\tau) \mathrm{d}\tau \right] \mathrm{d}\omega.$$

由于 $\int_{-\infty}^{+\infty} f(\tau) \sin\omega(t-\tau) \mathrm{d}\tau$ 为 ω 的奇函数,故

$$\int_{-\infty}^{+\infty} \left[\int_{-\infty}^{+\infty} f(\tau) \sin\omega(t-\tau) \mathrm{d}\tau \right] \mathrm{d}\omega = 0.$$

由于 $\int_{-\infty}^{+\infty} f(\tau) \cos\omega(t-\tau) \mathrm{d}\tau$ 为 ω 的偶函数,故

$$\int_{-\infty}^{+\infty} \left[\int_{-\infty}^{+\infty} f(\tau) \cos\omega(t-\tau) \mathrm{d}\tau \right] \mathrm{d}\omega = 2 \int_{0}^{+\infty} \left[\int_{-\infty}^{+\infty} f(\tau) \cos\omega(t-\tau) \mathrm{d}\tau \right] \mathrm{d}\omega.$$

于是

$$f(t) = \frac{1}{\pi} \int_{0}^{+\infty} \left[\int_{-\infty}^{+\infty} f(\tau) \cos\omega(t-\tau) \mathrm{d}\tau \right] \mathrm{d}\omega. \tag{7.1.8}$$

这就是 $f(t)$ 傅里叶积分的三角形式.

我们继续把三角形式展开,可得

$$f(t) = \frac{1}{\pi} \int_{0}^{+\infty} \left[\int_{-\infty}^{+\infty} f(\tau) (\cos\omega t \cos\omega\tau + \sin\omega t \sin\omega\tau) \mathrm{d}\tau \right] \mathrm{d}\omega.$$

当 $f(t)$ 为奇函数时,$f(\tau)\cos\omega\tau$,$f(\tau)\sin\omega\tau$ 分别是关于 τ 的奇函数和偶函数,因此

$$f(t) = \frac{2}{\pi} \int_{0}^{+\infty} \left[\int_{0}^{+\infty} f(\tau) \sin\omega\tau \mathrm{d}\tau \right] \sin\omega t \mathrm{d}\omega. \tag{7.1.9}$$

此式称为傅里叶正弦积分公式.

当 $f(t)$ 为偶函数时,同理可得

$$f(t) = \frac{2}{\pi} \int_{0}^{+\infty} \left[\int_{0}^{+\infty} f(\tau) \cos\omega\tau \mathrm{d}\tau \right] \cos\omega t \mathrm{d}\omega. \tag{7.1.10}$$

此式称为傅里叶余弦积分公式.

例 7.2　求函数 $f(t) = \begin{cases} 1, & |t| \leqslant 1, \\ 0, & |t| > 1 \end{cases}$ 的傅里叶积分表达式.

解　函数 $f(t)$ 为偶函数,所以其傅里叶积分应为傅里叶余弦积分,利用式(7.1.10)可得

$$f(t) = \frac{2}{\pi} \int_{0}^{+\infty} \left[\int_{0}^{1} \cos\omega\tau \mathrm{d}\tau \right] \cos\omega t \mathrm{d}\omega$$

$$= \frac{2}{\pi} \int_{0}^{+\infty} \left(\frac{\sin\omega\tau}{\omega} \Big|_{\tau=0}^{1} \right) \cos\omega t \mathrm{d}\omega$$

$$= \frac{2}{\pi} \int_{0}^{+\infty} \frac{\sin\omega}{\omega} \cos\omega t \mathrm{d}\omega.$$

根据上述结果,我们有

$$\frac{2}{\pi} \int_{0}^{+\infty} \frac{\sin\omega}{\omega} \cos\omega t \mathrm{d}\omega = \begin{cases} f(t), & t \neq \pm 1, \\ \dfrac{1}{2}, & t = \pm 1. \end{cases}$$

即

$$\int_0^{+\infty} \frac{\sin\omega}{\omega}\cos\omega t \, \mathrm{d}\omega = \begin{cases} \dfrac{\pi}{2}, & |t| < 1, \\[2mm] \dfrac{\pi}{4}, & |t| = 1, \\[2mm] 0, & |t| > 1. \end{cases}$$

若令 $t = 0$，则有

$$\int_0^{+\infty} \frac{\sin\omega}{\omega}\mathrm{d}\omega = \frac{\pi}{2},$$

这就是著名的狄利克雷积分．

7.1.5　傅里叶变换

若函数 $f(t)$ 满足傅里叶积分存在定理的条件，则在 $f(t)$ 的连续点处，有

$$f(t) = \frac{1}{2\pi}\int_{-\infty}^{+\infty}\left[\int_{-\infty}^{+\infty} f(\tau)\mathrm{e}^{-\mathrm{j}\omega\tau}\,\mathrm{d}\tau\right]\mathrm{e}^{\mathrm{j}\omega t}\,\mathrm{d}\omega.$$

设

$$F(\omega) = \int_{-\infty}^{+\infty} f(t)\mathrm{e}^{-\mathrm{j}\omega t}\,\mathrm{d}t, \tag{7.1.11}$$

则

$$f(t) = \frac{1}{2\pi}\int_{-\infty}^{+\infty} F(\omega)\mathrm{e}^{\mathrm{j}\omega t}\,\mathrm{d}\omega. \tag{7.1.12}$$

称式(7.1.11)为 $f(t)$ 的傅里叶变换，记为

$$F(\omega) = F[f(t)] = \int_{-\infty}^{+\infty} f(t)\mathrm{e}^{-\mathrm{j}\omega t}\,\mathrm{d}t. \tag{7.1.13}$$

称式(7.1.12)为 $F(\omega)$ 的傅里叶逆变换，记为

$$f(t) = F^{-1}[F(\omega)] = \frac{1}{2\pi}\int_{-\infty}^{+\infty} F(\omega)\mathrm{e}^{\mathrm{j}\omega t}\,\mathrm{d}\omega. \tag{7.1.14}$$

其中 $F(\omega)$ 称为 $f(t)$ 的像函数，$f(t)$ 称为 $F(\omega)$ 的像原函数，像函数 $F(\omega)$ 和像原函数 $f(t)$ 构成一对傅里叶变换对，它们一一对应且具有相同的奇偶性．

当 $f(t)$ 为奇函数时，由式(7.1.9)知，

$$F_s(\omega) = \int_0^{+\infty} f(t)\sin\omega t \, \mathrm{d}t. \tag{7.1.15}$$

它称为 $f(t)$ 的傅里叶正弦变换，记为 $F_s[f(t)]$，即

$$F_s(\omega) = F_s[f(t)],$$

而

$$f(t) = \frac{2}{\pi}\int_0^{+\infty} F_s(\omega)\sin\omega t \, \mathrm{d}\omega \tag{7.1.16}$$

称为 $F_s(\omega)$ 的傅里叶正弦逆变换，记为 $F_s^{-1}[F_s(\omega)]$，即

$$f(t) = F_s^{-1}[F_s(\omega)].$$

当 $f(t)$ 为偶函数时，由式(7.1.10)知

$$F_c(\omega) = \int_0^{+\infty} f(t)\cos\omega t \, \mathrm{d}t, \tag{7.1.17}$$

它称为 $f(t)$ 的傅里叶余弦变换，记为 $F_c[f(t)]$，即

$$F_c(\omega) = F_c[f(t)],$$

而

$$f(t) = \frac{2}{\pi}\int_0^{+\infty} F_c(\omega)\cos\omega t\, d\omega \tag{7.1.18}$$

称为 $F_c(\omega)$ 的傅里叶余弦逆变换,记为 $F_c^{-1}[F_c(\omega)]$,即

$$f(t) = F_c^{-1}[F_c(\omega)].$$

例 7.3　求指数衰减函数 $f(t) = \begin{cases} 0, & t < 0, \\ e^{-\beta t}, & t \geqslant 0 \end{cases}$ $(\beta > 0)$ 的傅里叶变换与傅里叶积分表达

式.

解　根据傅里叶变换定义式,有

$$\begin{aligned}
F(\omega) = F[f(t)] &= \int_{-\infty}^{+\infty} f(t)e^{-j\omega t}\, dt \\
&= \int_0^{+\infty} e^{-(\beta+j\omega)t}\, dt \\
&= \frac{1}{\beta + j\omega} \\
&= \frac{\beta - j\omega}{\beta^2 + \omega^2}.
\end{aligned}$$

这就是指数衰减函数的傅里叶变换,下面求指数衰减函数的傅里叶积分表达式.

$$\begin{aligned}
f(t) = F^{-1}[F(\omega)] &= \frac{1}{2\pi}\int_{-\infty}^{+\infty} F(\omega)e^{j\omega t}\, d\omega \\
&= \frac{1}{2\pi}\int_{-\infty}^{+\infty} \frac{\beta - j\omega}{\beta^2 + \omega^2}e^{j\omega t}\, d\omega \\
&= \frac{1}{2\pi}\int_{-\infty}^{+\infty} \frac{\beta - j\omega}{\beta^2 + \omega^2}(\cos\omega t + j\sin\omega t)\, d\omega \\
&= \frac{1}{\pi}\int_0^{+\infty} \frac{\beta\cos\omega t + \omega\sin\omega t}{\beta^2 + \omega^2}\, d\omega.
\end{aligned}$$

这就是指数衰减函数 $f(t)$ 的傅里叶积分表达式.

由此可得广义积分为

$$\int_0^{+\infty} \frac{\beta\cos\omega t + \omega\sin\omega t}{\beta^2 + \omega^2}\, d\omega = \begin{cases} 0, & t < 0, \\ \dfrac{\pi}{2}, & t = 0, \\ \pi e^{-\beta t}, & t > 0. \end{cases}$$

例 7.4　求钟形脉冲函数 $f(t) = Ae^{-\beta t^2}$ 的傅里叶变换,其中 $A > 0, \beta > 0$.

解　根据傅里叶变换定义式,有

$$\begin{aligned}
F(\omega) = F[f(t)] &= \int_{-\infty}^{+\infty} f(t)e^{-j\omega t}\, dt \\
&= A\int_{-\infty}^{+\infty} e^{-\beta\left(t^2 + \frac{j\omega t}{\beta}\right)}\, dt \\
&= Ae^{-\frac{\omega^2}{4\beta}}\int_{-\infty}^{+\infty} e^{-\beta\left(t + \frac{j\omega}{2\beta}\right)^2}\, dt.
\end{aligned}$$

令 $t + \dfrac{\mathrm{j}\omega}{2\beta} = s$，上式为一复积分，即

$$\int_{-\infty}^{+\infty} \mathrm{e}^{-\beta\left(t+\frac{\mathrm{j}\omega}{2\beta}\right)^2} \mathrm{d}t = \int_{-\infty+\frac{\mathrm{j}\omega}{2\beta}}^{+\infty+\frac{\mathrm{j}\omega}{2\beta}} \mathrm{e}^{-\beta s^2} \mathrm{d}s.$$

利用公式 $\displaystyle\int_{-\infty}^{+\infty} \mathrm{e}^{-\beta s^2} \mathrm{d}s = \sqrt{\dfrac{\pi}{\beta}}$，所以

$$A\mathrm{e}^{-\frac{\omega^2}{4\beta}} \int_{-\infty}^{+\infty} \mathrm{e}^{-\beta\left(t+\frac{\mathrm{j}\omega}{2\beta}\right)^2} \mathrm{d}t = A\mathrm{e}^{-\frac{\omega^2}{4\beta}} \sqrt{\frac{\pi}{\beta}},$$

即

$$F(\omega) = F[f(t)] = A\mathrm{e}^{-\frac{\omega^2}{4\beta}} \sqrt{\frac{\pi}{\beta}}.$$

例 7.5　求 $f(t) = \begin{cases} A, & 0 \leqslant t < 1, \\ 0, & t \geqslant 1 \end{cases}$ 的傅里叶正弦变换与傅里叶余弦变换.

解　根据式 (7.1.15) 和 (7.1.17)，有

$$F_s(\omega) = \int_0^{+\infty} f(t)\sin\omega t\,\mathrm{d}t = \int_0^1 A\sin\omega t\,\mathrm{d}t = A\,\frac{1-\cos\omega}{\omega},$$

$$F_c(\omega) = \int_0^{+\infty} f(t)\cos\omega t\,\mathrm{d}t = \int_0^1 A\cos\omega t\,\mathrm{d}t = A\,\frac{\sin\omega}{\omega}.$$

可以看出，在半无穷区间上的同一函数 $f(t)$，其傅里叶正弦变换与傅里叶余弦变换形式是不一样的.

7.2　单位脉冲函数与频谱函数

7.2.1　单位脉冲函数 $\delta(t)$ 的定义及性质

在工程实际问题中，除了要用到连续分布的量外，还有集中于一点或一瞬间的物理量，如冲力、质点的质量、点电荷等. 在力学中，要研究构件某部位在一瞬间受到的一个强大的冲击力. 在电学中，要研究原来电流为零的电路中，某一瞬间进入的一单位电量的电荷（即点电荷）. 研究此类问题就会产生我们要介绍的单位脉冲函数.

例 7.6　在原来电流为零的电路中，在时间 $t = 0$ 的时刻进入一单位电量的脉冲，现在确定电路上的电流强度 $i(t)$.

解　以 $q(t)$ 表示电路中的电荷函数，则

$$q(t) = \begin{cases} 0, t \neq 0, \\ 1, t = 0. \end{cases}$$

利用电学知识，可知电流强度 $i(t)$ 应为电荷函数 $q(t)$ 关于时间 t 的导数，即

$$i(t) = q'(t) = \lim_{\Delta t \to 0} \frac{q(t+\Delta t) - q(t)}{\Delta t}.$$

于是当 $t \neq 0$ 时，有

$$i(t) = q'(t) = \lim_{\Delta t \to 0} \frac{q(t+\Delta t) - q(t)}{\Delta t} = \lim_{\Delta t \to 0} \frac{0}{\Delta t} = 0.$$

当 $t = 0$ 时,有

$$i(0) = \lim_{\Delta t \to 0} \frac{q(0 + \Delta t) - q(0)}{\Delta t} = \lim_{\Delta t \to 0} \frac{-1}{\Delta t} = \infty.$$

此外,如果记电路在 $t = 0$ 以后的总电量为 q,还有

$$q = \int_{-\infty}^{+\infty} i(t) \mathrm{d}t = 1.$$

通过这个例子可以发现,函数 $i(t)$ 反映了集中分布的物理量的某种物理特性. 所谓的单位脉冲 δ 函数正是将许多集中于一点或一瞬间的物理量加以抽象概括而引入到数学中来,并反过来作为一个强有力的数学工具. 它不仅在数学本身,而且在工程技术领域中都取得了广泛的应用. $\delta(t)$ 函数是一个广义函数,它没有普通意义下的具体"函数值",所以它不能像高等数学由"数值的对应或映射关系"来定义. 在广义函数论中,$\delta(t)$ 函数定义为某些基本函数空间上的线性连续泛函,但是这部分内容已超出工科院校工程数学教学大纲的教学范畴. 因此在本节,对 $\delta(t)$ 函数的数学理论仅作启示性介绍,尽量避免涉及广义函数论的知识. 基于这样的考虑,关于 $\delta(t)$ 函数的性质,我们只在普通函数的范围内,采取"初等"证明. 但是 $\delta(t)$ 函数毕竟不是普通函数,这些"证明"也只能做示意性的说明,重要的是要掌握如何利用 $\delta(t)$ 函数的性质来进行实际问题的研究.

定义 7.2.1 满足下列两条件的函数:

(1) $\delta(t) = \begin{cases} 0 & t \neq 0, \\ \infty & t = 0. \end{cases}$

(2) 当区间 I 包括 $t = 0$ 时,$\int_I \delta(t) \mathrm{d}t = \int_{-\infty}^{+\infty} \delta(t) \mathrm{d}t = 1$;当区间 I 不包括 $t = 0$ 时,$\int_I \delta(t) \mathrm{d}t = \int_{-\infty}^{+\infty} \delta(t) \mathrm{d}t = 0$.

称为单位脉冲 δ 函数,简称为 $\delta(t)$ 函数.

为了便于理解与应用,$\delta(t)$ 也可看成一个普通函数序列的弱极限.

定义 7.2.2 对于任何一个无穷次可微的函数 $f(t)$,如果满足

$$\int_{-\infty}^{+\infty} \delta(t) f(t) \mathrm{d}t = \lim_{\varepsilon \to 0} \int_{-\infty}^{+\infty} \delta_\varepsilon(t) f(t) \mathrm{d}t, \tag{7.2.1}$$

其中,

$$\delta_\varepsilon(t) = \begin{cases} \dfrac{1}{\varepsilon}, & 0 \leqslant t \leqslant \varepsilon, \\ 0, & \text{其他}, \end{cases}$$

则

$$\lim_{\varepsilon \to 0} \delta_\varepsilon(t) = \delta(t).$$

如图 7.2 所示,对任何 $\varepsilon > 0$,显然可得矩形脉冲:宽度为 0,高度为无穷大但面积为 1 的单位脉冲函数 —— $\delta(t)$ 函数.

根据定义 7.2.2 可知

$$\int_{-\infty}^{+\infty} \delta(t) \mathrm{d}t = 1.$$

所以在工程中,常常用一个长度为 1 的有向线段来表示 $\delta(t)$ 函数. 这个线段的长度表示 $\delta(t)$ 函数的积分值,称为 $\delta(t)$ 函数的强度(见图 7.3).

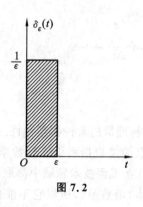

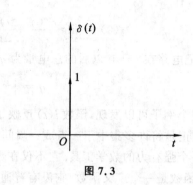

图 7.2　　　　　　　　　　　　　　　　　　图 7.3

利用式 (7.2.1) 给出的 $\delta(t)$ 函数定义,还可以推导出 $\delta(t)$ 函数的一个重要结果,称为 $\delta(t)$ 函数的筛选性质:

若 $f(t)$ 为无穷次可微函数,则有

$$\int_{-\infty}^{+\infty} \delta(t) f(t) \mathrm{d}t = f(0).　　　　　　　　　(7.2.2)$$

证
$$\int_{-\infty}^{+\infty} \delta(t) f(t) \mathrm{d}t = \lim_{\varepsilon \to 0} \int_{-\infty}^{+\infty} \delta_\varepsilon(t) f(t) \mathrm{d}t$$

$$= \lim_{\varepsilon \to 0} \int_0^\varepsilon \frac{1}{\varepsilon} f(t) \mathrm{d}t.$$

由于 $f(t)$ 为无穷次可微函数,所以 $f(t)$ 为连续函数,由积分中值定理有

$$\int_{-\infty}^{+\infty} \delta(t) f(t) \mathrm{d}t = \lim_{\varepsilon \to 0} \int_0^\varepsilon \frac{1}{\varepsilon} f(t) \mathrm{d}t$$

$$= \lim_{\varepsilon \to 0} \frac{1}{\varepsilon} \cdot \varepsilon \cdot f(\xi) \ (0 < \xi < \varepsilon)$$

$$= f(0),$$

或者

$$\int_{-\infty}^{+\infty} \delta(t) f(t) \mathrm{d}t = \lim_{\varepsilon \to 0} \int_0^\varepsilon \frac{1}{\varepsilon} f(t) \mathrm{d}t = \lim_{\varepsilon \to 0} \frac{\int_0^\varepsilon f(t) \mathrm{d}t}{\varepsilon}.$$

利用洛必达法则,有

$$\int_{-\infty}^{+\infty} \delta(t) f(t) \mathrm{d}t = \lim_{\varepsilon \to 0} f(\varepsilon) = f(0).$$

筛选性质得到了证明.更一般地还成立着

$$\int_{-\infty}^{+\infty} \delta(t - t_0) f(t) \mathrm{d}t = f(t_0).　　　　　　　(7.2.3)$$

这是因为

$$\int_{-\infty}^{+\infty} \delta(t - t_0) f(t) \mathrm{d}t \xlongequal{u = t - t_0} \int_{-\infty}^{+\infty} \delta(u) f(u + t_0) \mathrm{d}u = f(u + t_0)\big|_{u=0} = f(t_0).$$

由 $\delta(t)$ 函数的筛选性可知,对于任何一个无穷次可微函数 $f(t)$ 都对应着一个确定的数 $f(0)$ 或 $f(t_0)$。这一性质使得 $\delta(t)$ 函数在近代物理和工程技术中得到较广泛的应用.

$\delta(t)$ 函数具有以下性质.

(1) $\delta(t)$ 函数是偶函数,即 $\delta(t) = \delta(-t)$.

(2) $\int_{-\infty}^{t} \delta(\tau)\mathrm{d}\tau = u(t), \dfrac{\mathrm{d}u(t)}{\mathrm{d}t} = \delta(t)$，其中 $u(t) = \begin{cases} 0, t < 0, \\ 1, t > 0 \end{cases}$ 称为单位阶跃函数.

(3) 若 $f(t)$ 为无穷次可微的函数，则有

$$\int_{-\infty}^{+\infty} \delta'(t)f(t)\mathrm{d}t = -f'(0). \tag{7.2.4}$$

更一般地有

$$\int_{-\infty}^{+\infty} \delta^{(n)}(t)f(t)\mathrm{d}t = (-1)^n f^{(n)}(0). \tag{7.2.5}$$

(4) 设 $g(t)$ 是一连续函数，则

① $\qquad\qquad g(t)\delta(t-a) = g(a)\delta(t-a),$ $\qquad\qquad$ (7.2.6)

② $\qquad\qquad g(t)\delta(t) = g(0)\delta(t),$ $\qquad\qquad$ (7.2.7)

③ $\qquad\qquad t\delta(t) = 0.$ $\qquad\qquad$ (7.2.8)

证 值得说明的是，这里的很多证明超出了高等数学的范畴，我们只进行形式推导，重要的是要学会利用这些性质来解决实际问题.

(1) 设 $f(t)$ 为一无穷次可微函数，

$$\int_{-\infty}^{+\infty} \delta(-t)f(t)\mathrm{d}t \overset{u=-t}{=\!=\!=} -\int_{+\infty}^{-\infty} \delta(u)f(-u)\mathrm{d}u = \int_{-\infty}^{+\infty} \delta(u)f(-u)\mathrm{d}u = f(-u)\big|_{u=0} = f(0).$$

故 $\qquad\qquad\qquad\qquad \delta(t) = \delta(-t).$

(2) 由 $\int_{-\infty}^{+\infty} \delta(t)\mathrm{d}t = 1$ 知，$\int_{-\infty}^{t} \delta(\tau)\mathrm{d}\tau = \begin{cases} 1, & t > 0, \\ 0, & t < 0. \end{cases}$

对于第二部分，与刚才性质(1)类似，只要证明 $\int_{-\infty}^{+\infty} u'(t)f(t)\mathrm{d}t = \int_{-\infty}^{+\infty} \delta(t)f(t)\mathrm{d}t$ 即可.

$$\int_{-\infty}^{+\infty} u'(t)f(t)\mathrm{d}t = u(t)f(t)\Big|_{-\infty}^{+\infty} - \int_{-\infty}^{+\infty} u(t)\mathrm{d}f(t)$$

$$= f(+\infty) - \int_{0}^{+\infty} 1\mathrm{d}f(t)$$

$$= f(+\infty) - [f(+\infty) - f(0)]$$

$$= f(0).$$

所以

$$\int_{-\infty}^{+\infty} u'(t)f(t)\mathrm{d}t = \int_{-\infty}^{+\infty} \delta(t)f(t)\mathrm{d}t.$$

故 $\qquad\qquad\qquad\qquad u'(t) = \delta(t).$

(3) $\int_{-\infty}^{+\infty} \delta'(t)f(t)\mathrm{d}t = \delta(t)f(t)\Big|_{-\infty}^{+\infty} - \int_{-\infty}^{+\infty} \delta(t)f'(t)\mathrm{d}t$（注意到当 $t \neq 0$ 时，$\delta(t) = 0$）

$$= -f'(t)\big|_{t=0} = -f'(0).$$

运用分部积分，可归纳总结得到

$$\int_{-\infty}^{+\infty} \delta^{(n)}(t)f(t)\mathrm{d}t = (-1)^n f^{(n)}(0).$$

(4) ① 设 $f(t)$ 是良函数，即有任意阶导数且 $t \to \infty$ 时 $f(t)$ 下降得足够快，使得当 $|t|$ 大于某一值时，$f(t)$ 和它的一切导数都等于 0，或至少比 t^{-N} 收敛的快，N 为任意大正数. 则有

$$\int_{-\infty}^{+\infty} \delta(t-a)g(a)f(t)\mathrm{d}t = g(a)\int_{-\infty}^{+\infty} \delta(t-a)f(t)\mathrm{d}t = g(a) \cdot f(t)\Big|_{t=a} = g(a)f(a).$$

所以

$$\int_{-\infty}^{+\infty} \delta(t-a)g(t)f(t)\mathrm{d}t = \int_{-\infty}^{+\infty} \delta(t-a)g(a)f(t)\mathrm{d}t.$$

故

$$g(t)\delta(t-a) = g(a)\delta(t-a).$$

式(7.2.7)为式(7.2.6)中 $a = 0$ 的特例;式(7.2.8)为式(7.2.7)中 $g(t) = t$ 的特例.

根据式(7.2.2)和式(7.2.3),我们可以很方便地求出 $\delta(t)$ 函数的傅里叶变换的表达式.

$$F[\delta(t)] = \int_{-\infty}^{+\infty} \delta(t)\mathrm{e}^{-\mathrm{j}\omega t}\mathrm{d}t = \mathrm{e}^{-\mathrm{j}\omega t}\big|_{t=0} = 1.$$

$$F[\delta(t-t_0)] = \int_{-\infty}^{+\infty} \delta(t-t_0)\mathrm{e}^{-\mathrm{j}\omega t}\mathrm{d}t = \mathrm{e}^{-\mathrm{j}\omega t}\big|_{t=t_0} = \mathrm{e}^{-\mathrm{j}\omega t_0}.$$

可见,单位脉冲函数 $\delta(t)$ 与常数 1 构成一对傅里叶变换对.同理, $\delta(t-t_0)$ 与 $\mathrm{e}^{-\mathrm{j}\omega t_0}$ 构成一对傅里叶变换对.

特别说明的是,这里为了方便起见,将单位脉冲函数 $\delta(t)$ 的傅里叶变换仍旧写成古典定义的形式,所不同的是,此处广义积分是按照式(7.2.1)来定义的,而不是普通意义下的积分值.所以 $\delta(t)$ 的傅里叶变换是一种广义傅里叶变换,这一点对接下来要研究的几个例子同样如此.

在物理学和工程技术中,有许多重要函数不满足傅里叶积分存在定理中的绝对可积条件,即不满足条件

$$\int_{-\infty}^{+\infty} |f(t)|\mathrm{d}t < +\infty.$$

例如常数、符号函数、单位阶跃函数与正弦函数、余弦函数等,然而它们的广义傅里叶变换也是存在的,利用单位脉冲函数 $\delta(t)$ 及其傅里叶变换就可以求出它们的傅里叶变换.这里所讨论的广义是相对于古典意义而言的,在广义意义下,同样可以说,像函数 $F(\omega)$ 和像原函数 $f(t)$ 构成一对傅里叶变换对.为了不涉及 $\delta(t)$ 的较深入理论,可以利用傅里叶变换及傅里叶逆变换一一对应的性质来推导很多函数的傅里叶变换,如

$$F^{-1}[2\pi\delta(\omega)] = \frac{1}{2\pi}\int_{-\infty}^{+\infty} 2\pi\delta(\omega)\mathrm{e}^{\mathrm{j}\omega t}\mathrm{d}\omega = \mathrm{e}^{\mathrm{j}\omega t}\big|_{\omega=0} = 1.$$

$$F^{-1}[2\pi\delta(\omega-\omega_0)] = \frac{1}{2\pi}\int_{-\infty}^{+\infty} 2\pi\delta(\omega-\omega_0)\mathrm{e}^{\mathrm{j}\omega t}\mathrm{d}\omega = \mathrm{e}^{\mathrm{j}\omega t}\big|_{\omega=\omega_0} = \mathrm{e}^{\mathrm{j}\omega_0 t}.$$

这就说明,常数 1 与 $2\pi\delta(\omega)$ 、 $\mathrm{e}^{\mathrm{j}\omega_0 t}$ 与 $2\pi\delta(\omega-\omega_0)$ 也各自构成一对傅里叶变换对.且有

$$F[1] = \int_{-\infty}^{+\infty} \mathrm{e}^{-\mathrm{j}\omega t}\mathrm{d}t = 2\pi\delta(\omega), \tag{7.2.9}$$

$$F[\mathrm{e}^{\mathrm{j}\omega_0 t}] = \int_{-\infty}^{+\infty} \mathrm{e}^{\mathrm{j}\omega_0 t}\mathrm{e}^{-\mathrm{j}\omega t}\mathrm{d}t = \int_{-\infty}^{+\infty} \mathrm{e}^{-\mathrm{j}(\omega-\omega_0)t}\mathrm{d}t = 2\pi\delta(\omega-\omega_0). \tag{7.2.10}$$

例 7.7 证明单位阶跃函数 $u(t) = \begin{cases} 0, t < 0, \\ 1, t > 0 \end{cases}$ 的傅里叶变换为 $\frac{1}{\mathrm{j}\omega} + \pi\delta(\omega)$.

证
$$F^{-1}\left[\frac{1}{\mathrm{j}\omega} + \pi\delta(\omega)\right] = \frac{1}{2\pi}\int_{-\infty}^{+\infty}\left[\frac{1}{\mathrm{j}\omega} + \pi\delta(\omega)\right]\mathrm{e}^{\mathrm{j}\omega t}\mathrm{d}\omega$$

$$= \frac{1}{2\pi}\int_{-\infty}^{+\infty}\frac{1}{\mathrm{j}\omega}\mathrm{e}^{\mathrm{j}\omega t}\mathrm{d}\omega + \frac{1}{2}\int_{-\infty}^{+\infty}\delta(\omega)\mathrm{e}^{\mathrm{j}\omega t}\mathrm{d}\omega$$

$$= \frac{1}{2\pi} \int_{-\infty}^{+\infty} \frac{\cos\omega t + \mathrm{j}\sin\omega t}{\mathrm{j}\omega} \mathrm{d}\omega + \frac{1}{2} \mathrm{e}^{\mathrm{j}\omega t} \mid_{\omega=0}$$

$$= \frac{1}{\pi} \int_{0}^{+\infty} \frac{\sin\omega t}{\omega} \mathrm{d}\omega + \frac{1}{2}.$$

利用狄利克雷积分

$$\int_{0}^{+\infty} \frac{\sin\omega}{\omega} \mathrm{d}\omega = \frac{\pi}{2},$$

我们有

$$\int_{0}^{+\infty} \frac{\sin\omega t}{\omega} \mathrm{d}\omega = \begin{cases} \frac{\pi}{2}, & t > 0, \\ -\frac{\pi}{2}, & t < 0. \end{cases}$$

这里当 $t > 0$ 时，

$$\int_{0}^{+\infty} \frac{\sin\omega t}{\omega} \mathrm{d}\omega \overset{u=\omega t}{=} \int_{0}^{+\infty} \frac{\sin u}{\frac{u}{t}} \frac{\mathrm{d}u}{t} = \int_{0}^{+\infty} \frac{\sin u}{u} \mathrm{d}u = \frac{\pi}{2};$$

当 $t < 0$ 时，

$$\int_{0}^{+\infty} \frac{\sin\omega t}{\omega} \mathrm{d}\omega \overset{u=-\omega t}{=} \int_{0}^{+\infty} \frac{\sin(-u)}{-\frac{u}{t}} \frac{\mathrm{d}u}{-t} = -\int_{0}^{+\infty} \frac{\sin u}{u} \mathrm{d}u = -\frac{\pi}{2}.$$

故

$$F^{-1}\left[\frac{1}{\mathrm{j}\omega} + \pi\delta(\omega)\right] = \frac{1}{\pi} \int_{0}^{+\infty} \frac{\sin\omega t}{\omega} \mathrm{d}\omega + \frac{1}{2}$$

$$= \begin{cases} \frac{1}{\pi} \cdot \frac{\pi}{2} + \frac{1}{2} = 1, t > 0, \\ \frac{1}{\pi} \cdot \left(-\frac{\pi}{2}\right) + \frac{1}{2} = 0, t < 0 \end{cases} = u(t).$$

即 $\frac{1}{\mathrm{j}\omega} + \pi\delta(\omega)$ 的傅里叶逆变换为 $u(t)$，也即 $u(t)$ 与 $\frac{1}{\mathrm{j}\omega} + \pi\delta(\omega)$ 构成了一对傅里叶变换对. 原命题得证.

通过上面的讨论我们可以看出引进 $\delta(t)$ 函数的重要性. 它使得在普通意义下的一些不存在的积分,有了确定的数值;利用 $\delta(t)$ 函数及其傅里叶变换可以很方便地得到工程技术中许多重要函数的傅里叶变换表达式;$\delta(t)$ 函数使得许多变换的推导大大简化. 因此本书介绍 $\delta(t)$ 函数的目的就是为了提供一个有用的数学工具,而不去追求它在数学上的严谨证明. 对 $\delta(t)$ 函数理论的其他详尽内容有兴趣的同学可参阅有关的参考书.

例 7.8　求 $f(t) = \cos\omega_0 t$ 的傅里叶变换.

解　利用傅里叶变换的定义及式(7.2.10)有

$$F(\omega) = F[f(t)] = \int_{-\infty}^{+\infty} \mathrm{e}^{-\mathrm{j}\omega t} \cos\omega_0 t \mathrm{d}t$$

$$= \int_{-\infty}^{+\infty} \mathrm{e}^{-\mathrm{j}\omega t} \frac{\mathrm{e}^{\mathrm{j}\omega_0 t} + \mathrm{e}^{-\mathrm{j}\omega_0 t}}{2} \mathrm{d}t$$

$$= \frac{1}{2} \int_{-\infty}^{+\infty} [\mathrm{e}^{-\mathrm{j}(\omega - \omega_0)t} + \mathrm{e}^{-\mathrm{j}(\omega + \omega_0)t}] \mathrm{d}t$$

$$= \frac{1}{2} [2\pi\delta(\omega - \omega_0) + 2\pi\delta(\omega + \omega_0)]$$

$$= \pi[\delta(\omega + \omega_0) + \delta(\omega - \omega_0)],$$

也即

$$F[\cos\omega_0 t] = \pi[\delta(\omega + \omega_0) + \delta(\omega - \omega_0)]. \tag{7.2.11}$$

同理可求

$$F[\sin\omega_0 t] = \mathrm{j}\pi[\delta(\omega + \omega_0) - \delta(\omega - \omega_0)]. \tag{7.2.12}$$

7.2.2　周期函数的频谱

傅里叶变换和频谱概念有着非常密切的关系. 频谱在电子技术、声学、物理学等科技领域有着广泛的应用. 我们这里只简单介绍以下频谱的基本概念, 它的下一步理论和应用, 留待专业课程再作详细的讨论. 为了更好地理解非周期函数的频谱, 先分析周期函数的频谱.

一个以 T 为周期的非正弦函数 $f(t)$ 在连续点处, 有

$$f(t) = \frac{a_0}{2} + \sum_{n=1}^{+\infty} (a_n \cos n\omega t + b_n \sin n\omega t)$$

$$= \frac{a_0}{2} + \sum_{n=1}^{+\infty} A_n \sin(\omega_n t + \varphi_n),$$

这里

$$\omega_n = n\omega = \frac{2n\pi}{T}.$$

其振幅为

$$A_n = \sqrt{a_n^2 + b_n^2}.$$

它的第 n 次谐波为 $A_n \sin(\omega_n t + \varphi_n)$, 可用复数表示为

$$c_n \mathrm{e}^{\mathrm{j}\omega_n t} + c_{-n} \mathrm{e}^{-\mathrm{j}\omega_n t},$$

其中

$$c_n = \frac{a_n - \mathrm{j}b_n}{2}, c_{-n} = \frac{a_n + \mathrm{j}b_n}{2}, \tag{7.2.13}$$

且

$$|c_n| = |c_{-n}| = \frac{1}{2}\sqrt{a_n^2 + b_n^2}.$$

从而

$$A_n = 2|c_n| \quad (n = 0, 1, 2, \cdots). \tag{7.2.14}$$

在频谱分析中, n 次谐波的幅值 A_n 有着特殊意义, 它描述了各次谐波的振幅随频率变化的分布情况. 所谓频谱图, 是指频率与振幅的关系图, 故也称 A_n 为 $f(t)$ 的振幅频谱. 由于 $n = 0, 1, 2 \cdots$, 所以频谱 A_n 的图形是不连续的, A_n 称为离散频谱. 它清楚地反映了一个非周期函数包含了哪些频谱分量及各分量所占的比重. 因此频谱图在工程技术中应用较为广泛.

例 7.9　求函数 $f(t) = \begin{cases} 0, & -\dfrac{T}{2} \leqslant t < \dfrac{\tau}{2}, \\ E, & -\dfrac{\tau}{2} \leqslant t < \dfrac{\tau}{2}, \\ 0, & \dfrac{\tau}{2} \leqslant t \leqslant \dfrac{T}{2} \end{cases}$ 的振幅频谱.

解　它的傅里叶级数的复数形式为

$$f_T(t) = \frac{E\tau}{T} + \sum_{\substack{n=-\infty \\ n \neq 0}}^{+\infty} \frac{E}{n\pi} \sin \frac{n\pi\tau}{T} \mathrm{e}^{\mathrm{j}n\omega t},$$

其傅里叶系数为

$$c_0 = \frac{E\tau}{T}, c_n = \frac{E}{n\pi} \sin \frac{n\pi\tau}{T} \quad (n = \pm 1, \pm 2, \cdots),$$

故频谱为

$$A_0 = 2\,|c_0| = \frac{2E\tau}{T},$$

$$A_n = 2\,|c_n| = \frac{2E}{n\pi}\left|\sin \frac{n\pi\tau}{T}\right| \quad (n = 1, 2, \cdots).$$

7.2.3　非周期函数的频谱

对非周期函数 $f(t)$，当它满足傅里叶积分定理条件时，在 $f(t)$ 的连续点处，

$$f(t) = \frac{1}{2\pi} \int_{-\infty}^{+\infty} F(\omega) \mathrm{e}^{\mathrm{j}\omega t} \,\mathrm{d}\omega, \tag{7.2.15}$$

其中，

$$F(\omega) = \int_{-\infty}^{+\infty} f(t) \mathrm{e}^{-\mathrm{j}\omega t} \,\mathrm{d}t.$$

上式的意义如同周期函数表示成傅里叶级数一样，它将一个复杂的非周期函数运动用其不同的频率分量 $\dfrac{1}{2\pi} F(\omega) \mathrm{e}^{\mathrm{j}\omega t}$ 的连续叠加（积分意义）表示出来. 又因为 $\dfrac{1}{2\pi}$ 为常数，$|F(\omega)\mathrm{e}^{\mathrm{j}\omega t}| = |F(\omega)|$，所以 $|F(\omega)|$ 越大，频率分量 $\dfrac{1}{2\pi} F(\omega) \mathrm{e}^{\mathrm{j}\omega t}$ 对 $f(t)$ 的影响越大，即在 $f(t)$ 中占的比重就越大，反之同样成立. 故 $|F(\omega)|$ 大小反映了频率一定时，$f(t)$ 的频率分量对 $f(t)$ 的影响程度.

在频谱分析中，把 $F(\omega)$ 称为 $f(t)$ 的频谱函数，$|F(\omega)|$ 称为 $f(t)$ 的频谱. 由于 ω 是连续变化的，故 $F(\omega)$ 与 $|F(\omega)|$ 一般为 ω 的连续函数，也是连续频谱. 同时还称

$$\varphi(\omega) = \arctan \frac{\operatorname{Im}[F(\omega)]}{\operatorname{Re}[F(\omega)]} = \arctan \frac{\displaystyle\int_{-\infty}^{+\infty} f(t) \sin\omega t \,\mathrm{d}t}{\displaystyle\int_{-\infty}^{+\infty} f(t) \cos\omega t \,\mathrm{d}t}$$

为 $f(t)$ 的相角频谱.

$|F(\omega)|$ 和 $\varphi(\omega)$ 有如下性质：

（1）$|F(\omega)|$ 是 ω 的连续函数且为偶函数，即

$$|F(-\omega)| = |F(\omega)|.$$

（2）$\varphi(\omega)$ 是 ω 的奇函数，即

$$\varphi(-\omega) = -\varphi(\omega).$$

证　（1）依据傅里叶变换及频谱函数定义，有

$$F(-\omega) = \int_{-\infty}^{+\infty} f(t) e^{-j(-\omega)t} dt = \int_{-\infty}^{+\infty} f(t) e^{j\omega t} dt = \overline{F(\omega)},$$

所以

$$|F(-\omega)| = |\overline{F(\omega)}| = |F(\omega)|.$$

命题（1）得证.

（2）根据相角函数的定义，有

$$\varphi(-\omega) = \arctan \frac{\int_{-\infty}^{+\infty} f(t)\sin(-\omega t) dt}{\int_{-\infty}^{+\infty} f(t)\cos(-\omega t) dt}$$

$$= -\arctan \frac{\int_{-\infty}^{+\infty} f(t)\sin\omega t\, dt}{\int_{-\infty}^{+\infty} f(t)\cos\omega t\, dt}$$

$$= -\varphi(\omega),$$

故 $\varphi(\omega)$ 为奇函数.

例 7.10　求指数衰减函数

$$f(t) = \begin{cases} 0, & t < 0, \\ e^{-\beta t}, & t \geqslant 0 \end{cases} \quad (\beta > 0)$$

的频谱及频率图.

解　已知

$$F(\omega) = \int_{-\infty}^{+\infty} f(t) e^{-j\omega t} dt = \int_{0}^{+\infty} e^{-(\beta + j\omega)t} dt = \frac{1}{\beta + j\omega} = \frac{\beta - j\omega}{\beta^2 + \omega^2},$$

所以

$$|F(\omega)| = \left| \frac{\beta - j\omega}{\beta^2 + \omega^2} \right| = \frac{1}{\sqrt{\beta^2 + \omega^2}}.$$

其频谱图如图 7.4 所示.

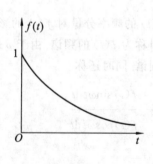 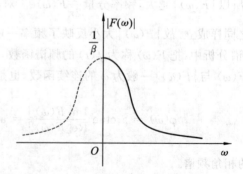

图 7.4

例 7.11　求单位脉冲函数 $\delta(t)$ 的振幅谱并绘出其图形.

解　　　　　　　$F(\omega) = F[\delta(t)] = 1.$

其图形如图 7.5 所示.

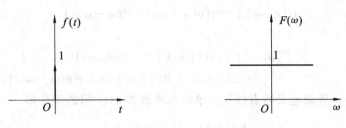

图 7.5

同样,当 $f(t) = \delta(t - t_0)$ 时,$F(\omega) = e^{-j\omega t_0}$,而 $f(t)$ 的振幅频谱为 $|F(\omega)| = 1$. 当 $f(t) = 1$ 时,$F(\omega) = 2\pi\delta(\omega)$. 它们的图形分别如图 7.6 所示.

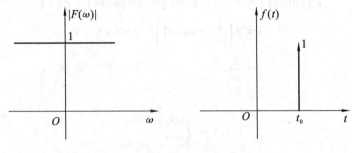

图 7.6

7.3　傅里叶变换的性质

傅里叶变换可以把一个时间函数 $f(t)$ 变换为频谱函数 $F(\omega)$ 或者进行逆变换. 傅里叶变换有许多重要性质,掌握这些性质对理解傅里叶变换理论以及在工程技术中熟练运用这一有力工具都是十分必要的. 我们假定所求傅里叶变换的函数都满足傅里叶积分定理条件,在这些性质证明中,不再重复这些条件. 并且如果不作特殊说明,都记 $F(\omega) = F[f(t)]$.

性质 7.3.1　(线性性质)设 $F_1(\omega) = F[f_1(t)]$,$F_2(\omega) = F[f_2(t)]$,k_1,k_2 为常数,则
$$F[k_1 f_1(t) + k_2 f_2(t)] = k_1 F_1(\omega) + k_2 F_2(\omega). \tag{7.3.1}$$

此即函数的线性组合的傅里叶变换等于函数的傅里叶变换的相应线性组合. 因为傅里叶变换的本质为广义积分,直接由积分性质即可得到该性质的证明.

同样,傅里叶逆变换也有类似的线性性质,即
$$F^{-1}[k_1 F_1(\omega) + k_2 F_2(\omega)] = k_1 f_1(t) + k_2 f_2(t). \tag{7.3.2}$$

例 7.12　求下列函数的傅里叶变换.

(1) $f(t) = A + B\cos\omega_0 t$ (A,B 均为常数);

(2) 符号函数 $f(t) = \text{sgn}(t)$;

(3) $f(t) = \begin{cases} 0, & t < 0, \\ 2e^{-3t} - 4e^{-t}, & t \geqslant 0. \end{cases}$

解　(1) 利用傅里叶变换线性性质及已知,有
$$F[1] = 2\pi\delta(\omega),$$

$$F[\cos\omega_0 t] = \pi[\delta(\omega+\omega_0)+\delta(\omega-\omega_0)],$$

于是可得

$$F(\omega) = F[f(t)] = F[A+B\cos\omega_0 t].$$
$$= 2A\pi\delta(\omega) + B\pi[\delta(\omega+\omega_0)+\delta(\omega-\omega_0)].$$

（2）根据符号函数的定义特点以及与单位脉冲函数 $u(t)$ 间的关系知，

$$F[u(t)] = \frac{1}{j\omega} + \pi\delta(\omega),$$

$$\mathrm{sgn}(t) = 2u(t) - 1,$$

则

$$F[\mathrm{sgn}(t)] = F[2u(t)-1] = 2F[u(t)] - F[1]$$
$$= 2\left[\frac{1}{j\omega}+\pi\delta(\omega)\right] - 2\pi\delta(\omega)$$
$$= \frac{2}{j\omega}.$$

（3）记

$$f_1(t) = \begin{cases} 0, & t<0, \\ e^{-3t}, & t\geqslant 0, \end{cases}$$

$$f_2(t) = \begin{cases} 0, & t<0, \\ e^{-t}, & t\geqslant 0, \end{cases}$$

则

$$f(t) = 2f_1(t) - 4f_2(t),$$

且

$$F[f_1(t)] = \frac{1}{3+j\omega}, \quad F[f_2(t)] = \frac{1}{1+j\omega}.$$

利用傅里叶变换线性性质可得

$$F[f(t)] = 2F[f_1(t)] - 4F[f_2(t)]$$
$$= 2\cdot\frac{1}{3+j\omega} - 4\cdot\frac{1}{1+j\omega}$$
$$= \frac{-10-2j\omega}{(3-\omega^2)+4j\omega}.$$

性质 7.3.2　（位移性质）设 $F[f(t)] = F(\omega)$，则

$$F[f(t\pm t_0)] = e^{\pm j\omega t_0}F(\omega), \tag{7.3.3}$$
$$F^{-1}[F(\omega\mp\omega_0)] = e^{\pm j\omega_0 t}f(t). \tag{7.3.4}$$

证
$$F[f(t\pm t_0)] = \int_{-\infty}^{+\infty} f(t\pm t_0)e^{-j\omega t}\,dt$$
$$\overset{u=t\pm t_0}{=} \int_{-\infty}^{+\infty} f(u)e^{-j\omega(u\mp t_0)}\,du$$
$$= e^{\pm j\omega t_0}\int_{-\infty}^{+\infty} f(u)e^{-j\omega u}\,du$$
$$= e^{\pm j\omega t_0}F(\omega).$$

由傅里叶逆变换的定义可知，

$$F^{-1}[F(\omega \mp \omega_0)] = \frac{1}{2\pi}\int_{-\infty}^{+\infty} F(\omega \mp \omega_0)e^{j\omega t}d\omega$$

$$\xrightarrow{u = \omega \mp \omega_0} \frac{1}{2\pi}\int_{-\infty}^{+\infty} F(u)e^{j(u \pm \omega_0)t}du$$

$$= e^{\pm j\omega_0 t}\frac{1}{2\pi}\int_{-\infty}^{+\infty} F(u)e^{j u t}du$$

$$= e^{\pm j\omega_0 t}f(t).$$

性质 7.3.2 说明：将函数 $f(t)$ 的自变量提前或延迟 t_0，其傅里叶变换相当于把 $f(t)$ 的傅里叶变换 $F(\omega)$ 乘以因子 $e^{\pm j\omega t_0}$；而函数 $F(\omega)$ 沿 ω 轴向右或向左位移 ω_0 时，其傅里叶逆变换相当于把原来的函数 $f(t)$ 乘以因子 $e^{j\omega_0 t}$ 或 $e^{-j\omega_0 t}$. 式 (7.3.4) 也常常写成如下形式：

$$F[e^{\pm j\omega_0 t}f(t)] = F(\omega \mp \omega_0). \tag{7.3.5}$$

例 7.13　利用矩形单位脉冲 $f_1(t) = \begin{cases} E, & -\dfrac{\tau}{2} < t < \dfrac{\tau}{2}, \\ 0, & \text{其他} \end{cases}$　的傅里叶变换结果，求矩形

单位脉冲 $f(t) = \begin{cases} E, & 0 < t < \tau, \\ 0, & \text{其他} \end{cases}$ 的傅里叶变换.

解　$$F[f_1(t)] = \int_{-\infty}^{+\infty} f_1(t)e^{-j\omega t}dt = \int_{-\frac{\tau}{2}}^{\frac{\tau}{2}} Ee^{-j\omega t}dt = E\int_{-\frac{\tau}{2}}^{\frac{\tau}{2}}(\cos\omega t - j\sin\omega t)dt$$

$$= 2E\int_0^{\frac{\tau}{2}}\cos\omega t\,dt = 2E\left.\frac{\sin\omega t}{\omega}\right|_0^{\frac{\tau}{2}}$$

$$= \frac{2E}{\omega}\sin\frac{\omega\tau}{2}.$$

又

$$f(t) = f_1\left(t - \frac{\tau}{2}\right),$$

由傅里叶变换位移性质，有

$$F[f(t)] = F\left[f_1\left(t - \frac{\tau}{2}\right)\right] = e^{-j\frac{\omega\tau}{2}}F[f_1(t)]$$

$$= \frac{2E}{\omega}e^{-j\frac{\omega\tau}{2}}\sin\frac{\omega\tau}{2}.$$

当然也可利用傅里叶变换的定义求法来得出相同结果.

例 7.14　求下列函数的傅里叶变换像函数.

(1) $f(t) = \sin\left(5t + \dfrac{\pi}{3}\right)$；

(2) 指数衰减振荡函数 $f(t) = \begin{cases} 0, & t < 0, \\ e^{-\beta t}\sin\omega_0 t, & t \geqslant 0 \end{cases}$　$(\beta > 0)$.

解　(1) 已知

$$F[\sin\omega_0 t] = j\pi[\delta(\omega + \omega_0) - \delta(\omega - \omega_0)],$$

所以结合傅里叶变换的位移性质，有

$$F[f(t)] = F\left[\sin\left(5t + \frac{\pi}{3}\right)\right] = F\left[\sin5\left(t + \frac{\pi}{15}\right)\right]$$

$$= e^{j\omega\frac{\pi}{15}}F[\sin5t] = e^{j\omega\frac{\pi}{15}} \cdot j\pi[\delta(\omega+5) - \delta(\omega-5)]$$

$$= j\pi[\delta(\omega+5)e^{j\omega\frac{\pi}{15}} - \delta(\omega-5)e^{j\omega\frac{\pi}{15}}]$$

$$= j\pi[\delta(\omega+5)e^{j(-5)\cdot\frac{\pi}{15}} - \delta(\omega-5)e^{j5\cdot\frac{\pi}{15}}]$$

$$= \pi\left[\left(\frac{\sqrt{3}}{2} + \frac{j}{2}\right)\delta(\omega+5) + \left(\frac{\sqrt{3}}{2} - \frac{j}{2}\right)\delta(\omega-5)\right].$$

（2）设

$$f_1(t) = \begin{cases} 0, & t < 0, \\ e^{-\beta t}, & t \geqslant 0 \end{cases} \quad (\beta > 0).$$

此为指数衰减函数，且 $F[f_1(t)] = \dfrac{1}{\beta + j\omega}$，于是由式(7.3.5)，可得

$$F[f(t)] = F[f_1(t) \cdot \sin\omega_0 t] = F\left[f_1(t) \cdot \frac{e^{j\omega_0 t} - e^{-j\omega_0 t}}{2j}\right]$$

$$= \frac{1}{2j}\{F[f_1(t) \cdot e^{j\omega_0 t}] - F[f_1(t) \cdot e^{-j\omega_0 t}]\}$$

$$= \frac{1}{2j}\{F[f_1(t) \cdot e^{j\omega_0 t}] - F[f_1(t) \cdot e^{-j\omega_0 t}]\}$$

$$= \frac{1}{2j}\{F[f_1(t)]\big|_{\omega-\omega_0} - F[f_1(t)]\big|_{\omega+\omega_0}\}$$

$$= \frac{1}{2j}\left[\frac{1}{\beta + j(\omega-\omega_0)} - \frac{1}{\beta + j(\omega+\omega_0)}\right]$$

$$= \frac{\omega_0}{\omega_0^2 + (\beta + j\omega)^2}.$$

性质 7.3.3（相似性质）设 $F[f(t)] = F(\omega)$，a 为非零常数，则

$$F[f(at)] = \frac{1}{|a|}F\left(\frac{\omega}{a}\right). \tag{7.3.6}$$

当 $a = -1$ 时，就得到

$$F[f(-t)] = F(-\omega). \tag{7.3.7}$$

通常称式(7.3.7)为翻转性质。

证　当 $a > 0$ 时，

$$F[f(at)] = \int_{-\infty}^{+\infty} f(at)e^{-j\omega t}\,dt \xlongequal{u=at} \int_{-\infty}^{+\infty} f(u)e^{-j\omega\frac{u}{a}}\frac{du}{a}$$

$$= \frac{1}{a}\int_{-\infty}^{+\infty} f(u)e^{-j\frac{\omega}{a}u}\,du = \frac{1}{a}F\left(\frac{\omega}{a}\right).$$

当 $a < 0$ 时，

$$F[f(at)] = \int_{-\infty}^{+\infty} f(at)e^{-j\omega t}\,dt \xlongequal{u=at} \int_{+\infty}^{-\infty} f(u)e^{-j\omega\frac{u}{a}}\frac{du}{a}$$

$$= -\frac{1}{a}\int_{-\infty}^{+\infty} f(u)e^{-j\frac{\omega}{a}u}\,du = -\frac{1}{a}F\left(\frac{\omega}{a}\right).$$

故

$$F[f(at)] = \frac{1}{|a|}F\left(\frac{\omega}{a}\right).$$

这一性质表明:如果函数 $f(t)$ 的图像变窄,则其傅里叶变换 $F(\omega)$ 的图像将变宽变矮;反之,如果函数 $f(t)$ 的图像变宽,则其傅里叶变换 $F(\omega)$ 的图像将变高变窄.

性质 7.3.4 (微分性质)如果函数 $f(t)$ 在 $(-\infty,+\infty)$ 上连续或者只有有限个可去间断点,且当 $|t| \to +\infty$ 时,$f(t) \to 0$,则

$$F[f'(t)] = j\omega F[f(t)] = j\omega F(\omega). \tag{7.3.8}$$

证　由傅里叶变换的定义,可得

$$
\begin{aligned}
F[f'(t)] &= \int_{-\infty}^{+\infty} f'(t)e^{-j\omega t}\,dt \\
&= f(t)e^{-j\omega t}\Big|_{-\infty}^{+\infty} - \int_{-\infty}^{+\infty} f(t)\,de^{-j\omega t} \\
&= j\omega \int_{-\infty}^{+\infty} f(t)e^{-j\omega t}\,dt \\
&= j\omega F[f(t)].
\end{aligned}
$$

推论 7.3.1　　　　$F[f^{(n)}(t)] = (j\omega)^n F[f(t)] = (j\omega)^n F(\omega). \tag{7.3.9}$

同样还可以得到像函数的导数公式. 若 $tf(t)$ 可进行傅里叶变换,且设 $F[f(t)] = F(\omega)$,则

$$\frac{d}{d\omega}F(\omega) = F[-jtf(t)]. \tag{7.3.10}$$

证

$$
\begin{aligned}
F[-jtf(t)] &= \int_{-\infty}^{+\infty} -jtf(t)e^{-j\omega t}\,dt \\
&= \int_{-\infty}^{+\infty} f(t)\left(\frac{d}{d\omega}e^{-j\omega t}\right)dt \\
&= \frac{d}{d\omega}\int_{-\infty}^{+\infty} f(t)e^{-j\omega t}\,dt \\
&= \frac{d}{d\omega}F(\omega).
\end{aligned}
$$

一般地,有

$$\frac{d^n}{d\omega^n}F(\omega) = (-j)^n F[t^n f(t)]. \tag{7.3.11}$$

式(7.3.11)也通常写成

$$F[t^n f(t)] = j^n \frac{d^n}{d\omega^n}F(\omega). \tag{7.3.12}$$

在实际中,常常利用像函数的导数公式来计算 $F[t^n f(t)]$.

例 7.15　设 $F(\omega) = F[f(t)]$,求下列函数 $g(t)$ 的傅里叶变换 $G(\omega)$.

(1) $g(t) = f(2t-5)$;

(2) $g(t) = tf'(t)$;

(3) $g(t) = (1-t)f(1-t)$.

解　(1)　　　　$G(\omega) = F[g(t)] = F[f(2t-5)]$

$$= F\left[f\left(2\left(t-\frac{5}{2}\right)\right)\right] = \mathrm{e}^{-\mathrm{j}\omega\frac{5}{2}}F[f(2t)]$$

$$= \frac{1}{2}\mathrm{e}^{-\mathrm{j}\omega\frac{5}{2}}F\left(\frac{\omega}{2}\right).$$

也可由定义直接得出

$$G(\omega) = F[g(t)] = F[f(2t-5)]$$

$$= \int_{-\infty}^{+\infty} f(2t-5)\mathrm{e}^{-\mathrm{j}\omega t}\,\mathrm{d}t \xrightarrow{u=2t-5} \int_{-\infty}^{+\infty} f(u)\mathrm{e}^{-\mathrm{j}\omega\frac{u+5}{2}}\frac{\mathrm{d}u}{2}$$

$$= \frac{\mathrm{e}^{-\mathrm{j}\omega\frac{5}{2}}}{2}\int_{-\infty}^{+\infty} f(u)\mathrm{e}^{-\mathrm{j}\frac{\omega}{2}u}\,\mathrm{d}u$$

$$= \frac{1}{2}\mathrm{e}^{-\mathrm{j}\omega\frac{5}{2}}F\left(\frac{\omega}{2}\right).$$

（2）由像函数微分性质知

$$F[tf(t)] = \mathrm{j}F'[f(t)],$$

所以

$$F[g(t)] = F[tf'(t)] = \mathrm{j}F[-\mathrm{j}tf'(t)]$$

$$= \mathrm{j}\frac{\mathrm{d}}{\mathrm{d}\omega}[\mathrm{j}\omega F(\omega)]$$

$$= -F(\omega) - \omega F'(\omega).$$

（3）与（1）类似，可得

$$F[f(1-t)] = F[f(-(t-1))] = \mathrm{e}^{-\mathrm{j}\omega}F(-\omega),$$

则

$$G(\omega) = F[g(t)] = F[(1-t)f(1-t)]$$

$$= F[f(1-t)] - F[tf(1-t)]$$

$$= \mathrm{e}^{-\mathrm{j}\omega}F(-\omega) - \mathrm{j}[\mathrm{e}^{-\mathrm{j}\omega}F(-\omega)]'$$

$$= \mathrm{j}\mathrm{e}^{-\mathrm{j}\omega}F'(-\omega).$$

性质 7.3.5　（积分性质）若当 $t \to +\infty$ 时，$g(t) = \int_{-\infty}^{t} f(t)\mathrm{d}t \to 0$，则

$$F\left[\int_{-\infty}^{t} f(t)\mathrm{d}t\right] = \frac{1}{\mathrm{j}\omega}F[f(t)] = \frac{F(\omega)}{\mathrm{j}\omega}. \tag{7.3.13}$$

证　因为

$$\frac{\mathrm{d}}{\mathrm{d}t}\int_{-\infty}^{t} f(t)\mathrm{d}t = f(t),$$

两边同取傅里叶变换，可得

$$F\left[\frac{\mathrm{d}}{\mathrm{d}t}\int_{-\infty}^{t} f(t)\mathrm{d}t\right] = F[f(t)] = F(\omega).$$

根据微分性质有

$$F\left[\frac{\mathrm{d}}{\mathrm{d}t}\int_{-\infty}^{t} f(t)\mathrm{d}t\right] = \mathrm{j}\omega F\left[\int_{-\infty}^{t} f(t)\mathrm{d}t\right],$$

所以

$$F\left[\int_{-\infty}^{t} f(t)\,\mathrm{d}t\right] = \frac{F(\omega)}{\mathrm{j}\omega}.$$

运用傅里叶变换的线性性质、位移性质、微分性质和积分性质,可以把常系数微分方程转化为代数方程,通过解此代数方程后再作傅里叶逆变换,就可以得到原微分方程的解.另外,傅里叶变换还是求解数学物理方程的方法之一,其计算过程与刚才解微分方程步骤类似.

性质 7.3.6（对称性质）若 $F[f(t)] = F(\omega)$,则

$$f(\pm\omega) = \frac{1}{2\pi}\int_{-\infty}^{+\infty} F(\mp t)\mathrm{e}^{-\mathrm{j}\omega t}\,\mathrm{d}t, \tag{7.3.14}$$

即

$$F[F(\mp t)] = 2\pi f(\pm\omega). \tag{7.3.15}$$

证
$$F[F(-t)] = \int_{-\infty}^{+\infty} F(-t)\mathrm{e}^{-\mathrm{j}\omega t}\,\mathrm{d}t$$
$$\overset{u=-t}{=} \int_{+\infty}^{-\infty} F(u)\mathrm{e}^{\mathrm{j}u\omega}(-1)\,\mathrm{d}u$$
$$= 2\pi \cdot \frac{1}{2\pi}\int_{-\infty}^{+\infty} F(u)\mathrm{e}^{\mathrm{j}u\omega}\,\mathrm{d}u$$
$$= 2\pi f(\omega).$$

同理可证

$$F[F(t)] = 2\pi f(-\omega).$$

例 7.16　设函数 $f(t) = \begin{cases}1, & |t|<1,\\ 0, & |t|>1,\end{cases}$ 利用对称性质,证明

$$F\left[\frac{\sin t}{t}\right] = \begin{cases}\pi, & |\omega|<1,\\ 0, & |\omega|>1.\end{cases}$$

证
$$F(\omega) = F[f(t)] = \int_{-\infty}^{+\infty} f(t)\mathrm{e}^{-\mathrm{j}\omega t}\,\mathrm{d}t = \int_{-1}^{1} 1\cdot\mathrm{e}^{-\mathrm{j}\omega t}\,\mathrm{d}t$$
$$= 2\int_{0}^{1}\cos\omega t\,\mathrm{d}t = \frac{2\sin\omega}{\omega},$$

所以函数 $F(-t)$ 的表达式为

$$F(-t) = \frac{2\sin(-t)}{-t} = \frac{2\sin t}{t}.$$

利用对称性质,对 $F(-t)$ 进行傅里叶变换得

$$F[F(-t)] = F\left[\frac{2\sin t}{t}\right] = 2\pi f(\omega) = \begin{cases}2\pi, & |\omega|<1,\\ 0, & |\omega|>1.\end{cases}$$

所以

$$F\left[\frac{\sin t}{t}\right] = \begin{cases}\pi, & |\omega|<1,\\ 0, & |\omega|>1.\end{cases}$$

原命题得证.

性质 7.3.7（乘积定理）若记 $F_1(\omega) = F[f_1(t)]$,$F_2(\omega) = F[f_2(t)]$,则有

$$\int_{-\infty}^{+\infty} f_1(t)f_2(t)\,\mathrm{d}t = \frac{1}{2\pi}\int_{-\infty}^{+\infty}\overline{F_1(\omega)}F_2(\omega)\,\mathrm{d}\omega = \frac{1}{2\pi}\int_{-\infty}^{+\infty} F_1(\omega)\overline{F_2(\omega)}\,\mathrm{d}\omega. \tag{7.3.16}$$

其中 $\overline{F_1(\omega)}$, $\overline{F_2(\omega)}$ 分别表示 $F_1(\omega)$, $F_2(\omega)$ 的复共轭函数.

证　因为

$$\int_{-\infty}^{+\infty} f_1(t) f_2(t) \mathrm{d}t = \int_{-\infty}^{+\infty} f_1(t) \left[\frac{1}{2\pi} \int_{-\infty}^{+\infty} F_2(\omega) \mathrm{e}^{\mathrm{j}\omega t} \mathrm{d}\omega \right] \mathrm{d}t$$

$$= \frac{1}{2\pi} \int_{-\infty}^{+\infty} \left[\int_{-\infty}^{+\infty} f_1(t) \mathrm{e}^{\mathrm{j}\omega t} \mathrm{d}t \right] F_2(\omega) \mathrm{d}\omega,$$

且 $f_1(t)$ 为 t 的实函数,所以

$$f_1(t) \mathrm{e}^{\mathrm{j}\omega t} = \overline{f_1(t) \mathrm{e}^{-\mathrm{j}\omega t}},$$

从而

$$\int_{-\infty}^{+\infty} f_1(t) f_2(t) \mathrm{d}t = \frac{1}{2\pi} \int_{-\infty}^{+\infty} \left[\int_{-\infty}^{+\infty} \overline{f_1(t) \mathrm{e}^{-\mathrm{j}\omega t}} \, \mathrm{d}t \right] F_2(\omega) \mathrm{d}\omega$$

$$= \frac{1}{2\pi} \int_{-\infty}^{+\infty} \left[\overline{\int_{-\infty}^{+\infty} f_1(t) \mathrm{e}^{-\mathrm{j}\omega t} \, \mathrm{d}t} \right] F_2(\omega) \mathrm{d}\omega$$

$$= \frac{1}{2\pi} \int_{-\infty}^{+\infty} \overline{F_1(\omega)} F_2(\omega) \mathrm{d}\omega.$$

同理可证

$$\int_{-\infty}^{+\infty} f_1(t) f_2(t) \mathrm{d}t = \frac{1}{2\pi} \int_{-\infty}^{+\infty} F_1(\omega) \overline{F_2(\omega)} \mathrm{d}\omega.$$

由上述乘积定理可以引出一个非常重要的结论,这个结论在理论上和实际应用中都有很大作用.

性质 7.3.8　(能量积分) 若 $F(\omega) = F[f(t)]$,则

$$\int_{-\infty}^{+\infty} [f(t)]^2 \mathrm{d}t = \frac{1}{2\pi} \int_{-\infty}^{+\infty} |F(\omega)|^2 \mathrm{d}\omega. \tag{7.3.17}$$

式(7.3.17)也被称为帕塞瓦尔(Parseval)等式.

证　在式(7.3.17)中,令 $f_1(t) = f_2(t) = f(t)$,则

$$\int_{-\infty}^{+\infty} [f(t)]^2 \mathrm{d}t = \frac{1}{2\pi} \int_{-\infty}^{+\infty} \overline{F(\omega)} F(\omega) \mathrm{d}\omega$$

$$= \frac{1}{2\pi} \int_{-\infty}^{+\infty} |F(\omega)|^2 \mathrm{d}\omega = \frac{1}{2\pi} \int_{-\infty}^{+\infty} S(\omega) \mathrm{d}\omega,$$

其中,

$$S(\omega) = |F(\omega)|^2.$$

$S(\omega)$ 称为能量谱密度函数,其为偶函数. 在实际应用中,积分 $\int_{-\infty}^{+\infty} [f(t)]^2 \mathrm{d}t$ 和积分 $\int_{-\infty}^{+\infty} |F(\omega)|^2 \mathrm{d}\omega$ 都可以表示某种能量.

式(7.3.17)表明,对能量的计算既可在时间域内进行,也可在相应的频率域内进行,两者完全等价,故帕塞瓦尔等式又被称为能量积分.

能量积分除了可以给出构成傅里叶变换对的两个函数之间的一个重要关系外,还可以用来计算较为复杂的积分.

例 7.17　计算 $\int_{-\infty}^{+\infty} \dfrac{\sin^2 x}{x^2} \mathrm{d}x.$

解　根据例 7.16，可知

$$F\left[\frac{\sin t}{t}\right]=\begin{cases}\pi,|\omega|<1,\\0,|\omega|>1,\end{cases}$$

以及若 $f(t)=\begin{cases}\dfrac{1}{2},&|t|<1,\\0,&|t|>1,\end{cases}$ 其傅里叶变换为

$$F[f(t)]=\frac{\sin\omega}{\omega}.$$

利用能量积分，可得

$$\int_{-\infty}^{+\infty}\frac{\sin^2 x}{x^2}\mathrm{d}x=\int_{-\infty}^{+\infty}\frac{\sin^2 t}{t^2}\mathrm{d}t=\frac{1}{2\pi}\int_{-\infty}^{+\infty}|F(\omega)|^2\mathrm{d}\omega$$
$$=\frac{1}{2\pi}\int_{-1}^{1}\pi^2\mathrm{d}\omega=\pi,$$

或者

$$\int_{-\infty}^{+\infty}\frac{\sin^2 x}{x^2}\mathrm{d}x=\int_{-\infty}^{+\infty}\frac{\sin^2\omega}{\omega^2}\mathrm{d}\omega=2\pi\int_{-\infty}^{+\infty}f^2(t)\mathrm{d}t$$
$$=2\pi\int_{-1}^{1}\left(\frac{1}{2}\right)^2\mathrm{d}t=\pi.$$

例 7.18　计算 $\displaystyle\int_{-\infty}^{+\infty}\frac{\mathrm{d}x}{(1+x^2)^2}$.

解　查"附录 I　傅里叶变换简表"可得

$$F\left[\frac{\mathrm{e}^{-|t|}}{2}\right]=\frac{1}{1+\omega^2},$$

$$F\left[\frac{1}{1+t^2}\right]=\pi\mathrm{e}^{-|\omega|}.$$

利用能量积分公式，有

$$\int_{-\infty}^{+\infty}\frac{\mathrm{d}x}{(1+x^2)^2}=\int_{-\infty}^{+\infty}\frac{\mathrm{d}\omega}{(1+\omega^2)^2}=2\pi\int_{-\infty}^{+\infty}f^2(t)\mathrm{d}t$$
$$=2\pi\int_{-\infty}^{+\infty}\frac{\mathrm{e}^{-2|t|}}{4}\mathrm{d}t=\frac{\pi}{2},$$

或者

$$\int_{-\infty}^{+\infty}\frac{\mathrm{d}x}{(1+x^2)^2}=\int_{-\infty}^{+\infty}\frac{\mathrm{d}t}{(1+t^2)^2}=\frac{1}{2\pi}\int_{-\infty}^{+\infty}|F(\omega)|^2\mathrm{d}\omega$$
$$=\frac{1}{2\pi}\int_{-\infty}^{+\infty}\pi^2\mathrm{e}^{-2|\omega|}\mathrm{d}\omega=\frac{\pi}{2}.$$

7.4　卷积与卷积定理

卷积是由含参变量的广义积分定义的函数，其与傅里叶变换有着密切联系。傅里叶变换借助于卷积和卷积定理的运算性质可以得到更广泛的应用。在这一节里，我们将引入卷积的概念，讨论卷积的性质及一些实际应用。

7.4.1　卷积的定义及性质

定义 7.4.1　设 $f_1(t), f_2(t)$ 为两个在 $(-\infty, +\infty)$ 内有定义的函数,若反常积分 $\int_{-\infty}^{+\infty} f_1(\tau) f_2(t-\tau)\mathrm{d}\tau$ 对任何实数 t 收敛,则它定义了一个自变量为 t 的函数,称此函数为 $f_1(t)$ 与 $f_2(t)$ 的卷积,记为 $f_1(t) * f_2(t)$,即

$$f_1(t) * f_2(t) = \int_{-\infty}^{+\infty} f_1(\tau) f_2(t-\tau)\mathrm{d}\tau. \tag{7.4.1}$$

由卷积定义即可知卷积具有如下性质:

(1)　　　　　　　$|f_1(t) * f_2(t)| \leqslant |f_1(t)| * |f_2(t)|$;

(2)　　　　　　　$f_1(t) * f_2(t) = f_2(t) * f_1(t)$; $\tag{7.4.2}$

(3)　　$f_1(t) * [f_2(t) + f_3(t)] = f_1(t) * f_2(t) + f_1(t) * f_3(t)$; $\tag{7.4.3}$

(4)　　　　　　　$\delta(t) * f(t) = f(t)$; $\tag{7.4.5}$

(5)　　　　　　　$\delta(t - t_0) * f(t) = f(t - t_0)$; $\tag{7.4.6}$

(6)　　　　　　　$\delta'(t) * f(t) = f'(t)$; $\tag{7.4.7}$

(7)　　　　　　　$f(t) * u(t) = \int_{-\infty}^{t} f(\tau)\mathrm{d}\tau$. $\tag{7.4.8}$

证　根据卷积定义,有

(1)　$|f_1(t) * f_2(t)| = \left| \int_{-\infty}^{+\infty} f_1(\tau) f_2(t-\tau)\mathrm{d}\tau \right| \leqslant \int_{-\infty}^{+\infty} |f_1(\tau) f_2(t-\tau)|\mathrm{d}\tau$

$$= \int_{-\infty}^{+\infty} |f_1(\tau)| |f_2(t-\tau)|\mathrm{d}\tau = |f_1(t)| * |f_2(t)|.$$

(2)　$f_2(t) * f_1(t) = \int_{-\infty}^{+\infty} f_2(\tau) f_1(t-\tau)\mathrm{d}\tau$

$$\overset{u=t-\tau}{=} \int_{+\infty}^{-\infty} f_1(u) f_2(t-u)(-1)\mathrm{d}u$$

$$= \int_{-\infty}^{+\infty} f_1(u) f_2(t-u)\mathrm{d}u$$

$$= f_1(t) * f_2(t).$$

(3)　$f_1(t) * [f_2(t) + f_3(t)] = \int_{-\infty}^{+\infty} f_1(\tau) [f_2(t-\tau) + f_3(t-\tau)]\mathrm{d}\tau$

$$= \int_{-\infty}^{+\infty} f_1(\tau) f_2(t-\tau)\mathrm{d}\tau + \int_{-\infty}^{+\infty} f_1(\tau) f_3(t-\tau)\mathrm{d}\tau$$

$$= f_1(t) * f_2(t) + f_1(t) * f_3(t).$$

结合上面的性质(2)(3),易可证

$$[f_1(t) + f_2(t)] * [f_3(t) + f_4(t)]$$
$$= f_1(t) * f_3(t) + f_1(t) * f_4(t) + f_2(t) * f_3(t) + f_2(t) * f_4(t). \tag{7.4.4}$$

(4)　$\delta(t) * f(t) = \int_{-\infty}^{+\infty} \delta(\tau) f(t-\tau)\mathrm{d}\tau = f(t-\tau)\big|_{\tau=0} = f(t).$

(5)　$\delta(t - t_0) * f(t) = \int_{-\infty}^{+\infty} \delta(\tau - t_0) f(t-\tau)\mathrm{d}\tau = f(t-\tau)\big|_{\tau=t_0} = f(t - t_0).$

(6)
$$\delta'(t) * f(t) = \int_{-\infty}^{+\infty} \delta'(\tau) f(t-\tau) \mathrm{d}\tau$$

$$= \delta(\tau) f(t-\tau) \Big|_{-\infty}^{+\infty} - \int_{-\infty}^{+\infty} \delta(\tau) f'(t-\tau)(-1) \mathrm{d}\tau$$

$$= f'(t-\tau) \Big|_{\tau=0} = f'(t).$$

(7)
$$f(t) * u(t) = \int_{-\infty}^{+\infty} f(\tau) u(t-\tau) \mathrm{d}\tau.$$

注意到,当 $\tau > t$ 时,$u(t-\tau) = 0$;当 $\tau < t$ 时,$u(t-\tau) = 1$,所以有

$$f(t) * u(t) = \int_{-\infty}^{t} f(\tau) \mathrm{d}\tau.$$

例 7.19　设 $f_1(t) = \begin{cases} 0, t < 0, \\ 1, t \geqslant 0, \end{cases} f_2(t) = \begin{cases} 0, & t < 0, \\ \mathrm{e}^{-t}, & t \geqslant 0, \end{cases}$ 求 $f_1(t) * f_2(t)$.

解　由卷积定义 $f_1(t) * f_2(t) = \int_{-\infty}^{+\infty} f_1(\tau) f_2(t-\tau) \mathrm{d}\tau$ 可知,首先需要确定被积函数 $f_1(\tau) f_2(t-\tau) \neq 0$ 的区间,即要求

$$\begin{cases} \tau \geqslant 0, \\ t-\tau \geqslant 0 \end{cases}$$

成立. 可见,当 $t < 0$ 时,$f_1(\tau) f_2(t-\tau) = 0$,此时 $f_1(t) * f_2(t) = 0$;当 $t > 0$ 时,$f_1(\tau) f_2(t-\tau) \neq 0$ 的区间为 $0 \leqslant \tau \leqslant t$,此时

$$f_1(t) * f_2(t) = \int_0^t 1 \cdot \mathrm{e}^{-(t-\tau)} \mathrm{d}\tau = \mathrm{e}^{-t}(\mathrm{e}^t - 1) = 1 - \mathrm{e}^{-t}.$$

所以

$$f_1(t) * f_2(t) = \begin{cases} 0, t < 0, \\ 1 - \mathrm{e}^{-t}, t \geqslant 0. \end{cases}$$

卷积在傅里叶分析的应用中有着非常重要的地位,这是由下面的卷积定理所决定的.

7.4.2　卷积定理

定理 7.4.1　(卷积定理) 设 $f_1(t), f_2(t)$ 都满足傅里叶积分存在定理条件,且 $F_1(\omega) = F[f_1(t)], F_2(\omega) = F[f_2(t)]$,则

$$F[f_1(t) * f_2(t)] = F_1(\omega) \cdot F_2(\omega), \tag{7.4.9}$$

$$F[f_1(t) \cdot f_2(t)] = \frac{1}{2\pi} F_1(\omega) * F_2(\omega), \tag{7.4.10}$$

或

$$F^{-1}[F_1(\omega) \cdot F_2(\omega)] = f_1(t) * f_2(t), \tag{7.4.11}$$

$$F^{-1}\left[\frac{1}{2\pi} F_1(\omega) * F_2(\omega)\right] = f_1(t) \cdot f_2(t). \tag{7.4.12}$$

证
$$F[f_1(t) * f_2(t)] = \int_{-\infty}^{+\infty} [f_1(t) * f_2(t)] \mathrm{e}^{-\mathrm{j}\omega t} \mathrm{d}t$$

$$= \int_{-\infty}^{+\infty} \left[\int_{-\infty}^{+\infty} f_1(\tau) f_2(t-\tau) \mathrm{d}\tau\right] \mathrm{e}^{-\mathrm{j}\omega t} \mathrm{d}t$$

$$= \int_{-\infty}^{+\infty} f_1(\tau) e^{-j\omega\tau} \left[\int_{-\infty}^{+\infty} f_2(t-\tau) e^{-j\omega(t-\tau)} dt \right] d\tau$$

$$= F_2(\omega) \int_{-\infty}^{+\infty} f_1(\tau) e^{-j\omega\tau} d\tau = F_1(\omega) \cdot F_2(\omega).$$

这个性质表明,两个函数卷积的傅里叶变换等于它们傅里叶变换像函数的乘积.

而对式(7.4.10),我们利用傅里叶变换的一一对应性来证明,即

$$F^{-1}\left[\frac{1}{2\pi} F_1(\omega) * F_2(\omega) \right] = \frac{1}{2\pi} \int_{-\infty}^{+\infty} \left[\frac{1}{2\pi} F_1(\omega) * F_2(\omega) \right] e^{j\omega t} d\omega$$

$$= \frac{1}{2\pi} \int_{-\infty}^{+\infty} \left[\frac{1}{2\pi} \int_{-\infty}^{+\infty} F_1(\tau) F_2(\omega - \tau) d\tau \right] e^{j\omega t} d\omega$$

$$= \frac{1}{2\pi} \int_{-\infty}^{+\infty} F_1(\tau) e^{j\tau t} \left[\frac{1}{2\pi} \int_{-\infty}^{+\infty} F_2(\omega - \tau) e^{j(\omega - \tau)t} d\omega \right] d\tau$$

$$= f_2(t) \cdot \frac{1}{2\pi} \int_{-\infty}^{+\infty} F_1(\tau) e^{j\tau t} d\tau = f_1(t) \cdot f_2(t),$$

也即

$$F[f_1(t) \cdot f_2(t)] = \frac{1}{2\pi} F_1(\omega) * F_2(\omega).$$

这个性质表明,两个函数乘积的傅里叶变换等于这两个函数傅里叶变换像函数的卷积.

不难推证,若 $f_k(t)(k = 1, 2, \cdots, n)$ 都满足傅里叶积分存在定理条件,且 $F[f_k(t)] = F_k(\omega)$,则有

$$F[f_1(t) * f_2(t) * \cdots * f_n(t)] = F_1(\omega) \cdot F_2(\omega) \cdot \cdots \cdot F_n(\omega), \tag{7.4.13}$$

$$F[f_1(t) \cdot f_2(t) \cdot \cdots \cdot f_n(t)] = \frac{1}{(2\pi)^{n-1}} F_1(\omega) * F_2(\omega) * \cdots * F_n(\omega). \tag{7.4.14}$$

很多情况下,两个函数的卷积计算比较复杂,但卷积定理给出了计算卷积的简便方法,即化卷积运算为乘积运算,这就使得卷积在线性系统分析中成为特别有效的方法.

7.4.3　相关函数

相关函数的概念和卷积的概念一样,也是频谱分析中的一个重要概念.我们在引入相关函数的定义后,来建立相关函数与能量谱密度之间的关系.

定义 7.4.2　对于两个不同的函数 $f_1(t), f_2(t)$,定义 $f_1(t)$ 与 $f_2(t)$ 的互相关函数为

$$R_{12}(\tau) = \int_{-\infty}^{+\infty} f_1(t) f_2(t + \tau) dt, \tag{7.4.15}$$

定义 $f_2(t)$ 与 $f_1(t)$ 的互相关函数为

$$R_{21}(\tau) = \int_{-\infty}^{+\infty} f_2(t) f_1(t + \tau) dt, \tag{7.4.16}$$

当 $f_1(t) = f_2(t) = f(t)$ 时,定义 $f(t)$ 的自相关函数为

$$R(\tau) = \int_{-\infty}^{+\infty} f(t) f(t + \tau) dt. \tag{7.4.17}$$

互相关函数与自相关函数有如下性质:

(1) $R_{21}(\tau) = R_{12}(-\tau)$;

(2) $R(\tau)$ 为偶函数,即 $R(\tau) = R(-\tau)$.

证　(1) 根据互相关函数的定义,有

$$R_{21}(\tau) = \int_{-\infty}^{+\infty} f_2(t) f_1(t+\tau) \mathrm{d}t \overset{u=t+\tau}{=\!=\!=} \int_{-\infty}^{+\infty} f_1(u) f_2(u-\tau) \mathrm{d}u = R_{12}(-\tau).$$

(2) 根据自相关函数的定义,有

$$R(\tau) = \int_{-\infty}^{+\infty} f(t) f(t+\tau) \mathrm{d}t \overset{u=t+\tau}{=\!=\!=} \int_{-\infty}^{+\infty} f(u) f(u-\tau) \mathrm{d}u = R(-\tau).$$

我们已经证明

$$\int_{-\infty}^{+\infty} f_1(t) f_2(t) \mathrm{d}t = \frac{1}{2\pi} \int_{-\infty}^{+\infty} \overline{F_1(\omega)} F_2(\omega) \mathrm{d}\omega,$$

令 $f_1(t) = f(t)$, $f_2(t) = f(t+\tau)$ 且 $F(\omega) = F[f(t)]$, 则

$$R(\tau) = \int_{-\infty}^{+\infty} f(t) f(t+\tau) \mathrm{d}t = \frac{1}{2\pi} \int_{-\infty}^{+\infty} \overline{F(\omega)} F(\omega) \mathrm{e}^{\mathrm{j}\omega\tau} \mathrm{d}\omega$$

$$= \frac{1}{2\pi} \int_{-\infty}^{+\infty} |F(\omega)|^2 \mathrm{e}^{\mathrm{j}\omega\tau} \mathrm{d}\omega = \frac{1}{2\pi} \int_{-\infty}^{+\infty} S(\omega) \mathrm{e}^{\mathrm{j}\omega\tau} \mathrm{d}\omega.$$

由能量谱密度的定义可以推得

$$S(\omega) = \int_{-\infty}^{+\infty} R(\tau) \mathrm{e}^{-\mathrm{j}\omega\tau} \mathrm{d}\tau.$$

由此可见,自相关函数 $R(\tau)$ 和能量谱密度 $S(\omega)$ 构成了一对傅里叶变换对:

$$\left.\begin{aligned} S(\omega) &= \int_{-\infty}^{+\infty} R(\tau) \mathrm{e}^{-\mathrm{j}\omega\tau} \mathrm{d}\tau, \\ R(\tau) &= \frac{1}{2\pi} \int_{-\infty}^{+\infty} S(\omega) \mathrm{e}^{\mathrm{j}\omega\tau} \mathrm{d}\omega. \end{aligned}\right\} \tag{7.4.18}$$

利用相关函数 $R(\tau)$ 及 $S(\omega)$ 的偶函数性质,可将式(7.4.18)写成三角函数的形式:

$$\left.\begin{aligned} S(\omega) &= \int_{-\infty}^{+\infty} R(\tau) \cos\omega\tau \mathrm{d}\tau, \\ R(\tau) &= \frac{1}{2\pi} \int_{-\infty}^{+\infty} S(\omega) \cos\omega\tau \mathrm{d}\omega. \end{aligned}\right\} \tag{7.4.19}$$

当 $\tau = 0$ 时,

$$R(0) = \int_{-\infty}^{+\infty} [f(t)]^2 \mathrm{d}t = \frac{1}{2\pi} \int_{-\infty}^{+\infty} S(\omega) \mathrm{d}\omega.$$

这就是帕塞瓦尔等式.

假设 $F_1(\omega) = F[f_1(t)]$, $F_2(\omega) = F[f_2(t)]$, 则称

$$S_{12}(\omega) = \overline{F_1(\omega)} F_2(\omega)$$

为互能量谱密度.

而

$$R_{12}(\tau) = \int_{-\infty}^{+\infty} f_1(t) f_2(t+\tau) \mathrm{d}t$$

$$= \frac{1}{2\pi} \int_{-\infty}^{+\infty} \overline{F_1(\omega)} F(\omega) \mathrm{e}^{\mathrm{j}\omega\tau} \mathrm{d}\omega$$

$$= \frac{1}{2\pi} \int_{-\infty}^{+\infty} S_{12}(\omega) \mathrm{e}^{\mathrm{j}\omega\tau} \mathrm{d}\omega,$$

$$S_{12}(\omega) = \int_{-\infty}^{+\infty} R_{12}(\tau) \mathrm{e}^{-\mathrm{j}\omega\tau} \mathrm{d}\tau.$$

同样可知,互相关函数 $R_{12}(\tau)$ 与互能量谱密度 $S_{12}(\omega)$ 也构成一对傅里叶变换对:

$$\left. \begin{aligned} S_{12}(\omega) &= \int_{-\infty}^{+\infty} R_{12}(\tau) \mathrm{e}^{-\mathrm{j}\omega\tau} \mathrm{d}\tau, \\ R_{12}(\tau) &= \frac{1}{2\pi} \int_{-\infty}^{+\infty} S_{12}(\omega) \mathrm{e}^{\mathrm{j}\omega\tau} \mathrm{d}\omega. \end{aligned} \right\} \tag{7.4.20}$$

另外,根据互能量谱密度定义,易知

$$S_{21}(\omega) = \overline{S_{12}(\omega)},$$

其中

$$S_{21}(\omega) = F_1(\omega) \overline{F_2(\omega)}.$$

例 7.20　求指数衰减函数 $f(t) = \begin{cases} 0, t < 0, \\ \mathrm{e}^{-\beta t}, t \geqslant 0 \end{cases} (\beta > 0)$ 的相关函数和能量谱密度.

解　根据自相关函数的定义,有

$$R(\tau) = \int_{-\infty}^{+\infty} f(t) f(t+\tau) \mathrm{d}t$$

被积函数 $f(t) f(t+\tau) \neq 0$ 的区间可如下讨论:

$$\begin{cases} t \geqslant 0, \\ t + \tau \geqslant 0, \end{cases} \Rightarrow \begin{cases} t \geqslant 0, \\ t \geqslant -\tau, \end{cases}$$

所以,当 $\tau \geqslant 0$ 时,积分范围应为 $t \geqslant 0$,此时

$$R(\tau) = \int_0^{+\infty} \mathrm{e}^{-\beta t} \cdot \mathrm{e}^{-\beta(t+\tau)} \mathrm{d}t = \mathrm{e}^{-\beta\tau} \cdot \frac{\mathrm{e}^{-2\beta t}}{-2\beta} \Big|_0^{+\infty} = \frac{\mathrm{e}^{-\beta\tau}}{2\beta};$$

当 $\tau < 0$ 时,积分范围应为 $t \geqslant -\tau$,此时

$$R(\tau) = \int_{-\tau}^{+\infty} \mathrm{e}^{-\beta t} \cdot \mathrm{e}^{-\beta(t+\tau)} \mathrm{d}t = \mathrm{e}^{-\beta\tau} \cdot \frac{\mathrm{e}^{-2\beta t}}{-2\beta} \Big|_{-\tau}^{+\infty} = \frac{\mathrm{e}^{\beta\tau}}{2\beta}.$$

因此,当 $\tau \in R$ 时,自相关函数可合写为

$$R(\tau) = \frac{\mathrm{e}^{-\beta|\tau|}}{2\beta},$$

并可求能量谱密度为

$$\begin{aligned} S(\omega) &= \int_{-\infty}^{+\infty} R(\tau) \mathrm{e}^{-\mathrm{j}\omega\tau} \mathrm{d}\tau = \int_{-\infty}^{+\infty} \frac{\mathrm{e}^{-\beta|\tau|}}{2\beta} \mathrm{e}^{-\mathrm{j}\omega\tau} \mathrm{d}\tau \\ &= \frac{1}{\beta} \int_0^{+\infty} \mathrm{e}^{-\beta\tau} \cos\omega\tau \, \mathrm{d}\tau \\ &= \frac{1}{\beta^2 + \omega^2}, \end{aligned}$$

或者

$$F(\omega) = F[f(t)] = \frac{1}{\beta + \mathrm{j}\omega}.$$

故

$$S(\omega) = |F(\omega)|^2 = \frac{1}{\beta^2 + \omega^2}.$$

利用自相关函数 $R(\tau)$ 和能量谱密度 $S(\omega)$ 构成一对傅里叶变换对可知

$$R(\tau) = \frac{1}{2\pi}\int_{-\infty}^{+\infty} S(\omega)e^{j\omega\tau}\,d\omega$$

$$= \frac{1}{2\pi}\int_{-\infty}^{+\infty} \frac{1}{\beta^2+\omega^2}e^{j\omega\tau}\,d\omega$$

$$= \frac{1}{\pi}\int_{0}^{+\infty} \frac{1}{\beta^2+\omega^2}\cos\omega\tau\,d\omega$$

$$= \frac{1}{\pi}\frac{\pi}{2\beta}e^{-\beta|\tau|}$$

$$= \frac{e^{-\beta|\tau|}}{2\beta}.$$

7.4.4　傅里叶变换综合举例

例 7.21　若 $f(t) = u(t)\cos\omega_0 t$,求其傅里叶变换像函数 $F(\omega)$.

解　（解法一）利用傅里叶变换的位移性质,有

$$F(\omega) = F[f(t)] = F[u(t)\cos\omega_0 t]$$

$$= F\left[u(t)\frac{e^{j\omega_0 t}+e^{-j\omega_0 t}}{2}\right]$$

$$= \frac{1}{2}\{F[u(t)e^{j\omega_0 t}]+F[u(t)e^{-j\omega_0 t}]\}$$

$$= \frac{1}{2}\left\{\left.\left[\frac{1}{j\omega}+\pi\delta(\omega)\right]\right|_{\omega-\omega_0}+\left.\left[\frac{1}{j\omega}+\pi\delta(\omega)\right]\right|_{\omega+\omega_0}\right\}$$

$$= \frac{j\omega}{\omega_0^2-\omega^2}+\frac{\pi}{2}[\delta(\omega-\omega_0)+\delta(\omega+\omega_0)].$$

（解法二）由前面知识可得

$$F[u(t)] = \frac{1}{j\omega}+\pi\delta(\omega)$$

$$F[\cos\omega_0 t] = \pi[\delta(\omega+\omega_0)+\delta(\omega-\omega_0)]$$

然后利用卷积定理以及单位脉冲函数卷积性质,可得

$$F(\omega) = F[f(t)] = F[u(t)\cdot\cos\omega_0 t]$$

$$= \frac{1}{2\pi}F[u(t)]*F[\cos\omega_0 t]$$

$$= \frac{1}{2\pi}\left[\frac{1}{j\omega}+\pi\delta(\omega)\right]*\{\pi[\delta(\omega+\omega_0)+\delta(\omega-\omega_0)]\}$$

$$= \frac{1}{2}\left[\frac{1}{j\omega}*\delta(\omega+\omega_0)+\pi\delta(\omega)*\delta(\omega+\omega_0)+\frac{1}{j\omega}*\delta(\omega-\omega_0)+\pi\delta(\omega)*\delta(\omega-\omega_0)\right]$$

$$= \frac{1}{2}\left[\frac{1}{j(\omega+\omega_0)}+\pi\delta(\omega+\omega_0)+\frac{1}{j(\omega-\omega_0)}+\pi\delta(\omega-\omega_0)\right]$$

$$= \frac{j\omega}{\omega_0^2-\omega^2}+\frac{\pi}{2}[\delta(\omega-\omega_0)+\delta(\omega+\omega_0)].$$

例 7.22　求下列函数的傅里叶变换像函数.

(1) $f(t) = e^{-\beta t}\sin\omega_0 t\cdot u(t)\ (\beta > 0)$;

(2) $f(t) = e^{j\omega_0 t} \cdot u(t - t_0)$;

(3) $f(t) = e^{j\omega_0 t} tu(t)$.

解 (1) 设 $f_1(t) = e^{-\beta t} \cdot u(t) = \begin{cases} 0, t < 0, \\ e^{-\beta t}, t > 0, \end{cases}$ 则 $f_1(t)$ 就是我们学习过的指数衰减函数,

而 $f(t)$ 就是例 7.14 所研究的指数衰减振荡函数,利用位移性质可以得到(具体解法见例 7.14)

$$F[f(t)] = \frac{\omega_0}{\omega_0^2 + (\beta + j\omega)^2},$$

或者由已知结论有

$$F[f_1(t)] = \frac{1}{\beta + j\omega},$$

$$F[\sin\omega_0 t] = j\pi[\delta(\omega + \omega_0) - \delta(\omega - \omega_0)].$$

利用卷积定理,可得

$$F[f(t)] = F[f_1(t) \cdot \sin\omega_0 t] = \frac{1}{2\pi} F[f_1(t)] * F[\sin\omega_0 t]$$

$$= \frac{1}{2\pi}\left(\frac{1}{\beta + j\omega}\right) * \{j\pi[\delta(\omega + \omega_0) - \delta(\omega - \omega_0)]\}$$

$$= \frac{j}{2}\left[\frac{1}{\beta + j\omega} * \delta(\omega + \omega_0) - \frac{1}{\beta + j\omega} * \delta(\omega - \omega_0)\right]$$

$$= \frac{j}{2}\left[\frac{1}{\beta + j\omega}\Big|_{\omega + \omega_0} - \frac{1}{\beta + j\omega}\Big|_{\omega - \omega_0}\right]$$

$$= \frac{j}{2}\left[\frac{1}{\beta + j(\omega + \omega_0)} - \frac{1}{\beta + j(\omega - \omega_0)}\right]$$

$$= \frac{\omega_0}{\omega_0^2 + (\beta + j\omega)^2}.$$

(2) 由已知结论,有

$$F[e^{j\omega_0 t}] = 2\pi\delta(\omega - \omega_0),$$

$$F[u(t - t_0)] = e^{-j\omega t_0}\left[\frac{1}{j\omega} + \pi\delta(\omega)\right].$$

利用卷积定理,可得

$$F[f(t)] = F[e^{j\omega_0 t} \cdot u(t - t_0)] = \frac{1}{2\pi} F[e^{j\omega_0 t}] * F[u(t - t_0)]$$

$$= \frac{1}{2\pi}[2\pi\delta(\omega - \omega_0)] * \left\{e^{-j\omega t_0}\left[\frac{1}{j\omega} + \pi\delta(\omega)\right]\right\}$$

$$= \delta(\omega - \omega_0) * \frac{e^{-j\omega t_0}}{j\omega} + \delta(\omega - \omega_0) * [e^{-j\omega t_0}\pi\delta(\omega)]$$

$$= \frac{e^{-j(\omega - \omega_0)t_0}}{j(\omega - \omega_0)} + e^{-j(\omega - \omega_0)t_0}\pi\delta(\omega - \omega_0).$$

也可以继续利用单位脉冲函数性质得

$$e^{-j(\omega - \omega_0)t_0}\pi\delta(\omega - \omega_0) = \pi\delta(\omega - \omega_0)e^{-j(\omega - \omega_0)t_0}\Big|_{\omega = \omega_0} = \pi\delta(\omega - \omega_0).$$

所以

$$F[f(t)] = \frac{e^{-j(\omega-\omega_0)t_0}}{j(\omega-\omega_0)} + \pi\delta(\omega-\omega_0).$$

（3）由已知结论，有

$$F[e^{j\omega_0 t}] = 2\pi\delta(\omega-\omega_0),$$

$$F[tu(t)] = j\left[\frac{1}{j\omega} + \pi\delta(\omega)\right]' = -\frac{1}{\omega^2} + j\pi\delta'(\omega).$$

利用卷积定理，可得

$$F[f(t)] = F[e^{j\omega_0 t} \cdot tu(t)] = \frac{1}{2\pi}F[e^{j\omega_0 t}] * F[tu(t)]$$

$$= \frac{1}{2\pi}[2\pi\delta(\omega-\omega_0)] * \left[-\frac{1}{\omega^2} + j\pi\delta'(\omega)\right]$$

$$= \delta(\omega-\omega_0) * \left(-\frac{1}{\omega^2}\right) + \delta(\omega-\omega_0) * [j\pi\delta'(\omega)]$$

$$= -\frac{1}{\omega^2}\bigg|_{\omega-\omega_0} + j\pi\delta'(\omega-\omega_0)$$

$$= -\frac{1}{(\omega-\omega_0)^2} + j\pi\delta'(\omega-\omega_0).$$

通过上述例子，我们可以综合应用傅里叶变换定义、性质、卷积定理等来解决许多实际问题．其实，傅里叶变换在求解线性方程中也有很好的应用．

对一个系统进行分析和研究，首先要知道该系统的数学模型，也就是要建立该系统特性的数学表达式．而在电学分析中占有举足轻重地位的线性系统，其数学模型可以用一个线性的微分方程、积分方程、微分积分方程乃至偏微分方程来描述，或者说凡是满足叠加原理的一类系统可称为线性系统．这类系统在振动力学、电工学、无线电技术、自动控制理论和其他学科及工程技术领域的研究中，都占有很重要的地位．

通常的处理思路是：根据傅里叶变换的线性性质、微分性质和积分性质，对所讨论方程两端取傅里叶变换，将其转化为像函数的代数方程并求出像函数，然后再取傅里叶变换，就得出原来方程的解．

例 7.23　求积分方程 $\int_0^{+\infty} g(\omega)\cos\omega t\,d\omega = f(t) = \begin{cases} 1-t, & 0 \leqslant t \leqslant 1, \\ 0, & t > 1 \end{cases}$ 的解 $g(\omega)$．

解　因为 $g(\omega)$ 的定义域为 $\omega > 0$，并观察方程形式，可以知道该积分方程可以用傅里叶余弦变换定义解决，有

$$\frac{2}{\pi}\int_0^{+\infty} g(\omega)\cos\omega t\,d\omega = \frac{2}{\pi}f(t).$$

所以，由上式可以认为 $\frac{2}{\pi}f(t)$ 为 $g(\omega)$ 的傅里叶余弦逆变换，从而

$$g(\omega) = F_c^{-1}\left[\frac{2}{\pi}f(t)\right] = \int_0^{+\infty} \frac{2}{\pi}f(t)\cos\omega t\,dt$$

$$= \frac{2}{\pi}\int_0^1 (1-t)\cos\omega t\,dt$$

$$= \frac{2}{\omega\pi}\left\{[(1-t)\cos\omega t]\bigg|_{t=0}^1 + \int_0^1 \sin\omega t\,dt\right\}$$

$$= \frac{2}{\pi \omega^2}(1 - \cos\omega) \quad (\omega > 0).$$

我们还可以利用卷积定理来求解某些积分方程.

例 7.24　求解积分方程

$$g(t) = \delta(t) + \int_{-\infty}^{+\infty} f(\tau)g(t-\tau)\mathrm{d}\tau.$$

其中, $f(t)$ 为已知函数且其傅里叶变换存在.

解　设 $G(\omega) = F[g(t)]$, $F(\omega) = F[f(t)]$ 以及 $F[\delta(t)] = 1$. 由卷积定义知,该积分方程右端第二项为 $f(t) * g(t)$.

对上述积分方程两端同取傅里叶变换,由卷积定理可得

$$G(\omega) = 1 + F(\omega)G(\omega).$$

故

$$G(\omega) = \frac{1}{1 - F(\omega)}.$$

由傅里叶逆变换,可求得积分方程的解.

$$g(t) = F^{-1}[G(\omega)] = \frac{1}{2\pi}\int_{-\infty}^{+\infty} G(\omega)\mathrm{e}^{\mathrm{j}\omega t}\mathrm{d}\omega$$

$$= \frac{1}{2\pi}\int_{-\infty}^{+\infty} \frac{1}{1 - F(\omega)}\mathrm{e}^{\mathrm{j}\omega t}\mathrm{d}\omega.$$

例 7.25　求解常系数非齐次线性微分方程

$$y''(t) - 2y(t) = -f(t).$$

其中, $f(t)$ 为已知函数且其傅里叶变换存在.

解　设 $Y(\omega) = F[y(t)]$, $F(\omega) = F[f(t)]$. 利用傅里叶变换的线性性质和微分性质,对上述微分方程两端同取傅里叶变换,可得

$$(\mathrm{j}\omega)^2 Y(\omega) - 2Y(\omega) = -F(\omega),$$

所以

$$Y(\omega) = \frac{F(\omega)}{\omega^2 + 2},$$

从而

$$y(t) = F^{-1}[Y(\omega)] = \frac{1}{2\pi}\int_{-\infty}^{+\infty} Y(\omega)\mathrm{e}^{\mathrm{j}\omega t}\mathrm{d}\omega$$

$$= \frac{1}{2\pi}\int_{-\infty}^{+\infty} \frac{F(\omega)}{\omega^2 + 2}\mathrm{e}^{\mathrm{j}\omega t}\mathrm{d}\omega.$$

通过查"附录 Ⅰ　傅里叶变换简表"知, $\frac{\sqrt{2}}{4}\mathrm{e}^{-\sqrt{2}|t|}$ 与 $\frac{1}{\omega^2 + 2}$ 构成一个傅里叶变换对,因此,利用卷积定理,可以给出该方程的解的另外一种形式:

$$y(t) = F^{-1}[Y(\omega)] = F^{-1}\left[\frac{1}{\omega^2 + 2} \cdot F(\omega)\right]$$

$$= F^{-1}\left[\frac{1}{\omega^2 + 2}\right] * F^{-1}[F(\omega)]$$

$$= \left(\frac{\sqrt{2}}{4} \mathrm{e}^{-\sqrt{2}\,|\,t\,|} \right) * f(t)$$

$$= \frac{\sqrt{2}}{4} \int_{-\infty}^{+\infty} f(\tau) \mathrm{e}^{-\sqrt{2}\,|\,t-\tau\,|}\,\mathrm{d}\tau.$$

例 7.26　求解微分积分方程

$$x'(t) + 2x(t) - \int_{-\infty}^{t} x(t)\mathrm{d}t = f(t).$$

其中, $f(t)$ 为已知函数且其傅里叶变换存在.

解　设 $X(\omega) = F[x(t)]$, $F(\omega) = F[f(t)]$, 利用傅里叶变换的微分性质和积分性质并对方程两端同取傅里叶变换, 可得

$$\mathrm{j}\omega X(\omega) + 2X(\omega) - \frac{X(\omega)}{\mathrm{j}\omega} = F(\omega),$$

故

$$X(\omega) = \frac{F(\omega)}{2 + \mathrm{j}\left(\omega + \dfrac{1}{\omega} \right)},$$

取傅里叶逆变换得

$$x(t) = F^{-1}[X(\omega)] = \frac{1}{2\pi} \int_{-\infty}^{+\infty} X(\omega) \mathrm{e}^{\mathrm{j}\omega t}\,\mathrm{d}\omega$$

$$= \frac{1}{2\pi} \int_{-\infty}^{+\infty} \frac{F(\omega)}{2 + \mathrm{j}\left(\omega + \dfrac{1}{\omega} \right)} \mathrm{e}^{\mathrm{j}\omega t}\,\mathrm{d}\omega.$$

通过上面的例题可以发现, 例题的解法思路都是类似的, 另外这类线性方程的未知函数都是单变量函数. 例如质点的位移、电路中的电流、电压等物理量都是时间 t 的函数. 但是在自然界和工程技术领域中还有许多物理量不仅与时间有关, 可能还与空间位置 (x, y, z) 有关. 研究这些物理量的变化规律就得到含有未知的多变量函数及其偏导数的关系式, 通常称之为偏微分方程或数学物理方程, 因为这些方程的求解需要用到许多较复杂的数学及专业知识, 我们这里就不详细论述了, 有兴趣的读者可以参看有关书籍.

第 8 章　　拉普拉斯变换

第 7 章介绍的傅里叶变换对函数 $f(t)$ 的要求比较高,本章我们利用时间函数的特性来降低对函数 $f(t)$ 的要求,以期提高积分变换的实际利用率,这就是拉普拉斯变换.拉普拉斯变换理论是在 19 世纪末才发展起来的,首先由英国工程师赫维赛德提出,后来法国数学家拉普拉斯(Laplace)给出了严密的数学定义.拉普拉斯变换在电学、力学等众多工程科学领域中有着重要的应用.本章首先介绍拉普拉斯变换的定义、存在定理及一些重要性质,然后介绍拉普拉斯卷积以及拉普拉斯逆变换的求法,最后介绍拉普拉斯的应用.

8.1　　拉普拉斯变换的概念

8.1.1　　拉普拉斯变换的定义

上一章我们学习了傅里叶变换,知道若对一个函数 $f(t)$ 进行傅里叶变换时,需要函数 $f(t)$ 在$(-\infty,+\infty)$ 上满足下列条件:

(1) 函数 $f(t)$ 在任意有限区间上满足 Dirichlet 条件;

(2) 函数 $f(t)$ 在无限区间$(-\infty,+\infty)$ 上绝对可积,即广义积分$\int_{-\infty}^{+\infty}|f(t)|\mathrm{d}t$ 收敛.

但是在实际应用中,绝对可积的条件要求过严格,许多简单函数(如常数、幂函数、单位阶跃函数、正余弦函数等)都不满足这个条件.另外,傅里叶变换的积分区间是整个无限区间$(-\infty,+\infty)$,但在物理、无线电技术等实际应用中,许多以时间 t 为自变量的函数往往在 $t<0$ 无意义或者是不需要考虑的.

针对上述分析,对于一个任意函数 $f(t)$,我们能否对其进行适当改造使其作傅里叶变换时克服这些缺陷呢?首先,利用单位阶跃函数 $u(t)$ 乘以 $f(t)$,可使积分区间由$(-\infty,+\infty)$ 变到$(0,+\infty)$;利用指数衰减函数 $\mathrm{e}^{-\beta t}(\beta>0)$ 乘以 $f(t)$ 就有可能使其变得绝对可积,保证$f(t)u(t)\mathrm{e}^{-\beta t}(\beta>0)$ 可以进行傅里叶变换.

对函数 $f(t)u(t)\mathrm{e}^{-\beta t}(\beta>0)$ 取傅里叶变换,可得

$$
\begin{aligned}
F[f(t)u(t)\mathrm{e}^{-\beta t}] &= \int_{-\infty}^{+\infty}f(t)u(t)\mathrm{e}^{-\beta t}\mathrm{e}^{-\mathrm{j}\omega t}\mathrm{d}t \\
&= \int_{0}^{+\infty}f(t)\mathrm{e}^{-(\beta+\mathrm{j}\omega)t}\mathrm{d}t \\
&= \int_{0}^{+\infty}f(t)\mathrm{e}^{-st}\mathrm{d}t,
\end{aligned}
\tag{8.1.1}
$$

其中,$s=\beta+\mathrm{j}\omega$.

可以发现,只要 β 选择合适,一般来说,这个函数的傅里叶变换总是存在的.由式(8.1.1)

所确定的函数 $F(s)$，实际上是由 $f(t)$ 通过一种新的变换得到的，这种变换我们称为拉普拉斯（Laplace）变换. 以后为了简便起见，拉普拉斯变换常写作拉氏变换或者 Laplace 变换.

定义 8.1.1　设函数 $f(t)$ 在 $t \geqslant 0$ 时有定义，而且积分

$$\int_0^{+\infty} f(t) e^{-st} dt \quad (s \text{ 为一个复参量})$$

在 s 的某一复数域内收敛，则由此积分所确定的函数可写为

$$F(s) = \int_0^{+\infty} f(t) e^{-st} dt. \tag{8.1.2}$$

我们称式（8.1.2）为函数 $f(t)$ 的拉普拉斯变换式，记为

$$F(s) = L[f(t)] = \int_0^{+\infty} f(t) e^{-st} dt.$$

$F(s)$ 称为 $f(t)$ 的拉普拉斯变换（或称为像函数）.

若 $F(s)$ 是 $f(t)$ 的拉普拉斯变换，则称 $f(t)$ 为 $F(s)$ 的拉普拉斯逆变换（或称为像原函数），记为

$$f(t) = L^{-1}[F(s)].$$

由拉普拉斯变换的定义可知，$f(t)(t \geqslant 0)$ 的拉普拉斯变换，本质上就是 $f(t)u(t)e^{-\beta t}(\beta > 0)$ 的傅里叶变换.

例 8.1　求 $u(t) = \begin{cases} 0, t < 0, \\ 1, t \geqslant 0 \end{cases}$ 和 $f(t) = e^{kt}$（k 为实数）的拉普拉斯变换.

解　根据拉普拉斯变换的定义，可得

$$L[u(t)] = \int_0^{+\infty} e^{-st} dt = -\frac{1}{s} e^{-st} \Big|_0^{+\infty} = \frac{1}{s};$$

$$L[f(t)] = \int_0^{+\infty} e^{kt} e^{-st} dt = \int_0^{+\infty} e^{(k-s)t} dt.$$

积分 $\int_0^{+\infty} e^{(k-s)t} dt$ 在 $\mathrm{Re}(s) > k$ 时收敛，而且有

$$\int_0^{+\infty} e^{(k-s)t} dt = \frac{1}{s-k},$$

所以

$$L[e^{kt}] = \frac{1}{s-k} \quad (\mathrm{Re}(s) > k).$$

8.1.2　拉普拉斯变换的存在定理

由上面的例子可知，拉普拉斯变换存在的条件要比傅里叶变换存在的条件弱很多，但是对一个函数作拉普拉斯变换也是需要条件的，这些条件就如以下定理描述.

定理 8.1.1　（拉普拉斯变换存在定理）若函数 $f(t)$ 满足下列条件：

(1) 当 $t < 0$ 时，$f(t) = 0$；

(2) $f(t)$ 在 $t \geqslant 0$ 的任一有限区间上分段连续；

(3) 当 $t \to +\infty$ 时，$f(t)$ 的增长速度不超过某一指数函数，即存在常数 $M > 0$ 和 $c \geqslant 0$，使得

$$|f(t)| \leqslant Me^{ct} \quad (0 \leqslant t < +\infty)$$

成立（满足此条件的函数，称它的增长是不超过指数级的，c 为它的增长指数），

则 $f(t)$ 的拉普拉斯变换

$$F(s) = \int_0^{+\infty} f(t) \mathrm{e}^{-st} \mathrm{d}t$$

在半平面 $\operatorname{Re}(s) > c$ 上一定存在, 此时右端的积分在积分区域 $\operatorname{Re}(s) \geqslant c_1 > c$ 上绝对收敛且一致收敛, 并且在半平面 $\operatorname{Re}(s) > c$ 内 $F(s)$ 为解析函数.

证 由条件(3) 知, 对于 $t \in [0, +\infty)$ 有

$$|f(t) \mathrm{e}^{-st}| = |f(t)| \mathrm{e}^{-\beta t} \leqslant M \mathrm{e}^{-(\beta - c)t} \quad (\operatorname{Re}(s) = \beta).$$

由于在 $\operatorname{Re}(s) > c$ 平面上, 故 $\beta - c \geqslant \varepsilon > 0$, 即 $\beta \geqslant c + \varepsilon = c_1 > c$, 从而

$$|f(t) \mathrm{e}^{-st}| \leqslant M \mathrm{e}^{-\varepsilon t},$$

故

$$\int_0^{+\infty} |f(t) \mathrm{e}^{-st}| \mathrm{d}t \leqslant \int_0^{+\infty} M \mathrm{e}^{-\varepsilon t} \mathrm{d}t = \frac{M}{\varepsilon},$$

也即 $\int_0^{+\infty} f(t) \mathrm{e}^{-st} \mathrm{d}t$ 绝对收敛. 又由含参量广义积分一致收敛的比较判别法可知 $\int_0^{+\infty} f(t) \mathrm{e}^{-st} \mathrm{d}t$ 关于 s 一致收敛. 不仅如此, 若在式(8.1.2) 右端积分号内对 s 求导, 有

$$\int_0^{+\infty} \frac{\mathrm{d}}{\mathrm{d}s} [f(t) \mathrm{e}^{-st}] \mathrm{d}t = \int_0^{+\infty} -t f(t) \mathrm{e}^{-st} \mathrm{d}t,$$

而

$$|-t f(t) \mathrm{e}^{-st}| \leqslant M t \mathrm{e}^{-(\beta - c)t} \leqslant M t \mathrm{e}^{-\varepsilon t},$$

所以

$$\int_0^{+\infty} \left| \frac{\mathrm{d}}{\mathrm{d}s} [f(t) \mathrm{e}^{-st}] \right| \mathrm{d}t \leqslant \int_0^{+\infty} M t \mathrm{e}^{-\varepsilon t} \mathrm{d}t = \frac{M}{\varepsilon^2},$$

从而 $\int_0^{+\infty} \frac{\mathrm{d}}{\mathrm{d}s} [f(t) \mathrm{e}^{-st}] \mathrm{d}t$ 在半平面 $\operatorname{Re}(s) \geqslant c_1 > c$ 绝对且一致收敛, 根据含参量广义积分一致收敛的微分性质知, 微分和积分的次序可以交换, 即

$$\frac{\mathrm{d}}{\mathrm{d}s} F(s) = \int_0^{+\infty} \frac{\mathrm{d}}{\mathrm{d}s} [f(t) \mathrm{e}^{-st}] \mathrm{d}t$$

$$= \int_0^{+\infty} -t f(t) \mathrm{e}^{-st} \mathrm{d}t = L[-t f(t)].$$

这表明 $F(s)$ 在 $\operatorname{Re}(s) > c$ 内是可微的. 根据复变函数的解析函数理论可知, $F(s)$ 在 $\operatorname{Re}(s) > c$ 内解析.

关于定理 8.1.1, 需要作以下说明:

(1) 拉普拉斯存在定理的条件是充分的, 物理学和工程技术中常见的函数大都能满足这三个条件, 但它不是必要的. 也就是说, 有些函数虽然不满足存在定理的条件, 其拉普拉斯变换仍有可能存在.

(2) 函数 $f(t)$ 的增长指数不是唯一的. 因为若 $|f(t)| \leqslant M \mathrm{e}^{ct}$ 成立, 则对任一 $c_1 > c$ 也一定有 $|f(t)| \leqslant M \mathrm{e}^{c_1 t} (t \geqslant 0)$ 成立.

(3) 值得注意的是, 我们所考查的物理过程, 往往用时间函数来描述, 一般起始时刻认为是 $t = 0$, 在此之前的情况不考虑. 但从数学上来讲, 函数 $f(t)$ 不一定满足条件(1). 根据拉普拉斯变换的定义, 此时若要对函数 $f(t)$ 作拉普拉斯变换, 应认为是对 $f(t) u(t)$ 进行变换. 通常省略 $u(t)$ 直接用 $f(t)$ 来表示 $f(t) u(t)$.

有上述定理保证,许多函数如 $u(t)$,$\cos kt$,$\sin kt$,t^m 等,在古典定义下的傅里叶变换不存在,而在拉普拉斯变换中却存在,因为它们都满足定理中条件(3) 的要求:

$$|u(t)| \leqslant 1 \cdot e^{0t} \quad (此处 M = 1, c = 0);$$
$$|\cos kt| \leqslant 1 \cdot e^{0t} \quad (此处 M = 1, c = 0);$$
$$|\sin kt| \leqslant 1 \cdot e^{0t} \quad (此处 M = 1, c = 0).$$

由于 $\lim\limits_{t \to +\infty} \dfrac{t^m}{e^t} = 0$,所以 t 充分大时,有

$$|t^m| \leqslant 1 \cdot e^t \quad (此处 M = 1, c = 1).$$

或者利用 e^t 在原点的泰勒展开式,有

$$e^t = \sum_{k=0}^{\infty} \frac{t^k}{k!} = 1 + t + \frac{t^2}{2!} + \cdots + \frac{t^m}{m!} + \cdots \geqslant \frac{t^m}{m!},$$

可知

$$|t^m| \leqslant m! \cdot e^t \quad (此处 M = m!, c = 1).$$

由此可见,对于某些问题(如在线性系统分析中),拉普拉斯变换的应用就更为广泛. 下面再求一些常用函数的拉普拉斯变换.

例 8.2　求幂函数 $f(t) = t^m$(常数 $m > -1$) 的拉普拉斯变换.

解
$$L[t^m] = \int_0^{+\infty} t^m e^{-st} dt = \int_0^{+\infty} \frac{1}{s^{m+1}} (st)^m e^{-st} d(st)$$
$$\xlongequal{u=st} \frac{1}{s^{m+1}} \int_0^{+\infty} u^m e^{-u} du.$$

这里介绍一个工程技术中常用的一个特殊函数——伽马(Gamma) 函数,记为 $\Gamma(x)$,它的定义为

$$\Gamma(x) = \int_0^{+\infty} e^{-t} t^{x-1} dt \quad (x > 0).$$

伽马函数有一个重要性质,称为伽马函数的递推公式(可参阅高等数学广义积分 Γ 函数相关知识):

$$\Gamma(x+1) = x\Gamma(x) \quad (x > 0).$$

由递推公式易得 $\Gamma(n+1) = n!(n \in \mathbf{Z}^+)$,其他数的 Γ 函数可查专门的表.
所以

$$\int_0^{+\infty} u^m e^{-u} du = \Gamma(m+1).$$

综上所述

$$L[t^m] = \frac{\Gamma(m+1)}{s^{m+1}} \quad (m > -1, \text{Re}(s) > 0). \tag{8.1.3}$$

特殊地,当 m 为正整数时

$$L[t^m] = \frac{\Gamma(m+1)}{s^{m+1}} = \frac{m!}{s^{m+1}} \quad (\text{Re}(s) > 0). \tag{8.1.4}$$

以后我们常常用到这些幂函数的拉普拉斯变换表达式:

$$L[t] = \frac{1}{s^2} \quad (\text{Re}(s) > 0);$$

$$L[t^2] = \frac{2}{s^3} \quad (\text{Re}(s) > 0);$$

$$L[t^3] = \frac{6}{s^4} \quad (\text{Re}(s) > 0).$$

例 8.3　求 $f(t) = \sin kt$ 的拉普拉斯变换.

解　根据拉普拉斯变换的定义有

$$L[\sin kt] = \int_0^{+\infty} \sin kt\, e^{-st}\, dt$$

$$= \frac{e^{-st}}{s^2+k^2}(-s\sin kt - k\cos kt)\Big|_0^{+\infty}$$

$$= \frac{k}{s^2+k^2} \quad (\text{Re}(s) > 0).$$

同理可得

$$L[\cos kt] = \frac{s}{s^2+k^2} \quad (\text{Re}(s) > 0).$$

8.1.3　周期函数的拉普拉斯变换

一般地,若以 T 为周期的函数 $f(t)(t>0)$ 在一个周期内是分段连续的,我们有

$$L[f(t)] = \frac{1}{1-e^{-sT}}\int_0^T f(t)e^{-st}\,dt \quad (\text{Re}(s) > 0). \tag{8.1.5}$$

证　$L[f(t)] = \int_0^{+\infty} f(t)e^{-st}\,dt$

$$= \int_0^T f(t)e^{-st}\,dt + \int_T^{2T} f(t)e^{-st}\,dt + \cdots + \int_{(k-1)T}^{kT} f(t)e^{-st}\,dt + \cdots$$

$$= \sum_{k=1}^{+\infty}\int_{(k-1)T}^{kT} f(t)e^{-st}\,dt. \tag{8.1.6}$$

对于通项,有

$$\int_{(k-1)T}^{kT} f(t)e^{-st}\,dt \xlongequal{令 t-(k-1)T=u} \int_0^T f(u+(k-1)T)e^{-s[u+(k-1)T]}\,du$$

$$= \int_0^T f(u)e^{-s[u+(k-1)T]}\,du$$

$$= e^{-s(k-1)T}\int_0^T f(u)e^{-su}\,du.$$

所以

$$L[f(t)] = \sum_{k=1}^{+\infty}\int_{(k-1)T}^{kT} f(t)e^{-st}\,dt = \sum_{k=1}^{+\infty} e^{-s(k-1)T}\int_0^T f(u)e^{-ut}\,du.$$

由于 $\text{Re}(s)>0$ 时,$|e^{-Ts}|<1$,$\sum_{k=1}^{+\infty} e^{-s(k-1)T}$ 为一公比 $|e^{-sT}|<1$ 的等比级数,所以

$$\sum_{k=1}^{+\infty} e^{-s(k-1)T} = \frac{1}{1-e^{-sT}}.$$

也即

$$L[f(t)] = \frac{1}{1-e^{-sT}}\int_0^T f(t)e^{-st}\,dt.$$

例 8.4　求全波整流函数 $f(t) = |\sin t|$ 的拉普拉斯变换.

解 $f(t) = |\sin t|$ 的周期 $T = \pi$，由于

$$\int_0^\pi f(t)e^{-st}dt = \int_0^\pi \sin t e^{-st}dt$$

$$= -\frac{1}{s}\left[\sin t \cdot e^{-st}\Big|_0^\pi - \int_0^\pi e^{-st}\cos t dt\right]$$

$$= \frac{1}{s}\int_0^\pi e^{-st}\cos t dt = -\frac{1}{s^2}\left[e^{-st}\cos t\Big|_0^\pi + \int_0^\pi e^{-st}\sin t dt\right]$$

$$= -\frac{1}{s^2}[-e^{-s\pi} - 1] - \frac{1}{s^2}\int_0^\pi e^{-st}\sin t dt,$$

所以

$$\frac{s^2+1}{s^2}\int_0^\pi e^{-st}\sin t dt = \frac{e^{-s\pi}+1}{s^2}.$$

解得

$$\int_0^\pi e^{-st}\sin t dt = \frac{e^{-s\pi}+1}{s^2+1}.$$

利用周期函数的拉普拉斯变换公式式(8.1.5)，可得

$$L[|\sin t|] = \frac{1}{1-e^{-s\pi}} \cdot \frac{e^{-s\pi}+1}{s^2+1} = \frac{1}{s^2+1}\text{cth}\frac{\pi}{2}.$$

这里还要指出，在拉普拉斯变换存在定理条件中，函数 $f(t)$ 在 $t = 0$ 处有界时，积分

$$L[f(t)] = \int_0^{+\infty} f(t)e^{-st}dt$$

中的下限取 0^+ 或 0^- 不影响结果. 但当 $f(t)$ 在 $t = 0$ 处包含了脉冲函数时，则积分的下限必须指明是 0^+ 还是 0^-. 这是因为

$$L_+[f(t)] = \int_{0^+}^{+\infty} f(t)e^{-st}dt, \tag{8.1.7}$$

$$L_-[f(t)] = \int_{0^-}^{+\infty} f(t)e^{-st}dt = \int_{0^-}^{0^+} f(t)e^{-st}dt + L_+[f(t)]. \tag{8.1.8}$$

当 $f(t)$ 在 $t = 0$ 附近有界时，

$$\int_{0^-}^{0^+} f(t)e^{-st}dt = 0.$$

这时，

$$L_-[f(t)] = L_+[f(t)].$$

当 $f(t)$ 在 $t = 0$ 处包含了脉冲函数时，

$$\int_{0^-}^{0^+} f(t)e^{-st}dt \neq 0.$$

此时，

$$L_-[f(t)] \neq L_+[f(t)].$$

为了考察这一情况，我们需要将进行拉普拉斯变换的函数 $f(t)$，当 $t \geqslant 0$ 时有定义扩为 $t > 0$ 时及在 $t = 0$ 的任意一个邻域内有定义. 这样，拉普拉斯变换的定义 $L[f(t)] = \int_0^{+\infty} f(t)e^{-st}dt$ 应改为 $L_-[f(t)] = \int_{0^-}^{+\infty} f(t)e^{-st}dt$. 为了以后书写方便，仍写成原来的形式，但是

如果被讨论函数含有单位脉冲函数时,必须采用 $L_-[f(t)] = \int_{0^-}^{+\infty} f(t)\mathrm{e}^{-st}\mathrm{d}t$ 形式.

例 8.5　求单位脉冲函数 $\delta(t)$ 的拉普拉斯变换.

解　根据刚才的讨论,此时积分应采用 $L_-[f(t)] = \int_{0^-}^{+\infty} f(t)\mathrm{e}^{-st}\mathrm{d}t$ 形式,并利用单位脉冲函数的筛选性可得

$$
\begin{aligned}
L[\delta(t)] &= \int_{0^-}^{+\infty} \delta(t)\mathrm{e}^{-st}\mathrm{d}t \\
&= \int_{-\infty}^{0^-} \delta(t)\mathrm{e}^{-st}\mathrm{d}t + \int_{0^-}^{+\infty} \delta(t)\mathrm{e}^{-st}\mathrm{d}t \\
&= \int_{-\infty}^{+\infty} \delta(t)\mathrm{e}^{-st}\mathrm{d}t \\
&= \mathrm{e}^{-st}\mid_{t=0} = 1.
\end{aligned}
$$

如果脉冲出现在 $t = t_0$ 时刻 $(t_0 > 0)$,有

$$
L[\delta(t-t_0)] = \int_{t_0^-}^{+\infty} \delta(t-t_0)\mathrm{e}^{-st}\mathrm{d}t = \mathrm{e}^{-st_0}.
$$

例 8.6　求 $f(t) = \mathrm{e}^{-\beta t}\delta(t) - \beta\mathrm{e}^{-\beta t}u(t)(\beta > 0)$ 的拉普拉斯变换.

解　根据式(8.1.7),有

$$
\begin{aligned}
L[f(t)] &= \int_0^{+\infty} f(t)\mathrm{e}^{-st}\mathrm{d}t = \int_{0^-}^{+\infty} \delta(t)\mathrm{e}^{-(s+\beta)t}\mathrm{d}t - \beta\int_0^{+\infty} \mathrm{e}^{-(s+\beta)t}\mathrm{d}t \\
&= \mathrm{e}^{-(s+\beta)t}\mid_{t=0} + \frac{\beta}{s+\beta}\mathrm{e}^{-(s+\beta)t}\Big|_0^{+\infty} \\
&= 1 - \frac{\beta}{s+\beta} = \frac{s}{s+\beta}.
\end{aligned}
$$

在实际工作中为了使用方便,有现成的拉普拉斯变换简表可查.通过查表可以很容易知道由像原函数 $f(t)$ 到像函数 $F(s)$ 的拉普拉斯变换,也可以由像函数 $F(s)$ 到像原函数 $f(t)$ 的拉普拉斯逆变换.本书已将工程实际中常遇到的一些函数及其拉普拉斯变换列于附录 Ⅱ,以备读者查用.

下面再举一些通过查表来求拉普拉斯变换的例子.

例 8.7　用查表方法,找出 $f(t) = \cosh kt$ 的像函数 $F(s)$.

解　由附录 Ⅱ 中,可以很方便得到

$$
L[\cosh kt] = \frac{s}{s^2 - k^2}.
$$

读者不妨按照定义验算和比较下.

例 8.8　查出 $F[s] = \dfrac{1}{s(s^2+4)^2}$ 的像原函数 $f(t)$.

解　查附录 Ⅱ 序号为 31 的行,当 $a = 2$ 时,可以很方便得到

$$
\begin{aligned}
L^{-1}\left[\frac{1}{s(s^2+4)^2}\right] &= \frac{1-\cos 2t}{16} - \frac{t\sin 2t}{16} \\
&= \frac{1-\cos 2t - t\sin 2t}{16}.
\end{aligned}
$$

总之,查表求函数的拉普拉斯变换要比按定义去计算方便得多,特别是掌握了拉普拉斯变换的性质后,再使用查表的方法,能更快地找到所求函数的拉普拉斯变换或者拉普拉斯逆变换.

8.2　拉普拉斯变换的性质

上节利用拉普拉斯变换的定义我们求出了一些常用函数的拉普拉斯变换,但是对于实际工作中的一些较复杂函数,利用定义来求拉普拉斯变换就显得不那么方便,有时甚至求不出来,这时候就需要利用这节所学的拉普拉斯变换的性质以及现成的拉普拉斯变换简表求出它们的像函数或者像原函数.

本节介绍拉普拉斯变换的几个基本性质,为了叙述方便,总假定所考虑的函数的拉普拉斯变换是存在的,并且这些函数的增长指数都统一取 c,不再赘述.

性质 8.2.1　(线性性质)设 α,β 为常数,$L[f_1(t)]=F_1(s),L[f_2(t)]=F_2(s)$ 存在,则
$$L[\alpha f_1(t)+\beta f_2(t)]=\alpha F_1(s)+\beta F_2(s),\tag{8.2.1}$$
$$L^{-1}[\alpha F_1(s)+\beta F_2(s)]=\alpha f_1(t)+\beta f_2(t).\tag{8.2.2}$$

拉普拉斯变换的线性性质表明,函数的线性组合的拉普拉斯变换或逆变换等于各函数拉普拉斯变换或逆变换的线性组合.

例 8.9　求函数 $f(t)=\sin 2t+4\mathrm{e}^{-3t}-\cos^2 t$ 的拉普拉斯变换.

解　利用拉普拉斯变换的线性性质,可得
$$\begin{aligned}
L[f(t)]&=L[\sin 2t]+4L[\mathrm{e}^{-3t}]-L[\cos^2 t]\\
&=L[\sin 2t]+4L[\mathrm{e}^{-3t}]-L\left[\frac{1+\cos 2t}{2}\right]\\
&=\frac{2}{s^2+4}+4\frac{1}{s+3}-\frac{1}{2}\left(\frac{1}{s}+\frac{s}{s^2+4}\right)\\
&=\frac{4-s}{2(s^2+4)}+\frac{4}{s+3}-\frac{1}{2s}.
\end{aligned}$$

例 8.10　求函数 $F(s)=\dfrac{1}{(s-a)(s-b)}(a>0,b>0,a\neq b)$ 的拉普拉斯逆变换.

解　因为
$$F(s)=\frac{1}{(s-a)(s-b)}=\frac{1}{a-b}\left(\frac{1}{s-a}-\frac{1}{s-b}\right),$$
由式(8.2.2)有
$$\begin{aligned}
L^{-1}[F(s)]&=\frac{1}{a-b}\left(L^{-1}\left[\frac{1}{s-a}\right]-L^{-1}\left[\frac{1}{s-b}\right]\right)\\
&=\frac{1}{a-b}(\mathrm{e}^{at}-\mathrm{e}^{bt}).
\end{aligned}$$

例 8.11　求 $f(t)=\sin kt$ 的拉普拉斯变换.

解
$$f(t)=\sin kt=\frac{\mathrm{e}^{jkt}-\mathrm{e}^{-jkt}}{2j},$$
$$L[\mathrm{e}^{jkt}]=\frac{1}{s-jk},$$
$$L[\mathrm{e}^{-jkt}]=\frac{1}{s+jk},$$

所以由线性性质可知

$$L[\sin kt] = \frac{1}{2\mathrm{j}}\left(\frac{1}{s-\mathrm{j}k} - \frac{1}{s+\mathrm{j}k}\right) = \frac{k}{s^2+k^2}.$$

同理可求

$$L[\cos kt] = \frac{1}{2}\left(\frac{1}{s-\mathrm{j}k} + \frac{1}{s+\mathrm{j}k}\right) = \frac{s}{s^2+k^2}.$$

性质 8.2.2 （相似性质）设 $F(s) = L[f(t)]$，a 为正实数，则

$$L[f(at)] = \frac{1}{a}F\left(\frac{s}{a}\right). \tag{8.2.3}$$

证
$$
\begin{aligned}
L[f(at)] &= \int_0^{+\infty} f(at)\,\mathrm{e}^{-st}\,\mathrm{d}t \\
&\xlongequal{u=at} \int_0^{+\infty} f(u)\,\mathrm{e}^{-s\frac{u}{a}}\,\frac{1}{a}\,\mathrm{d}u \\
&= \frac{1}{a}\int_0^{+\infty} f(u)\,\mathrm{e}^{-\frac{s}{a}u}\,\mathrm{d}u \\
&= \frac{1}{a}F\left(\frac{s}{a}\right).
\end{aligned}
$$

例 8.12 求出 $f(t) = \cos t$ 的拉普拉斯变换，并以此推导出 $L[\cos kt]\,(k>0)$。

解
$$
\begin{aligned}
L[\cos t] &= \int_0^{+\infty} \cos t \cdot \mathrm{e}^{-st}\,\mathrm{d}t \\
&= -\frac{1}{s}\left[\cos t \cdot \mathrm{e}^{-st}\Big|_0^{+\infty} + \int_0^{+\infty} \sin t \cdot \mathrm{e}^{-st}\,\mathrm{d}t\right] \\
&= -\frac{1}{s}\left[-1 + \left(-\frac{1}{s}\right)\left(\sin t \cdot \mathrm{e}^{-st}\Big|_0^{+\infty} - \int_0^{+\infty} \cos t \cdot \mathrm{e}^{-st}\,\mathrm{d}t\right)\right],
\end{aligned}
$$

解方程可得

$$L[\cos t] = \int_0^{+\infty} \cos t \cdot \mathrm{e}^{-st}\,\mathrm{d}t = \frac{s}{s^2+1}.$$

由相似性质得

$$L[\cos kt] = \frac{1}{k}\,\frac{\dfrac{s}{k}}{\left(\dfrac{s}{k}\right)^2+1} = \frac{s}{s^2+k^2}.$$

性质 8.2.3 （微分性质）设 $L[f(t)] = F(s)$，则

$$L[f'(t)] = sF(s) - f(0). \tag{8.2.4}$$

证
$$
\begin{aligned}
L[f'(t)] &= \int_0^{+\infty} f'(t)\,\mathrm{e}^{-st}\,\mathrm{d}t \\
&= f(t)\mathrm{e}^{-st}\Big|_0^{+\infty} + s\int_0^{+\infty} f(t)\,\mathrm{e}^{-st}\,\mathrm{d}t \\
&= sF(s) - f(0).
\end{aligned}
$$

推论 8.2.1 若 $L[f(t)] = F(s)$，则

$$L[f''(t)] = s^2 F(s) - sf(0) - f'(0). \tag{8.2.5}$$

一般地，有

$$L[f^{(n)}(t)] = s^n F(s) - s^{n-1}f(0) - s^{n-2}f'(0) - \cdots - f^{(n-1)}(0) \quad (\mathrm{Re}(s) > c). \tag{8.2.6}$$

特别当初值 $f(0) = f'(0) = \cdots = f^{(n-1)}(0) = 0$ 时,有

$$L[f^{(n)}(t)] = s^n F(s). \tag{8.2.7}$$

推论 8.2.2　若 $L[f(t)] = F(s)$,则

$$F'(s) = L[-tf(t)] \quad (\mathrm{Re}(s) > c). \tag{8.2.8}$$

一般地,有

$$F^{(n)}(s) = L[(-t)^n f(t)] \quad (\mathrm{Re}(s) > c). \tag{8.2.9}$$

证　由拉普拉斯变换存在定理可得

$$\begin{aligned}
F'(s) &= \frac{\mathrm{d}}{\mathrm{d}s}\int_0^{+\infty} f(t)\mathrm{e}^{-st}\,\mathrm{d}t \\
&= \int_0^{+\infty} \frac{\mathrm{d}}{\mathrm{d}s}[f(t)\mathrm{e}^{-st}]\,\mathrm{d}t \\
&= \int_0^{+\infty} (-t)f(t)\mathrm{e}^{-st}\,\mathrm{d}t \\
&= L[-tf(t)].
\end{aligned}$$

同理可证

$$F^{(n)}(s) = L[(-t)^n f(t)].$$

我们也常常用像函数的导数来求拉普拉斯逆变换,就是式(8.2.8)变形为

$$-tf(t) = L^{-1}[F'(s)],$$

即

$$f(t) = L^{-1}[F(s)] = -\frac{1}{t}L^{-1}[F'(s)]. \tag{8.2.10}$$

我们在实际应用中,也常常把式(8.2.9)变形为

$$L[(t^n f(t)] = (-1)^n F^{(n)}(s). \tag{8.2.11}$$

例 8.13　求 $f(t) = \cos kt$ 的拉普拉斯变换.

解　　　　　　　　$f(0) = 1, f'(0) = 0, f''(t) = -k^2 \cos kt$,

故

$$\begin{aligned}
L[f''(t)] &= L[-k^2 \cos kt] \\
&= s^2 L[\cos kt] - sf(0) - f'(0) \\
&= s^2 L[\cos kt] - s,
\end{aligned}$$

即

$$-k^2 L[\cos kt] = s^2 L[\cos kt] - s.$$

所以

$$L[\cos kt] = \frac{s}{s^2 + k^2} \quad (\mathrm{Re}(s) > 0).$$

例 8.14　求 $f(t) = t^m$ 的拉普拉斯变换,其中 m 为正整数.

解　由于 $f(0) = f'(0) = \cdots = f^{(m-1)}(0) = 0$,而 $L[1] = \dfrac{1}{s}$,$f^{(m)}(t) = m!$,所以应用式

(8.2.7)可得

$$L[m!] = L[f^{(m)}(t)] = s^m L[f(t)] - s^{m-1} f(0) - s^{m-2} f'(0) - \cdots - f^{(m-1)}(0),$$

即

$$L[m!] = s^m L[f(t)].$$

而

$$L[m!] = m! \cdot L[1] = \frac{m!}{s},$$

所以

$$L[t^m] = \frac{m!}{s^{m+1}} \quad (\mathrm{Re}(s) > 0).$$

例 8.15　求 $f(t) = t\cos kt$ 的拉普拉斯变换.

解　由像函数的微分性质即式(8.2.10),及 $L[\cos kt] = \dfrac{s}{s^2 + k^2}$,有

$$L[t\cos kt] = (-1)^1 \frac{\mathrm{d}}{\mathrm{d}s} L[\cos kt]$$

$$= -\frac{(s^2 + k^2) - 2s \cdot s}{(s^2 + k^2)^2}$$

$$= \frac{s^2 - k^2}{(s^2 + k^2)^2} \quad (\mathrm{Re}(s) > 0).$$

同理可得

$$L[t\sin kt] = \frac{2ks}{(s^2 + k^2)^2} \quad (\mathrm{Re}(s) > 0).$$

例 8.16　求 $F(s) = \ln\dfrac{s^2 + 1}{s^2}$ 的拉普拉斯逆变换.

解　$F'(s) = \dfrac{s^2}{s^2 + 1} \cdot \dfrac{2s \cdot s^2 - (s^2 + 1) \cdot 2s}{s^4} = \dfrac{-2}{s(s^2 + 1)} = \dfrac{2s}{s^2 + 1} - \dfrac{2}{s}$,

又

$$L^{-1}[F'(s)] = L^{-1}\left[\frac{2s}{s^2 + 1}\right] - L^{-1}\left[\frac{2}{s}\right] = 2\cos t - 2,$$

再利用式(8.2.10)有

$$f(t) = L^{-1}[F(s)] = \frac{2}{t}(1 - \cos t) \quad (t > 0).$$

性质 8.2.4　(积分性质) 若 $L[f(t)] = F(s)$,则

$$L\left[\int_0^t f(t)\mathrm{d}t\right] = \frac{1}{s}F(s). \tag{8.2.12}$$

证　设 $h(t) = \displaystyle\int_0^t f(t)\mathrm{d}t$,则有

$$h'(t) = f(t) \text{ 且 } h(0) = 0,$$

故

$$L[h'(t)] = L[f(t)].$$

由微分性质有

$$L[h'(t)] = sL[h(t)] - h(0) = sL[h(t)],$$

即

$$L\left[\int_0^t f(t)\mathrm{d}t\right] = \frac{1}{s}F(s).$$

一般地,有

$$L\left[\underbrace{\int_0^t \mathrm{d}t \int_0^t \mathrm{d}t \cdots \int_0^t}_{n次} f(t)\mathrm{d}t\right] = \frac{1}{s^n}F(s). \tag{8.2.13}$$

此外,由拉普拉斯变换存在定理还可以得到像函数的积分性质:

若 $L[f(t)] = F(s)$, $\lim\limits_{t\to 0^+}\dfrac{f(t)}{t}$ 存在,且积分 $\int_s F(s)\mathrm{d}s$ 收敛,则

$$L\left[\frac{f(t)}{t}\right] = \int_s^\infty F(s)\mathrm{d}s, \tag{8.2.14}$$

或

$$f(t) = tL^{-1}\left[\int_s^{+\infty} F(s)\mathrm{d}s\right]. \tag{8.2.15}$$

一般地,有

$$L\left[\frac{f(t)}{t^n}\right] = \underbrace{\int_s^\infty \mathrm{d}s \int_s^\infty \mathrm{d}s \cdots \int_s^\infty}_{n次} F(s)\mathrm{d}s. \tag{8.2.16}$$

证
$$\int_s^\infty F(s)\mathrm{d}s = \int_s^\infty \left[\int_0^{+\infty} f(t)\mathrm{e}^{-st}\mathrm{d}t\right]\mathrm{d}s$$
$$= \int_0^{+\infty} f(t)\left(\int_s^{+\infty} \mathrm{e}^{-st}\mathrm{d}s\right)\mathrm{d}t$$
$$= \int_0^{+\infty} f(t)\left(-\frac{\mathrm{e}^{-st}}{t}\bigg|_s^\infty\right)\mathrm{d}t$$
$$= \int_0^{+\infty} \frac{f(t)}{t}\mathrm{e}^{-st}\mathrm{d}t = L\left[\frac{f(t)}{t}\right].$$

例 8.17　求 $f(t) = \dfrac{\mathrm{e}^t - \mathrm{e}^{-t}}{t}$ 的拉普拉斯变换.

解　根据 $L[\mathrm{e}^{kt}] = \dfrac{1}{s-k}$ 及拉普拉斯变换线性性质可知

$$L[\mathrm{e}^t - \mathrm{e}^{-t}] = \frac{1}{s-1} - \frac{1}{s+1},$$

所以

$$L[f(t)] = \int_s^\infty \left(\frac{1}{s-1} - \frac{1}{s+1}\right)\mathrm{d}s$$
$$= \ln\frac{s-1}{s+1}\bigg|_s^\infty = \ln\frac{s+1}{s-1}.$$

特别地,若 $\int_0^{+\infty}\dfrac{f(t)}{t}\mathrm{d}t$ 存在,在式(8.2.14)中取 $s = 0$,可得

$$\int_0^{+\infty}\frac{f(t)}{t}\mathrm{d}t = \int_0^\infty F(s)\mathrm{d}s. \tag{8.2.17}$$

例如,由于 $L[\sin t] = \dfrac{1}{s^2+1}$,故

$$\int_0^{+\infty}\frac{\sin t}{t}\mathrm{d}t = \int_0^\infty \frac{\mathrm{d}s}{s^2+1} = \arctan s\bigg|_0^\infty = \frac{\pi}{2}.$$

这就是著名的狄利克雷积分.

性质 8.2.5 （位移性质）若 $L[f(t)]=F(s)$，则

$$L[\mathrm{e}^{at}f(t)]=F(s-a)\quad(\mathrm{Re}(s-a)>c),\tag{8.2.18}$$

其中 c 是 $f(t)$ 的增长指数.

证
$$L[\mathrm{e}^{at}f(t)]=\int_0^{+\infty}\mathrm{e}^{at}f(t)\mathrm{e}^{-st}\mathrm{d}t$$
$$=\int_0^{+\infty}f(t)\mathrm{e}^{-(s-a)t}\mathrm{d}t$$
$$=F(s-a)\quad(\mathrm{Re}(s-a)>c)$$

这个性质表明了一个像原函数乘以指数函数 e^{at} 的拉普拉斯变换等于其像函数作位移 a.

例 8.18　求函数 $\mathrm{e}^{-at}\sin kt,\mathrm{e}^{-at}\cos kt,\mathrm{e}^{at}t^m(m\in\mathbf{Z}^+)$ 的拉普拉斯变换.

解　利用位移性质及公式

$$L[\sin kt]=\frac{k}{s^2+k^2},L[\cos kt]=\frac{s}{s^2+k^2},L[t^m]=\frac{m!}{s^{m+1}}$$

得

$$L[\mathrm{e}^{-at}\sin kt]=\frac{k}{(s+a)^2+k^2},$$
$$L[\mathrm{e}^{-at}\cos kt]=\frac{s+a}{(s+a)^2+k^2},$$
$$L[\mathrm{e}^{at}t^m]=\frac{m!}{(s-a)^{m+1}}.$$

性质 8.2.6 （延迟性质）若 $L[f(t)]=F(s)$，又 $t<0$ 时 $f(t)=0$，则对于任一非负实数 τ,有

$$L[f(t-\tau)]=\mathrm{e}^{-s\tau}F(s).\tag{8.2.19}$$

证
$$L[f(t-\tau)]=\int_0^{+\infty}f(t-\tau)\mathrm{e}^{-st}\mathrm{d}t$$
$$=\int_0^{\tau}f(t-\tau)\mathrm{e}^{-st}\mathrm{d}t+\int_{\tau}^{+\infty}f(t-\tau)\mathrm{e}^{-st}\mathrm{d}t$$
$$=0+\int_{\tau}^{+\infty}f(t-\tau)\mathrm{e}^{-st}\mathrm{d}t$$
$$\overset{t-\tau=u}{=}\int_0^{+\infty}f(u)\mathrm{e}^{-s(u+\tau)}\mathrm{d}u$$
$$=\mathrm{e}^{-s\tau}\int_0^{+\infty}f(u)\mathrm{e}^{-su}\mathrm{d}u$$
$$=\mathrm{e}^{-s\tau}F(s)\quad(\mathrm{Re}(s)>0).$$

这个性质在工程技术中称为时移性，它表示时间函数延迟 τ 的拉普拉斯变换等于它的像函数乘以指数因子 $\mathrm{e}^{-s\tau}$.

函数 $f(t-\tau)$ 与函数 $f(t)$ 相比，$f(t)$ 是从 $t=0$ 开始有非零数值，而 $f(t-\tau)$ 是从 $t=\tau$ 开始才有非零数值，即延迟了一个时间 τ，从它们各自图形中可以看到，$f(t-\tau)$ 的图形是由 $f(t)$ 的图形沿 t 轴向右平移 τ 而得到的.

该性质也可叙述为:对任意的正数 τ,有

$$L[f(t-\tau)u(t-\tau)]=\mathrm{e}^{-s\tau}F(s).$$

例 8.19　求函数 $u(t-\tau)=\begin{cases}0,t<\tau\\1,t>\tau\end{cases}$ 的拉普拉斯变换.

解　利用延迟性质以及 $L[u(t)]=\dfrac{1}{s}$,有

$$L[u(t-\tau)]=\frac{1}{s}\mathrm{e}^{-s\tau}.$$

进一步可求得阶梯函数 $f(t)=A[u(t)+u(t-\tau)+u(t-2\tau)+\cdots]=\displaystyle\sum_{k=0}^{\infty}Au(t-k\tau)$ 的拉普拉斯变换为

$$F(s)=A\sum_{k=0}^{\infty}L[u(t-k\tau)]=A\sum_{k=0}^{\infty}\frac{1}{s}\mathrm{e}^{-k\tau s}=\frac{A}{s}\frac{1}{1-\mathrm{e}^{-s\tau}}\quad(\,|\,\mathrm{e}^{-s\tau}\,|<1)\,.$$

例 8.20　已知 $L[f(t)]=F(s)$,求 $L[f(at-b)u(at-b)](a>0,b>0)$.

解　先由延迟性质可得

$$L[f(t-b)u(t-b)]=\mathrm{e}^{-bs}F(s)\,,$$

借助相似性质,有

$$L[f(at-b)u(at-b)]=\frac{1}{a}\,\mathrm{e}^{-bs}F(s)\,|_{\frac{s}{a}}=\frac{1}{a}\mathrm{e}^{-\frac{b}{a}s}F\left(\frac{s}{a}\right).$$

另一种做法是先利用相似性质可得

$$L[f(at)u(at)]=\frac{1}{a}F\left(\frac{s}{a}\right).$$

借助延迟性质,有

$$L[f(at-b)u(at-b)]=L\left\{f\left[a\left(t-\frac{b}{a}\right)\right]u\left[a\left(t-\frac{b}{a}\right)\right]\right\}=\frac{1}{a}F\left(\frac{s}{a}\right)\mathrm{e}^{-\frac{b}{a}s}.$$

两种方法结果一致,有兴趣的同学也可借助拉普拉斯变换的定义去求解,结论也是一样的.

性质 8.2.7　(初值定理)若 $L[f(t)]=F(s)$,且 $\lim\limits_{s\to\infty}sF(s)$ 存在,则

$$\lim_{t\to0}f(t)=\lim_{s\to\infty}sF(s)\ \text{或}\ f(0)=\lim_{s\to\infty}sF(s)\,.\qquad(8.2.20)$$

证　由拉普拉斯变换的微分性质,知

$$L[f'(t)]=sF(s)-f(0)\,,$$

又 $\lim\limits_{s\to\infty}sF(s)$ 存在,故 $\lim\limits_{\mathrm{Re}(s)\to+\infty}sF(s)$ 也存在,且

$$\lim_{s\to\infty}sF(s)=\lim_{\mathrm{Re}(s)\to+\infty}sF(s)\,.$$

两端同取 $\mathrm{Re}(s)\to+\infty$ 时的极限,得

$$\lim_{\mathrm{Re}(s)\to+\infty}L[f'(t)]=\lim_{\mathrm{Re}(s)\to+\infty}[sF(s)-f(0)]=\lim_{s\to\infty}sF(s)-f(0)\,.$$

由傅里叶变换存在定理所述的关于积分的一致收敛性,从而允许交换积分与极限的运算次序,得

$$\lim_{\mathrm{Re}(s)\to+\infty}L[f'(t)]=\lim_{\mathrm{Re}(s)\to+\infty}\int_0^{+\infty}f'(t)\mathrm{e}^{-st}\mathrm{d}t$$

$$=\int_0^{+\infty}\lim_{\mathrm{Re}(s)\to+\infty}f'(t)\mathrm{e}^{-st}\mathrm{d}t=0\,,$$

即

$$\lim_{t\to0}f(t)=f(0)=\lim_{s\to\infty}sF(s)\,.$$

这个性质说明,函数 $f(t)$ 在 $t=0$ 时的函数值可以通过 $f(t)$ 的拉普拉斯变换 $F(s)$ 乘以 s,取 $s\to\infty$ 时的极限值而得到,它建立了函数 $f(t)$ 在坐标原点处的值与函数 $sF(s)$ 在无穷远点的值之间的关系.

性质 8.2.8　（终值定理）若 $L[f(t)]=F(s)$ 且 $sF(s)$ 的所有奇点全在 s 平面的左半部,则
$$\lim_{t\to+\infty}f(t)=\lim_{s\to 0}sF(s).\tag{8.2.21}$$

证　由拉普拉斯变换的微分性质有
$$L[f'(t)]=sF(s)-f(0).$$
两边取 $s\to 0$ 的极限,得
$$\lim_{s\to 0}L[f'(t)]=\lim_{s\to 0}sF(s)-f(0).$$
而
$$\lim_{s\to 0}L[f'(t)]=\lim_{s\to 0}\int_0^{+\infty}f'(t)e^{-st}dt=\int_0^{+\infty}\lim_{s\to 0}f'(t)e^{-st}dt$$
$$=\int_0^{+\infty}f'(t)dt=f(t)\Big|_0^{+\infty}=\lim_{t\to+\infty}f(t)-f(0),$$
故
$$\lim_{t\to+\infty}f(t)-f(0)=\lim_{s\to 0}sF(s)-f(0),$$
即
$$\lim_{t\to+\infty}f(t)=f(+\infty)=\lim_{s\to 0}sF(s).$$

这个性质表明,函数 $f(t)$ 在 $t\to+\infty$ 时的数值（即稳定值）,可以通过 $f(t)$ 的拉普拉斯变换 $F(s)$ 乘以 s,取 $s\to 0$ 时的极限值而得到,它建立了函数 $f(t)$ 在无穷远点处的值与函数 $sF(s)$ 在坐标原点的值之间的关系.

在拉普拉斯变换的应用中,往往先得到 $F(s)$ 再去求 $f(t)$.但有时我们并不关心函数 $f(t)$ 的表达式,而是需要知道 $f(t)$ 在 $t\to\infty$ 或 $t\to 0$ 时的性态,这两个定理给我们提供了方便,能使我们直接由 $F(s)$ 来求出 $f(t)$ 的两个特殊值 $f(0^+),f(+\infty)$.

例 8.21　若 $L[f(t)]=\dfrac{1}{s+a}$ $(a>0)$,求 $f(0),f(+\infty)$.

解　根据初值定理和终值定理,有
$$f(0)=\lim_{s\to\infty}sF(s)=\lim_{s\to\infty}\frac{s}{s+a}=1,$$
$$f(+\infty)=\lim_{s\to 0}sF(s)=\lim_{s\to 0}\frac{s}{s+a}=0.$$
我们知道 $L[e^{-at}]=\dfrac{1}{s+a}$,即 $f(t)=e^{-at}$,显然有
$$f(0)=1,f(+\infty)=0.$$
显然利用性质所求结果与直接由 $f(t)$ 所计算出的结果是一致的.

在实际应用中,不仅要掌握好这八大性质,最重要的是学会灵活运用它们来解决实际问题.下面再看一些综合应用的例子.

例 8.21　计算下列积分值.

(1) $\displaystyle\int_0^{+\infty}e^{-2t}\cos 3t\,dt$;

(2) $\int_0^{+\infty} t\mathrm{e}^{-3t}\sin2t\mathrm{d}t$;

(3) $\int_0^{+\infty} \dfrac{1-\cos t}{t}\mathrm{e}^{-t}\mathrm{d}t.$

解 (1) $\int_0^{+\infty} \mathrm{e}^{-2t}\cos3t\mathrm{d}t = L[\cos3t]\big|_{s=2} = \dfrac{s}{s^2+3^2}\Big|_{s=2} = \dfrac{2}{13}.$

(2) 由于 $L[\sin2t] = \dfrac{2}{s^2+4}, L[t\sin2t] = -\dfrac{\mathrm{d}}{\mathrm{d}s}\left(\dfrac{2}{s^2+4}\right) = \dfrac{4s}{(s^2+4)^2},$

所以

$$\int_0^{+\infty} t\mathrm{e}^{-3t}\sin2t\mathrm{d}t = L[t\sin2t]\big|_{s=3} = \dfrac{4s}{(s^2+4)^2}\Big|_{s=3} = \dfrac{12}{169}.$$

(3) $$L[1-\cos t] = \dfrac{1}{s} - \dfrac{s}{s^2+1^2},$$

$$L[(1-\cos t)\mathrm{e}^{-t}] = \dfrac{1}{s+1} - \dfrac{s+1}{(s+1)^2+1}.$$

运用拉普拉斯变换的积分性质,有

$$\int_0^{+\infty} \dfrac{(1-\cos t)\mathrm{e}^{-t}}{t}\mathrm{d}t = \int_0^{\infty}\left[\dfrac{1}{s+1} - \dfrac{s+1}{(s+1)^2+1}\right]\mathrm{d}s$$

$$= \left\{\ln(s+1) - \dfrac{1}{2}\ln\left[(s+1)^2+1\right]\right\}\Big|_0^{\infty}$$

$$= \ln\dfrac{s+1}{\sqrt{1+(s+1)^2}}\Big|_0^{\infty} = \dfrac{1}{2}\ln2,$$

或者

$$L\left[\dfrac{1-\cos t}{t}\right] = \int_s^{\infty}\left(\dfrac{1}{s} - \dfrac{s}{s^2+1}\right)\mathrm{d}s = \ln\dfrac{s}{\sqrt{s^2+1}}\Big|_s^{\infty} = \ln\dfrac{\sqrt{s^2+1}}{s},$$

所以

$$\int_0^{+\infty} \dfrac{1-\cos t}{t}\mathrm{e}^{-t}\mathrm{d}t = L\left[\dfrac{1-\cos t}{t}\right]\Big|_{s=1} = \ln\dfrac{\sqrt{s^2+1}}{s}\Big|_{s=1} = \dfrac{1}{2}\ln2.$$

例 8.22 计算下列函数的拉普拉斯变换.

(1) $f(t) = \int_0^t t\mathrm{e}^{-3t}\sin2t\mathrm{d}t$;

(2) $f(t) = t\int_0^t \mathrm{e}^{-3t}\sin2t\mathrm{d}t.$

解 (1) 由常用函数的拉普拉斯变换式以及微分性质,有

$$L[\sin2t] = \dfrac{2}{s^2+4},$$

$$L[t\sin2t] = -\dfrac{\mathrm{d}}{\mathrm{d}s}\left(\dfrac{2}{s^2+4}\right) = \dfrac{4s}{(s^2+4)^2},$$

$$L[(t\sin2t)\mathrm{e}^{-3t}] = \dfrac{4s}{(s^2+4)^2}\Big|_{s+3} = \dfrac{4(s+3)}{[(s+3)^2+4]^2}.$$

由积分性质得

$$L[f(t)] = L\left[\int_0^t t\mathrm{e}^{-3t}\sin2t\mathrm{d}t\right]$$

$$= \frac{L[t\mathrm{e}^{-3t}\sin 2t]}{s} = \frac{4(s+3)}{s\left[(s+3)^2+4\right]^2},$$

（2）与（1）类似，有

$$L[\sin 2t] = \frac{2}{s^2+4},$$

$$L[\mathrm{e}^{-3t}\sin 2t] = \frac{2}{s^2+4}\bigg|_{s+3} = \frac{2}{(s+3)^2+4},$$

$$L\left[\int_0^t \mathrm{e}^{-3t}\sin 2t \mathrm{d}t\right] = \frac{2}{s\left[(s+3)^2+4\right]},$$

$$L[f(t)] = L\left[t\int_0^t \mathrm{e}^{-3t}\sin 2t \mathrm{d}t\right]$$

$$= (-1)\left(\frac{2}{s\left[(s+3)^2+4\right]}\right)'$$

$$= \frac{2(3s^2+12s+13)}{s^2\left[(s+3)^2+4\right]^2}.$$

8.3　拉普拉斯逆变换的概念

　　前面 2 节主要研究了如何由已知函数 $f(t)$ 求它的拉普拉斯变换 $F(s)$ 的问题. 但是在实际应用中,用拉普拉斯作为工具求解,虽能将问题简化,但最后解决问题,必须要有拉普拉斯逆变换的过程,即需要根据已知的 $f(t)$ 的拉普拉斯变换 $F(s)$,求其像原函数 $f(t)$. 如果 $F(s)$ 在附录 Ⅱ 中可以直接查到,求逆变换的问题就比较容易解决. 同时应用拉普拉斯变换的几个性质,也能在某些情况下求出 $F(s)$ 的逆变换. 然而,在实际问题中遇到的 $F(s)$ 并非那么简单,如果 $F(s)$ 较复杂,只用前面知识与方法还很不方便,因此,必须研究求逆变换的一般方法. 本节就来解决这个问题.

　　由拉普拉斯变换的引入可知,$f(t)$ 的拉普拉斯变换实际上就是 $f(t)u(t)\mathrm{e}^{-\beta t}$ 的傅里叶变换,从而由傅里叶积分公式可得

$$f(t)u(t)\mathrm{e}^{-\beta t} = \frac{1}{2\pi}\int_{-\infty}^{+\infty}\left[\int_{-\infty}^{+\infty} f(\tau)u(\tau)\mathrm{e}^{-\beta \tau}\mathrm{e}^{-\mathrm{j}\omega\tau}\mathrm{d}\tau\right]\mathrm{e}^{\mathrm{j}\omega t}\mathrm{d}\omega$$

$$= \frac{1}{2\pi}\int_{-\infty}^{+\infty}\left[\int_0^{+\infty} f(\tau)\mathrm{e}^{-(\beta+\mathrm{j}\omega)\tau}\mathrm{d}\tau\right]\mathrm{e}^{\mathrm{j}\omega t}\mathrm{d}\omega$$

$$= \frac{1}{2\pi}\int_{-\infty}^{+\infty} F(\beta+\mathrm{j}\omega)\mathrm{e}^{\mathrm{j}\omega t}\mathrm{d}\omega \quad (t>0),$$

两边同乘以 $\mathrm{e}^{\beta t}$,当 $t>0$ 时,有

$$f(t) = \frac{1}{2\pi}\int_{-\infty}^{+\infty} F(\beta+\mathrm{j}\omega)\mathrm{e}^{(\beta+\mathrm{j}\omega)t}\mathrm{d}\omega$$

$$\overset{s=\beta+\mathrm{j}\omega}{=} \frac{1}{2\pi\mathrm{j}}\int_{\beta-\mathrm{j}\infty}^{\beta+\mathrm{j}\infty} F(s)\mathrm{e}^{st}\mathrm{d}s, \tag{8.3.1}$$

其中 $\beta>c$,c 为 $f(t)$ 的增长指数,积分路径是在右半平面 $\mathrm{Re}(s)>c$ 上任意一条直线 $\mathrm{Re}(s)=\beta$ 上.

　　公式(8.3.1)就是由像函数 $F(s)$ 求它的像原函数 $f(t)$ 的一般公式. 公式右端的积分称为拉普拉斯反演积分. 它和公式 $F(s) = \int_0^{+\infty} f(t)\mathrm{e}^{-st}\mathrm{d}t$ 构成一对互逆的积分变换公式,我们也称

$f(t)$ 和 $F(s)$ 构成一对拉普拉斯变换对. 即

$$f(t) = L^{-1}[F(s)] = \frac{1}{2\pi\mathrm{j}}\int_{\beta-\mathrm{j}\infty}^{\beta+\mathrm{j}\infty} F(s)\mathrm{e}^{st}\,\mathrm{d}s \quad (t>0).$$

值得注意的是,拉普拉斯逆变换为一个复变函数积分,通常计算起来较为复杂. 但当 $F(s)$ 满足一定条件时,可以用围道积分思想结合留数定理来计算这个反演积分. 下面的定理将提供计算这个反演积分的方法.

定理 8.3.1　若 $s_1,s_2,\cdots,s_n$ 是函数 $F(s)$ 的所有奇点(适当选取 β 使这些奇点全在 $\mathrm{Re}(s)<\beta$ 的范围内),且当 $s\to\infty$ 时 $F(s)\to 0$,则有

$$\frac{1}{2\pi\mathrm{j}}\int_{\beta-\mathrm{j}\infty}^{\beta+\mathrm{j}\infty} F(s)\mathrm{e}^{st}\,\mathrm{d}s = \sum_{k=1}^{n}\mathrm{Res}[F(s)\mathrm{e}^{st},s_k],$$

即

$$f(t) = \sum_{k=1}^{n}\mathrm{Res}[F(s)\mathrm{e}^{st},s_k] \quad (t>0). \tag{8.3.2}$$

证　作如图 8.1 所示的闭曲线 $C=L+C_R$,C_R 在 $\mathrm{Re}(s)<$ β 的区域内,是半径为 R 的圆弧,当 R 充分大后,可以使 $F(s)$ 的所有奇点都含在闭曲线 C 所围区域内,同时 e^{st} 在全平面上解析,所以 $F(s)\mathrm{e}^{st}$ 的奇点就是 $F(s)$ 的奇点. 根据留数定理,得

$$\oint_C F(s)\mathrm{e}^{st}\,\mathrm{d}s = 2\pi\mathrm{j}\sum_{k=1}^{n}\mathrm{Res}[F(s)\mathrm{e}^{st},s_k], \tag{8.3.3}$$

即

$$\frac{1}{2\pi\mathrm{j}}\left[\int_{\beta-\mathrm{j}R}^{\beta+\mathrm{j}R} F(s)\mathrm{e}^{st}\,\mathrm{d}s + \int_{C_R} F(s)\mathrm{e}^{st}\,\mathrm{d}s\right] = \sum_{k=1}^{n}\mathrm{Res}[F(s)\mathrm{e}^{st},s_k].$$

根据复变函数中的若尔当引理,当 $R\to+\infty$ 时,有

$$\lim_{R\to+\infty}\int_{C_R} F(s)\mathrm{e}^{st}\,\mathrm{d}s = 0, \tag{8.3.4}$$

从而

$$\lim_{R\to+\infty}\frac{1}{2\pi\mathrm{j}}\int_{\beta-\mathrm{j}R}^{\beta+\mathrm{j}R} F(s)\mathrm{e}^{st}\,\mathrm{d}s = \sum_{k=1}^{n}\mathrm{Res}[F(s)\mathrm{e}^{st},s_k].$$

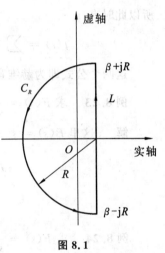

图 8.1

即

$$f(t) = \frac{1}{2\pi\mathrm{j}}\int_{\beta-\mathrm{j}\infty}^{\beta+\mathrm{j}\infty} F(s)\mathrm{e}^{st}\,\mathrm{d}s = \sum_{k=1}^{n}\mathrm{Res}[F(s)\mathrm{e}^{st},s_k]. \tag{8.3.5}$$

注　若尔当引理有几种形式,这里是其中一种,称为推广的若尔当引理 —— 设复变数 s 的一个函数 $F(s)$ 满足下列条件:

(1) 它在左半平面内($\mathrm{Re}(s)<\beta$) 除有限个奇点外是解析的;

(2) 对于 $\mathrm{Re}(s)<\beta$ 的 s,当 $|s|=R\to+\infty$ 时,$F(s)$ 一致趋于零,则当 $t>0$ 时有

$$\lim_{R\to+\infty}\int_{C_R} F(s)\mathrm{e}^{st}\,\mathrm{d}s = 0, \tag{8.3.6}$$

其中,C_R 为 $|s|=R$,$\mathrm{Re}(s)<\beta$,它是一个以点 $\beta+\mathrm{j}\cdot 0$ 为圆心,R 为半径的圆弧.

在上述定理中,若 $F(s)$ 是有理函数,$F(s)=\dfrac{A(s)}{B(s)}$,其中 $A(s)$ 与 $B(s)$ 是不可约多项式,$B(s)$ 的次数是 n,而且 $A(s)$ 的次数小于 $B(s)$ 的次数,则有下列结论:

情况一：若 $B(s)$ 有 n 个单零点 $s_1, s_2, \cdots, s_n$，从而 $s_1, s_2, \cdots, s_n$ 是 $\dfrac{A(s)}{B(s)}$ 的单极点，也是 $\dfrac{A(s)e^{st}}{B(s)}$ 的单极点，根据留数计算规则 Ⅲ 有

$$\text{Res}\left[\frac{A(s)e^{st}}{B(s)}, s_k\right] = \frac{A(s_k)e^{s_k t}}{B'(s_k)},$$

从而

$$f(t) = \sum_{k=1}^{n} \text{Res}\left[\frac{A(s)}{B(s)}e^{st}, s_k\right] = \sum_{k=1}^{n} \frac{A(s_k)e^{s_k t}}{B'(s_k)} \quad (t > 0). \tag{8.3.7}$$

情况二：若 $s_i(i = 1, 2, \cdots, r)$ 是 $B(s)$ 的 $m_i(i = 1, 2, \cdots, r)$ 级零点，$m_1 + m_2 + \cdots + m_r = n$，则 $s_i(i = 1, 2, \cdots, r)$ 是 $\dfrac{A(s)}{B(s)}$ 的 $m_i(i = 1, 2, \cdots, r)$ 级极点，根据留数计算规则 Ⅱ，有

$$\text{Res}\left[\frac{A(s)e^{st}}{B(s)}, s_i\right] = \frac{1}{(m_i - 1)!} \lim_{s \to s_i} \frac{\mathrm{d}^{m_i - 1}}{\mathrm{d}s^{m_i - 1}}\left[(s - s_i)^{m_i} \frac{A(s)}{B(s)}e^{st}\right] \quad (i = 1, 2, \cdots, r),$$

所以此时有

$$f(t) = \sum_{i=1}^{r} \frac{1}{(m_i - 1)!} \lim_{s \to s_i} \frac{\mathrm{d}^{m_i - 1}}{\mathrm{d}s^{m_i - 1}}\left[(s - s_i)^{m_i} \frac{A(s)}{B(s)}e^{st}\right] \quad (t > 0). \tag{8.3.8}$$

这两个公式即为赫维赛德（Heaviside）公式. 在求解像函数 $F(s)$ 的逆变换中经常用到.

例 8.23　求 $F(s) = \dfrac{s}{s^2 + 1}$ 的拉普拉斯逆变换.

解　这里 $B(s) = s^2 + 1$ 有两个一级零点 $s_1 = \mathrm{j}, s_2 = -\mathrm{j}$，运用式(8.3.7)，有

$$\begin{aligned} f(t) &= L^{-1}\left[\frac{s}{s^2 + 1}\right] = \frac{se^{st}}{2s}\bigg|_{s=\mathrm{j}} + \frac{se^{st}}{2s}\bigg|_{s=-\mathrm{j}} \\ &= \frac{1}{2}e^{\mathrm{j}t} + \frac{1}{2}e^{-\mathrm{j}t} = \cos t \quad (t > 0). \end{aligned}$$

例 8.24　求 $F(s) = \dfrac{1}{s(s-1)^2}$ 的拉普拉斯像原函数 $f(t)$.

解　（解法一）这里 $B(s) = s(s-1)^2$，$s_1 = 0$ 为其一级零点，$s_2 = 1$ 为其二级零点，由式(8.3.8)，有

$$\begin{aligned} f(t) &= L^{-1}\left[\frac{1}{s(s-1)^2}\right] \\ &= \lim_{s \to 0} s \frac{e^{st}}{s(s-1)^2} + \lim_{s \to 1}\left((s-1)^2 \frac{e^{st}}{s(s-1)^2}\right)' \\ &= 1 + \lim_{s \to 1}\left[\frac{t s e^{st} - e^{st}}{s^2}\right] \\ &= 1 + t e^t - e^t \quad (t > 0). \end{aligned}$$

（解法二）　　　　$$\frac{1}{s(s-1)^2} = \frac{a}{s} + \frac{b}{s-1} + \frac{c}{(s-1)^2},$$

比对系数可得

$$\begin{cases} a + b = 0, \\ -2a - b + c = 0, \\ a = 1. \end{cases}$$

解之得

$$a = 1, b = -1, c = 1.$$

所以

$$\frac{1}{s(s-1)^2} = \frac{1}{s} - \frac{1}{s-1} + \frac{1}{(s-1)^2},$$

已知 $L^{-1}\left[\frac{1}{s}\right] = 1, L^{-1}\left[\frac{1}{s-1}\right] = e^t, L^{-1}\left[\frac{1}{s^2}\right] = t, L^{-1}\left[\frac{1}{(s-1)^2}\right] = te^t$，所以

$$f(t) = L^{-1}\left[\frac{1}{s(s-1)^2}\right] = 1 - e^t + te^t \quad (t > 0).$$

（解法三）根据附录 Ⅱ 序号为 39 的行中，$a = 0, b = -1$，可得

$$f(t) = L^{-1}\left[\frac{1}{s(s-1)^2}\right] = 1 - e^t + te^t \quad (t > 0).$$

到目前为止，我们已介绍了多种求拉普拉斯逆变换的方法，如利用反演积分与留数定理，利用拉普拉斯变换性质，部分分式方法或查表等. 这些方法各有优缺点，使用哪种方法简便快捷，我们就用哪一种. 总之，在今后的实际工作中，应视具体问题来决定求法.

8.4　卷积与卷积定理

前面 3 节我们介绍了拉普拉斯变换性质以及拉普拉斯逆变换的诸多求法. 本节我们介绍拉普拉斯变换的卷积定义与卷积定理. 它不仅被用来求某些函数的拉普拉斯逆变换及一些积分值，而且在线性系统的分析中起着重要的作用. 首先介绍拉普拉斯变换的卷积定义.

8.4.1　拉普拉斯变换意义下的卷积概念

在傅里叶变换中，我们定义过卷积的定义，即

$$f_1(t) * f_2(t) = \int_{-\infty}^{+\infty} f_1(\tau) f_2(t-\tau) d\tau.$$

当 $t < 0$ 时，$f_1(t) = 0, f_2(t) = 0$，则

$$f_1(t) * f_2(t) = \int_{-\infty}^{0} f_1(\tau) f_2(t-\tau) d\tau + \int_{0}^{t} f_1(\tau) f_2(t-\tau) d\tau + \int_{t}^{+\infty} f_1(\tau) f_2(t-\tau) d\tau.$$

第一项中 $f_1(\tau) = 0$，第三项中 $f_2(t-\tau) = 0$，故

$$f_1(t) * f_2(t) = \int_{0}^{t} f_1(\tau) f_2(t-\tau) d\tau. \tag{8.4.1}$$

这就是拉普拉斯变换意义下卷积的定义.

从推导来看，这里的卷积定义和傅里叶变换意义下给出的卷积定义是完全一致的. 今后如不特别说明，都假定这些函数在 $t < 0$ 时恒为零. 它们的卷积都按照式(8.4.1)计算.

与傅里叶卷积类似，拉普拉斯卷积也具有下列性质：

(1) $|f_1(t) * f_2(t)| \leqslant |f_1(t)| * |f_2(t)|$；

(2) $f_1(t) * f_2(t) = f_2(t) * f_1(t)$；

(3) $f_1(t) * (f_2(t) * f_3(t)) = (f_1(t) * f_2(t)) * f_3(t)$；

(4) $f_1(t) * (f_2(t) + f_3(t)) = f_1(t) * f_2(t) + f_1(t) * f_3(t)$.

例 8.25　设 $f_1(t) = t, f_2(t) = \sin t$，求 $f_1(t) * f_2(t)$.

解
$$f_1(t) * f_2(t) = \int_0^t f_1(\tau) f_2(t-\tau) \mathrm{d}\tau$$
$$= \int_0^t \tau \sin(t-\tau) \mathrm{d}\tau$$
$$= \tau \cos(t-\tau)\Big|_0^t - \int_0^t \cos(t-\tau) \mathrm{d}\tau$$
$$= t + \sin(t-\tau)\Big|_0^t = t - \sin t.$$

8.4.2　拉普拉斯变换意义下的卷积定理

定理 8.4.1　（卷积定理）假设 $f_1(t), f_2(t)$ 满足拉普拉斯变换存在定理中的条件，且 $L[f_1(t)] = F_1(s), L[f_2(t)] = F_2(s)$，则 $f_1(t) * f_2(t)$ 的拉普拉斯变换存在，且
$$L[f_1(t) * f_2(t)] = F_1(s) \cdot F_2(s), \tag{8.4.2}$$
或
$$L^{-1}[F_1(s) \cdot F_2(s)] = f_1(t) * f_2(t). \tag{8.4.3}$$

证
$$L[f_1(t) * f_2(t)] = \int_0^{+\infty} [f_1(t) * f_2(t)] \mathrm{e}^{-st} \mathrm{d}t$$
$$= \int_0^{+\infty} \left[\int_0^t f_1(\tau) f_2(t-\tau) \mathrm{d}\tau\right] \mathrm{e}^{-st} \mathrm{d}t$$
$$= \int_0^{+\infty} f_1(\tau) \left[\int_\tau^{+\infty} f_2(t-\tau) \mathrm{e}^{-st} \mathrm{d}t\right] \mathrm{d}\tau,$$
又
$$\int_\tau^{+\infty} f_2(t-\tau) \mathrm{e}^{-st} \mathrm{d}t \stackrel{u=t-\tau}{=\!=\!=} \int_0^{+\infty} f_2(u) \mathrm{e}^{-s(u+\tau)} \mathrm{d}u$$
$$= \mathrm{e}^{-s\tau} \int_0^{+\infty} f_2(u) \mathrm{e}^{-su} \mathrm{d}u = \mathrm{e}^{-s\tau} F_2(s),$$
所以
$$L[f_1(t) * f_2(t)] = \int_0^{+\infty} f_1(\tau) \mathrm{e}^{-s\tau} F_2(s) \mathrm{d}\tau = F_1(s) \cdot F_2(s).$$

这个性质表明，两个函数卷积的拉普拉斯变换等于这两个函数拉普拉斯变换的乘积.

上述卷积定理也可以推广到 n 个函数的情况，若 $f_k(t)(k=1,2,\cdots,n)$ 满足拉普拉斯变换存在定理中的条件，且 $L[f_k(t)] = F_k(s)(k=1,2,\cdots,n)$，则有
$$L[f_1(t) * f_2(t) * f_3(t) \cdots * f_n(t)] = F_1(s) F_2(s) \cdot \cdots \cdot F_n(s). \tag{8.4.4}$$

例 8.26　若 $F(s) = \dfrac{1}{s^2(1+s^2)}$，求拉普拉斯逆变换 $f(t)$.

解　上节已经介绍过求拉普拉斯逆变换的各种方法，这里就不再赘述，只介绍如何利用卷积定理求拉普拉斯逆变换.
$$F(s) = \frac{1}{s^2(1+s^2)} = \frac{1}{s^2} \cdot \frac{1}{1+s^2}.$$

设 $F_1(s) = \dfrac{1}{s^2}, F_2(s) = \dfrac{1}{s^2+1}$，又知
$$L^{-1}\left[\frac{1}{s^2}\right] = t, L^{-1}\left[\frac{1}{s^2+1}\right] = \sin t,$$

利用卷积定理,有

$$
\begin{aligned}
f(t) &= L^{-1}[F_1(s) \cdot F_2(s)] \\
&= L^{-1}[F_1(s)] * L^{-1}[F_2(s)] \\
&= t * \sin t = t - \sin t.
\end{aligned}
$$

例 8.27　若 $F(s) = \dfrac{s^2}{(1+s^2)^2}$,求拉普拉斯逆变换 $f(t)$.

解　　　　　$F(s) = \dfrac{1}{s^2(1+s^2)} = \dfrac{s}{s^2+1}\dfrac{s}{s^2+1} = F_1(s)F_2(s),$

又 $L^{-1}\left[\dfrac{s}{s^2+1}\right] = \cos t$,所以

$$
\begin{aligned}
f(t) &= \cos t * \cos t = \int_0^t \cos\tau\cos(t-\tau)\,\mathrm{d}\tau \\
&= \frac{1}{2}\int_0^t[\cos t + \cos(2\tau - t)]\,\mathrm{d}\tau \\
&= \frac{1}{2}(t\cos t + \sin t).
\end{aligned}
$$

8.5　拉普拉斯变换的应用

拉普拉斯变换和傅里叶变换一样,在许多工程技术和科学研究领域中有广泛的应用,特别是在力学系统、电学系统、自动控制系统、可靠性系统以及随机服务系统等系统科学都起着重要的作用.通常的思路是,针对某具体的实际问题,首先将研究的对象归结于一个数学模型,在很多环境下,这个数学模型是线性的,也就是说,它可以用线性的微分方程、积分方程、微分积分方程乃至于偏微分方程来描述.其基本思路是,对所建立的方程两边同取拉普拉斯变换,得到有关像函数的代数方程,从而求出未知函数的像函数,再利用拉普拉斯逆变换求出所建立方程的解.由于在取拉普拉斯变换时,同时用到方程和初始条件,所以用拉普拉斯变换解微分方程特别方便.本节我们只介绍拉普拉斯变换在微分方程、积分方程或者微积分方程中的应用.对于偏微分方程的解法,请有兴趣的同学参阅其他参考资料.

例 8.28　求 $y'' - 2y' - 3y = 4\mathrm{e}^{2t}(t > 0)$ 满足初始条件 $y(0) = 2, y'(0) = 8$ 的特解.

解　记 $L[y(t)] = Y(s)$,并对方程两端同取拉普拉斯变换可得

$$
s^2 Y(s) - sy(0) - y'(0) - 2[sY(s) - y(0)] - 3Y(s) = \frac{4}{s-2},
$$

代入初始条件并解出

$$
Y(s) = \frac{2s^2 - 4}{(s+1)(s-3)(s-2)}.
$$

$Y(s)$ 有三个一级极点 $-1, 3, 2$,且

$$
\mathrm{Res}[Y(s)\mathrm{e}^{st}, -1] = \lim_{s\to -1}\left\{(s+1)\frac{(2s^2-4)\mathrm{e}^{st}}{(s+1)(s-3)(s-2)}\right\} = -\frac{1}{6}\mathrm{e}^{-t},
$$

$$
\mathrm{Res}[Y(s)\mathrm{e}^{st}, 3] = \lim_{s\to 3}\left\{(s-3)\frac{(2s^2-4)\mathrm{e}^{st}}{(s+1)(s-3)(s-2)}\right\} = \frac{7}{2}\mathrm{e}^{3t},
$$

$$\text{Res}[Y(s)e^{st},2]=\lim_{s\to 2}\left\{(s-2)\frac{(2s^2-4)e^{st}}{(s+1)(s-3)(s-2)}\right\}=-\frac{4}{3}e^{2t},$$

故

$$\begin{aligned}
y(t) &= L^{-1}[Y(s)]\\
&= \text{Res}[Y(s)e^{st},-1]+\text{Res}[Y(s)e^{st},3]+\text{Res}[Y(s)e^{st},2]\\
&= -\frac{1}{6}e^{-t}+\frac{7}{2}e^{3t}-\frac{4}{3}e^{2t}.
\end{aligned}$$

例 8.29 解下列边值问题：$\begin{cases} y''-2y'+y=0,\\ y(0)=0,y(1)=2. \end{cases}$

解 记 $L[y(t)]=Y(s)$，并对方程两端同取拉普拉斯变换可得

$$s^2Y(s)-sy(0)-y'(0)-2[sY(s)-sy(0)]+Y(s)=0,$$

带入数据并解出

$$Y(s)=\frac{y'(0)}{(s-1)^2}.$$

由常见函数的拉普拉斯变换可知 $L[t]=\dfrac{1}{s^2}$，所以 $L[te^t]=\dfrac{1}{(s-1)^2}$，也即

$$y(t)=L^{-1}[Y(s)]=te^t y'(0).$$

利用边值条件 $y(1)=ey'(0)=2$ 可得

$$y'(0)=\frac{2}{e}.$$

故该边值方程的解为

$$y(t)=\frac{2}{e}te^t.$$

例 8.30 解积分方程 $y(t)=g(t)+\displaystyle\int_0^t y(u)r(t-u)du$，其中 $g(t),r(t)$ 为已知函数.

解 设 $L[y(t)]=Y(s),L[g(t)]=G(s),L[r(t)]=R(s)$ 方程右端的第二部分刚好是 $y(t)$ 与 $r(t)$ 的卷积，两边同取拉普拉斯变换并结合卷积定理得

$$Y(s)=G(s)+Y(s)R(s),$$

故

$$Y(s)=\frac{G(s)}{1-R(s)},$$

$$\begin{aligned}
y(t)=L^{-1}[Y(s)]&=L^{-1}\left[\frac{G(s)}{1-R(s)}\right]\\
&=\frac{1}{2\pi j}\int_{\beta-j\infty}^{\beta-j\infty}\frac{G(s)}{1-R(s)}e^{st}ds \quad (t>0).
\end{aligned}$$

这里，我们给出的是由像函数 $Y(s)$ 求它的像原函数 $y(t)$ 的一般公式，当 $g(t),r(t)$ 具体给出时，可以直接从像函数 $Y(s)$ 的关系式中求出 $y(t)$. 例如，当 $g(t)=t,r(t)=\sin t$，则

$$G(s)=\frac{1}{s^2},R(s)=\frac{1}{s^2+1}.$$

此时

$$Y(s) = \frac{G(s)}{1 - R(s)} = \frac{1 + s^2}{s^4},$$

从而

$$y(t) = L^{-1} \left[\frac{1 + s^2}{s^4} \right]$$

$$= L^{-1} \left[\frac{1}{s^4} \right] + L^{-1} \left[\frac{1}{s^2} \right]$$

$$= t + \frac{t^3}{6}.$$

例 8.31 求微分方程组

$$\begin{cases} y'' - x'' + x' - y = e^t - 2, \\ 2y'' - x'' - 2y' + x = -t, \end{cases}$$

满足初始条件

$$\begin{cases} y(0) = y'(0) = 0, \\ x(0) = x'(0) = 0, \end{cases}$$

的解.

解 设 $L[X(t)] = X(s), L[y(t)] = Y(s)$,对方程组两边同取拉普拉斯变换得

$$\begin{cases} s^2 Y(s) - s^2 X(s) + s X(s) - Y(s) = \dfrac{1}{s-1} - \dfrac{2}{s}, \\ 2s^2 Y(s) - s^2 X(s) - 2s Y(s) + X(s) = -\dfrac{1}{s^2}. \end{cases}$$

解上述代数方程组得

$$\begin{cases} Y(s) = \dfrac{1}{s (s-1)^2}, \\ X(s) = \dfrac{2s - 1}{s^2 (s-1)^2}. \end{cases}$$

对于 $Y(s) = \dfrac{1}{s (s-1)^2}$,由例 8.24 可得

$$y(t) = L^{-1} [Y(s)] = 1 + t e^t - e^t.$$

对于 $X(s) = \dfrac{2s - 1}{s^2 (s-1)^2}$,其有两个二级极点:$s = 0, s = 1$. 所以

$$x(t) = L^{-1} [X(s)] = \operatorname{Res}[X(s) e^{st}, 0] + \operatorname{Res}[X(s) e^{st}, 1]$$

$$= \lim_{s \to 0} \left[s^2 \cdot \frac{(2s-1) e^{st}}{s^2 (s-1)^2} \right]' + \lim_{s \to 1} \left[(s-1)^2 \cdot \frac{(2s-1) e^{st}}{s^2 (s-1)^2} \right]$$

$$= t e^t - t.$$

该微分方程组的解为

$$\begin{cases} y(t) = 1 + t e^t - e^t, \\ x(t) = t e^t - t. \end{cases}$$

例 8.32 求变系数微分方程 $t y'' + 2(t-1) y' + (t-2) y = 0$ 满足初始条件 $y(0) = 2$ 的特解 $y(t)$.

解　设 $L[y(t)] = Y(s)$,并对方程两边同取拉普拉斯变换,结合拉普拉斯变换变换的线性性质、微分性质、积分性质并带入初始条件可得

$$-\frac{\mathrm{d}}{\mathrm{d}s}[s^2 Y(s) - 2s - y'(0)] - 2\frac{\mathrm{d}}{\mathrm{d}s}[sY(s) - 2] - 2[sY(s) - 2] - \frac{\mathrm{d}}{\mathrm{d}s}Y(s) - 2Y(s) = 0 ,$$

即

$$-[2sY(s) + s^2 Y'(s) - 2] - 2[Y(s) + sY'(s)] - 2sY(s) + 4 - Y'(s) - 2Y(s) = 0 ,$$

也即

$$Y'(s) + \frac{4}{s+1}Y(s) = \frac{6}{(s+1)^2} ,$$

这是一个一阶线性微分方程,其中 $p(s) = \frac{4}{s+1}, Q(s) = \frac{6}{(s+1)^2}$,运用一阶线性微分方程的求解公式,有

$$Y(s) = \mathrm{e}^{-\int \frac{4}{s+1}\mathrm{d}s} \left[\int \frac{6}{(s+1)^2}\mathrm{e}^{\int \frac{4}{s+1}\mathrm{d}s}\mathrm{d}s + c\right]$$

$$= \frac{2}{s+1} + \frac{c}{(s+1)^4} \quad (c \text{ 为任意实数}).$$

利用 $L[\mathrm{e}^{-t}] = \frac{1}{s+1}, L[t^3] = \frac{6}{s^4}, L[\mathrm{e}^{-t}t^3] = \frac{6}{(s+1)^4}$,所以

$$y(t) = L^{-1}\left[\frac{2}{s+1} + \frac{c}{(s+1)^4}\right] = 2\mathrm{e}^{-t} + \frac{c}{6}\mathrm{e}^{-t}t^3 = (2 + c_1 t^3)\mathrm{e}^{-t} ,$$

带入初始条件 $y(0) = 2$,有

$$c_1 \in \mathbf{R}.$$

故原变系数微分方程的解为

$$y(t) = (2 + c_1 t^3)\mathrm{e}^{-t}.$$

习　　题

第一章习题

1. 求下列复数的实部与虚部、共轭复数、模和辐角主值.

(1) $3-i$;

(2) $-3+4i$;

(3) $\dfrac{1}{i}-\dfrac{3i}{1-i}$;

(4) $i^8-4i^{21}+i$.

2. 试求下列各式的 $x,y(x,y$ 均为实数$)$.

(1) $(1-2i)x+(3-5i)y=1+3i$;

(2) $(x+y)^2i-\dfrac{6}{i}-x=-y+5(x+y)i-1$.

3. 证明下列关于共轭复数的运算性质.

(1) $|z|^2=z\bar{z}$;

(2) $\overline{z_1\pm z_2}=\overline{z_1}\pm\overline{z_2}$;

(3) $\overline{z_1z_2}=\overline{z_1}\cdot\overline{z_2}$;

(4) $\overline{\left(\dfrac{z_1}{z_2}\right)}=\dfrac{\overline{z_1}}{\overline{z_2}}$;

(5) $\overline{\overline{z}}=z$;

(6) $2\mathrm{Re}(z)=z+\bar{z},2i\mathrm{Im}(z)=z-\bar{z}$.

4. 求复数 $w=\dfrac{1+z}{1-z}($复数 $z\neq1)$ 的实部、虚部和模.

5. 证明下列各式:

(1) 若 $|a|<1,|b|<1$,试证: $\left|\dfrac{a-b}{1-\overline{ab}}\right|<1$;

(2) $|z_1-z_2|^2=|z_1|^2+|z_2|^2-2\mathrm{Re}(z_1\overline{z_2})$;

(3) $|z_1+z_2|^2+|z_1-z_2|^2=2(|z_1|^2+|z_2|^2)$.

6. 设 z_1,z_2,z_3 三点满足条件:$z_1+z_2+z_3=0,|z_1|=|z_2|=|z_3|=1$.证明 z_1,z_2,z_3 是内接于单位圆 $|z|=1$ 的一个正三角形的三个顶点.

7. 将下列复数化为三角表达式和指数表达式.

(1) -3;

(2) $-2i$;

(3) $\sqrt{3}+i$;

(4) $\dfrac{3i}{-1+i}$;

(5) $1-\cos\varphi+i\sin\varphi(0<\varphi<\pi)$;

(6) $\dfrac{(\cos3\varphi+i\sin3\varphi)^2}{(\cos2\varphi-i\sin2\varphi)^3}$.

8. 一个复数乘以 $-2i$,它的模与辐角有何改变?

9. 当 $|z|\leqslant 1$ 时,求 $|z^n+a|$ 得最大值,其中 n 为正整数,a 为复数.

10. 如果 $z=e^{i\theta}$,证明:

(1) $z^n+\dfrac{1}{z^n}=2\cos n\theta$;

(2) $z^n-\dfrac{1}{z^n}=2i\sin n\theta$.

11. 如果复数 z_1,z_2,z_3 满足等式

$$\frac{z_2-z_1}{z_3-z_1}=\frac{z_1-z_3}{z_2-z_3},$$

证明:$|z_2-z_1|=|z_3-z_1|=|z_2-z_3|$,并说明这些等式的几何意义.

12. 如果多项式 $P(z)=a_0+a_1z+a_2z^2+\cdots+a_nz^n$ 的系数全是实数,证明:$P(\bar{z})=\overline{P(z)}$.

13. 求下列各式的值:

(1) $(\sqrt{3}-i)^5$;

(2) $(1+i)^6$;

(3) $\sqrt[6]{-1}$;

(4) $(1+i)^{\frac{1}{3}}$.

14. 指出下列各题中点 z 的存在范围,并作草图.

(1) $|z-2i|=1$;

(2) $|z+2i|\geqslant 2$;

(3) $\mathrm{Re}(z^2)\leqslant 1$;

(4) $\mathrm{Re}(\bar{i}z)=3$;

(5) $|z+3i|=|z-3i|$;

(6) $\left|\dfrac{1}{z}\right|<2$;

(7) $|z+3|+|z+1|=4$;

(8) $\left|\dfrac{z-3}{z-2}\right|\geqslant 1$;

(9) $0<\arg z<\dfrac{\pi}{2}$;

(10) $\arg(z-i)=\dfrac{\pi}{4}$.

15. 指出下列不等式所确定的区域,并指出是有界的还是无界的,是闭的还是开的,是单连通的还是多连通的.

(1) $\mathrm{Im}(z)<0$;

(2) $|z-1|>3$；

(3) $1<\mathrm{Re}(z)<2$；

(4) $3\leqslant|z|\leqslant 4$；

(5) $|z-1|<|z+3|$；

(6) $1<\arg z<2$；

(7) $|z-2|+|z+2|\leqslant 6$；

(8) $|z|+\mathrm{Re}(z)<1$；

(9) $|z-1|<4|z+1|$；

(10) $z\bar{z}-(2+\mathrm{i})z-(2-\mathrm{i})\bar{z}\leqslant 4$.

16. 证明：复平面上的直线方程可以写成

$$a\bar{z}+\bar{a}z=c \quad (a\text{ 是非零复常数},c\text{ 为实常数}).$$

17. 将下列方程（t 为实参数）给出的曲线用一个实直角坐标方程表示.

(1) $z=(1-\mathrm{i})t$；

(2) $z=a\cos t+\mathrm{i}b\sin t$；

(3) $z=t^2+\dfrac{1}{t^2}$；

(4) $z=a\mathrm{e}^{\mathrm{i}t}+b\mathrm{e}^{-\mathrm{i}t}$.

18. 已知映射 $w=z^4$，求

(1) 点 $z_1=\mathrm{i}$，$z_2=1+\mathrm{i}$，$z_3=1-\mathrm{i}$ 在 w 平面上的像点；

(2) 区域 $0<\arg z<\dfrac{\pi}{4}$ 在 w 平面上的像域.

19. 函数 $w=\dfrac{1}{z}$ 把下列 z 平面上的曲线映射成 w 平面上怎样的曲线？

(1) $x^2+y^2=1$；

(2) $y=-x$；

(3) $x=1$；

(4) $x^2+(y-1)^2=1$.

20. 试求下列极限.

(1) $\lim\limits_{z\to 1-2\mathrm{i}}\dfrac{\bar{z}}{z}$；

(2) $\lim\limits_{z\to 1}\dfrac{z\bar{z}+2z-\bar{z}-2}{z^2-1}$.

21. 试证 $\lim\limits_{z\to 0}\dfrac{\mathrm{Re}(z)}{z}$ 不存在.

22. 如果 $f(z)$ 在 z_0 处连续，证明 $\overline{f(z)}$、$|f(z)|$ 也在 z_0 处连续.

23. 设 $f(z)$ 在 z_0 处连续且 $f(z_0)\neq 0$，证明可以找到 z_0 的小邻域，在这个邻域内 $f(z)\neq 0$.

24. 设 $\lim\limits_{z\to z_0}f(z)=A$，证明 $f(z)$ 在 z_0 的某一去心邻域内是有界的，即存在一个实常数 $M>0$，使得在 z_0 的某一去心邻域内有 $|f(z)|\leqslant M$.

25. 设函数 $f(z)=\begin{cases}\dfrac{xy}{x^2+y^2}, & z\neq 0,\\ 0, & z=0,\end{cases}$ 证明 $f(z)$ 在原点处不连续.

26.试证 argz 在原点与负实轴上不连续.

第二章习题

1. 利用导数定义推出：

(1) $(z^n)' = nz^{n-1}$（n 为正整数）；

(2) $\left(\dfrac{1}{z}\right)' = -\dfrac{1}{z^2}$.

2. 求下列函数的奇点.

(1) $\dfrac{z-1}{z^2(z^2+4)}$；

(2) $\dfrac{z-2}{(z+2)^2(z^2+1)^3}$.

3. 下列函数在何处可导,在何处解析？

(1) $f(z) = x - iy^2$；

(2) $f(z) = 2x^3 + 3y^3 i$；

(3) $f(z) = xy^2 - x^2 yi$；

(4) $f(z) = e^{-y}\sin x - ie^{-y}\cos x$；

(5) $f(z) = x^3 - 3xy^2 + i(3x^2 y - y^3)$；

(6) $f(z) = \dfrac{x+y}{x^2+y^2} + i\dfrac{x-y}{x^2+y^2}$.

4. 试证下列函数在复平面上任何点处都不解析.

(1) $f(z) = 2x + yi$；

(2) $f(z) = x - y$；

(3) $f(z) = \text{Re}(z)$；

(4) $f(z) = \dfrac{1}{\bar{z}}$.

5. 判断下列命题的真假,并说明原因.

(1) 如果 $f(z)$ 在 z_0 处连续,则 $f'(z_0)$ 存在；

(2) 如果 $f'(z_0)$ 存在,则 $f(z)$ 在 z_0 处解析；

(3) 如果 z_0 是 $f(z)$ 的奇点,则 $f(z)$ 在 z_0 处不可导；

(4) 如果 z_0 是 $f(z)$ 和 $g(z)$ 的一个奇点,则 z_0 也是 $f(z)+g(z)$ 和 $\dfrac{f(z)}{g(z)}$ 的奇点；

(5) 如果 $u(x,y)$ 和 $v(x,y)$ 可导(指偏导数存在),那么 $f(z) = u(x,y) + iv(x,y)$ 也可导；

(6) 设 $f(z) = u(x,y) + iv(x,y)$ 在区域 D 内解析. 如果 $u(x,y)$ 是实常数,那么 $f(z)$ 在整个 D 内都是常数；如果 $v(x,y)$ 是实常数,那么 $f(z)$ 在整个 D 内也为常数.

6. 试证：

$$f(z) = \begin{cases} 0, & z=0, \\ \dfrac{(1+i)x^3-(1-i)y^3}{x^2+y^2}, & z\neq 0 \end{cases}$$

在 $z=0$ 处满足柯西-黎曼方程,但是不解析.

7. 证明:柯西-黎曼方程的极坐标形式是
$$\frac{\partial u}{\partial r} = \frac{1}{r}\frac{\partial v}{\partial \theta}, \quad \frac{\partial v}{\partial r} = -\frac{1}{r}\frac{\partial u}{\partial \theta}.$$

8. 如果 $f(z) = u(x,y) + iv(x,y)$ 是 z 的解析函数,证明:

(1) $\left[\frac{\partial |f(z)|}{\partial x}\right]^2 + \left[\frac{\partial |f(z)|}{\partial y}\right]^2 = |f'(z)|^2$;

(2) $\left(\frac{\partial^2}{\partial x^2} + \frac{\partial^2}{\partial y^2}\right)|f(z)|^2 = 4|f'(z)|^2$.

9. 在 $f(z) = u(x,y) + iv(x,y)$ 中,将 $z = x+iy$ 与 $\bar{z} = x-iy$ 形式地看作独立变数,写作
$$f(z,\bar{z}) = u\left(\frac{z+\bar{z}}{2}, \frac{z-\bar{z}}{2i}\right) + iv\left(\frac{z+\bar{z}}{2}, \frac{z-\bar{z}}{2i}\right).$$
对于解析函数 $f(z)$,柯西-黎曼方程可以写成
$$\frac{\partial f}{\partial \bar{z}} = \frac{\partial u}{\partial \bar{z}} + i\frac{\partial v}{\partial \bar{z}} = 0.$$
由此可见,解析函数是以条件$\frac{\partial f}{\partial \bar{z}} = 0$为其特征的.因此,不妨说,一个解析函数与$\bar{z}$无关,而是 z 的函数.试证明.

10. 证明:如果函数 $f(z) = u(x,y) + iv(x,y)$ 在区域 D 内解析,并满足下列条件之一,那么 $f(z)$ 是一个复常数.

(1) $f(z)$ 恒取实值;

(2) $\overline{f(z)}$ 在区域 D 内解析;

(3) $|f(z)|$区域 D 内是一个常数;

(4) $\arg f(z)$ 在区域 D 内是一个常数;

(5) $au + bv = c$,其中 a,b,c 为不全为零的实常数;

(6) $v = u^2$.

11. 如果 $f(z) = u(x,y) + iv(x,y)$ 为一解析函数,试证$i\overline{f(z)}$也是解析函数.

12. 设 $z = x+iy$,试求

(1) $|e^{-2i+3z}|$;

(2) $|e^{z^2}|$;

(3) $\mathrm{Re}(e^{\frac{1}{z}})$.

13. 求 $\mathrm{Ln}\left(-\frac{i}{2}\right), \mathrm{Ln}(-3+4i)$ 和它们的主值.

14. 下列关系是否正确?

(1) $\overline{e^z} = e^{\bar{z}}$;

(2) $\overline{\cos z} = \cos\bar{z}$;

(3) $\overline{\sin z} = \sin\bar{z}$.

15. 求出下列方程的解.

(1) $\sin z = 0$;

(2) $\cos z = 0$;

(3) $1 + e^z = 0$;

(4) $\sin z + \cos z = 0$.

16. 证明复对数的性质：$\text{Ln}\left(\dfrac{z_1}{z_2}\right) = \text{Ln}z_1 - \text{Ln}z_2$.

17. 求 $e^{1-i\frac{\pi}{2}}$，$e^{\frac{1+i\pi}{4}}$，2^i 和 $(1-i)^i$ 的值.

18. 证明：

(1) $\cos(z_1 + z_2) = \cos z_1 \cos z_2 - \sin z_1 \sin z_2$；

    $\sin(z_1 + z_2) = \sin z_1 \cos z_2 + \cos z_1 \sin z_2$；

(2) $\sin^2 z + \cos^2 z = 1$；

(3) $\sin 2z = 2\sin z \cos z$；

(4) $\tan 2z = \dfrac{2\tan z}{1 - \tan^2 z}$；

(5) $\sin\left(\dfrac{\pi}{2} - z\right) = \cos z$，$\cos(z + \pi) = -\cos z$；

(6) $|\cos z|^2 = \cos^2 x + \text{sh}^2 y$，$|\sin z|^2 = \sin^2 x + \text{sh}^2 y$.

19. 设 $z = re^{i\theta}$，试证

$$\text{Re}[\ln(z-1)] = \dfrac{1}{2}\ln(1 + r^2 - 2r\cos\theta).$$

20. 已知 $f(z) = \dfrac{\ln\left(\dfrac{1}{2} + z^2\right)}{\sin\left(\dfrac{1+i}{4}\pi z\right)}$，求 $|f'(1-i)|$ 及 $\arg f'(1-i)$.

21. 将下列各式表示成 $x + iy$ 的形式.

(1) $e^{1+i\pi} + \cos i$；

(2) $\text{ch}\dfrac{\pi}{4}i$；

(3) $\cos(i\ln 5)$.

22. 解方程 $\ln z = 1 - \dfrac{\pi}{3}i$.

23. 证明：

(1) $\text{ch}^2 z - \text{sh}^2 z = 1$；

(2) $\text{ch}^2 z + \text{sh}^2 z = \text{ch}2z$；

(3) $\text{sh}(z_1 + z_2) = \text{sh}z_1 \text{ch}z_2 + \text{ch}z_1 \text{sh}z_2$；

    $\text{ch}(z_1 + z_2) = \text{ch}z_1 \text{ch}z_2 + \text{sh}z_1 \text{sh}z_2$.

24. 证明 $\cos z$ 的反函数为 $w = \text{Arccos}z = -i\text{Ln}(z + \sqrt{z^2 - 1})$.

第三章习题

1. 沿下列路线计算积分 $\displaystyle\int_0^{3+i} z^2 dz$.

(1) 从原点至 $3+i$ 的直线段；

(2) 从原点沿实轴至 3，再由 3 铅直向上至 $3+i$；

(3) 从原点沿虚轴至 i，再由 i 沿水平方向向右至 $3+i$.

2. 分别沿 $y = x$ 与 $y = x^2$ 计算积分 $\int_0^{1+i} (x^2 + iy) dz$.

3. 利用单位圆上 $\bar{z} = \dfrac{1}{z}$ 的性质,说明 $\oint_{|z|=1} \bar{z} dz = 2\pi i$.

4. 计算积分 $\oint_C \dfrac{\bar{z}}{|z|} dz$,其中 C 为正向圆周:

(1) $|z| = 2$;

(2) $|z| = 3$.

5. 计算积分 $\oint_C |z| \bar{z} dz$,其中 C 为一条闭路,由直线段 $-1 \leqslant x \leqslant 1, y = 0$ 与上半单位圆周组成.

6. 利用积分估值,证明

(1) $\left| \int_C (x^2 + iy^2) dz \right| \leqslant 2$,其中 C 为连接 $-i$ 到 i 的直线段;

(2) $\left| \int_C (x^2 + iy^2) dz \right| \leqslant \pi$,其中 C 为连接 $-i$ 到 i 的右半圆周.

7. 试用观察法得出下列积分的值,并说明理由.

(1) $\oint_{|z|=1} \dfrac{1}{z+2} dz$;

(2) $\oint_{|z|=1} \dfrac{1}{z^2 + 2z + 6} dz$;

(3) $\oint_{|z|=2} \dfrac{e^z}{\cos z} dz$;

(4) $\oint_{|z|=2} e^z (z^2 + 2) dz$;

(5) $\oint_{|z|=\frac{1}{2}} \dfrac{\sin z}{e^z - e} dz$;

(6) $\oint_{|z|=1} \dfrac{1}{(z^3 + 2)(z^2 - 4)} dz$.

8. 计算下列积分的值.

(1) $\int_{-2}^{-2+i} (z+2)^2 dz$;

(2) $\int_0^{\pi+2i} \cos \dfrac{z}{2} dz$;

(3) $\int_1^3 (z-1)^3 dz$;

(4) $\int_i^{\frac{i}{2}} e^{\pi z} dz$;

(5) $\int_0^1 z \sin z dz$;

(6) $\int_0^i (z-i) e^{-z} dz$.

9. 由积分 $\oint_{|z|=1} \dfrac{1}{z+2} dz$ 之值证明:

$$\int_0^\pi \frac{1+2\cos\theta}{5+4\cos\theta}d\theta = 0.$$

10. 求积分

$$\int_0^{2\pi a} (2z^2 + 8z + 1)\,dz$$

之值,其中积分路径是连接 0 到 $2\pi a$ 的摆线:

$$x = a(\theta - \sin\theta), \quad y = a(1 - \cos\theta).$$

11. 沿指定曲线的正向计算下列各积分.

(1) $\oint_c \dfrac{e^z}{z-3}dz, C: |z-3| = 1$;

(2) $\oint_c \left(\dfrac{4}{z-1} + \dfrac{3}{z+2i}\right)dz, C: |z| = 4$;

(3) $\oint_c \dfrac{1}{(2z+1)(z-2)}dz, C: |z| = 1$;

(4) $\oint_c \dfrac{e^z}{z(z-2i)}dz, C: |z-3i| = 2$;

(5) $\oint_c \dfrac{1}{z^2+1}dz, C: |z| = 2$;

(6) $\oint_c \dfrac{1}{(z^2+1)(z^2+4)}dz, C: |z| = \dfrac{3}{2}$;

(7) $\oint_c \dfrac{\cos z}{(z-i)^3}dz, C: |z-i| = 1$;

(8) $\oint_c \dfrac{e^{-z}\sin z}{z^2}dz, C: |z-i| = 2$;

(9) $\oint_c \dfrac{e^z}{z^5}dz, C: |z| = 1$;

(10) $\oint_c \dfrac{\cos z}{z^3}dz$, 其中 $C = C_1 + C_2^-, C_1: |z| = 2, C_2: |z| = 3$.

12. 求积分 $\oint_{|z|=1} \dfrac{e^z}{z}dz$, 从而证明:

$$\int_0^\pi e^{\cos\theta} \cos(\sin\theta)d\theta = \pi.$$

13. 设 $f(z) = \oint_{|\xi|=3} \dfrac{3\xi^2 + 7\xi + 1}{\xi - z}d\xi \ (|z| \neq 3)$, 求 $f(1+i)$ 和 $f'(1+i)$ 的值.

14. 设在区域 $D = \left\{z \,\middle|\, |\arg z| < \dfrac{\pi}{2}\right\}$ 内的单位圆周 $|z| = 1$ 上任取一点 z, 用 D 内曲线 C 连接 0 与 z, 证明

$$\operatorname{Re}\int_C \dfrac{dz}{z^2+1} = \dfrac{\pi}{4}.$$

15. 证明:当 C 为任何不通过原点的简闭曲线时, $\oint_C \dfrac{1}{z^2}dz = 0$.

16. 设 C 为不经过 a 与 $-a$ 的正向简闭曲线, a 为不等于零的任何复数. 试讨论 a 和 $-a$ 与 C 的各种不同情况, 计算积分

$$\oint_C \frac{z}{z^2 - a^2} dz$$

的值.

17. 设 C_1 与 C_2 为两条互不包含也互不相交的正向简单闭曲线,证明:
$$\frac{1}{2\pi i}\left[\oint_{C_1} \frac{z^2 dz}{z - z_0} + \oint_{C_2} \frac{\sin z dz}{z - z_0} + \right] = \begin{cases} z_0^2, & \text{当 } z_0 \text{ 在 } C_1 \text{ 内时,} \\ \sin z_0, & \text{当 } z_0 \text{ 在 } C_2 \text{ 内时.} \end{cases}$$

18. 设 $f(z)$ 与 $g(z)$ 在区域 D 内解析,C 为 D 内任意一条简闭曲线,它的内部全含于 D. 如果 $f(z) = g(z)$ 在 C 内所有的点处都成立,证明在 C 内所有的点处 $f(z) = g(z)$ 也成立.

19. 证明 $u(x,y) = x^2 - y^2$ 和 $v(x,y) = \frac{y}{x^2 + y^2}$ 都是调和函数,但 $f(z) = u(x,y) + iv(x,y)$ 不是解析函数.

20. 设 $u(x,y)$ 为区域 D 内的调和函数,$f(z) = \frac{\partial u}{\partial x} - i\frac{\partial u}{\partial y}$ 是否是 D 内解析函数?为什么?

21. 证明:一对共轭调和函数的乘积仍为调和函数.

22. 由下列各已知调和函数求解析函数 $f(z) = u(x,y) + iv(x,y)$.

(1) $u(x,y) = x^2 + xy - y^2, f(0) = 0$;

(2) $v(x,y) = e^x(y\cos y + x\sin y), f(0) = 0$;

(3) $u(x,y) = 2(x-1)y, f(2) = -i$;

(4) $v(x,y) = \frac{y}{x^2 + y^2}, f(2) = 0$;

(5) $v(x,y) = \arctan\frac{y}{x}, x > 0$.

23. 求 k 值,使得 $u(x,y) = x^2 + ky^2$ 为调和函数,再求 $u(x,y)$ 的共轭调和函数 $v(x,y)$,使得 $f(z) = u(x,y) + iv(x,y)$ 为解析函数且满足 $f(i) = -1$.

24. 已知 $u(x,y) + v(x,y) = (x-y)(x^2 + 4xy + y^2) - 2(x+y)$,试确定解析函数 $f(z) = u(x,y) + iv(x,y)$.

25. 设 $v(x,y) = e^{px}\sin y$,求 p 的值使 $v(x,y)$ 为调和函数,并求出解析函数 $f(z) = u(x,y) + iv(x,y)$.

26. 设函数 $f(z)$ 在 $|z| \leqslant 1$ 上解析,且 $f(0) = 1$. 计算积分
$$\frac{1}{2\pi i}\oint_{|z|=1}\left[2 \pm \left(z + \frac{1}{z}\right)\right]\frac{f(z)}{z}dz.$$

再利用极坐标导出卜式
$$\frac{2}{\pi}\int_0^{2\pi} f(e^{i\theta})\cos^2\frac{\theta}{2}d\theta = 2 + f'(0),$$
$$\frac{2}{\pi}\int_0^{2\pi} f(e^{i\theta})\sin^2\frac{\theta}{2}d\theta = 2 - f'(0).$$

第四章习题

1. 下列数列 $\{\alpha_n\}$ 是否收敛?如果收敛,求出它们的极限.

(1) $\alpha_n = \frac{1 - ni}{1 + ni}$;

(2) $\alpha_n = \left(1 + \dfrac{i}{3}\right)^n$;

(3) $\alpha_n = (-1)^n + \dfrac{i}{n+2}$;

(4) $\alpha_n = e^{-\frac{n\pi i}{2}}$;

(5) $\alpha_n = \dfrac{1}{2n} e^{-\frac{n\pi i}{2}}$.

2. 判别下列级数的绝对收敛性与收敛性.

(1) $\displaystyle\sum_{n=2}^{\infty} \dfrac{i^n}{\ln n}$;

(2) $\displaystyle\sum_{n=0}^{\infty} \dfrac{(3+4i)^n}{6^n}$;

(3) $\displaystyle\sum_{n=1}^{\infty} \left(\dfrac{1+5i}{2}\right)^n$;

(4) $\displaystyle\sum_{n=0}^{\infty} \dfrac{\cos in}{2^n}$.

3. 下列说法是否正确?为什么?

(1) 每一个幂级数在它的收敛圆内与收敛圆上都收敛;

(2) 每一个幂级数的和函数在收敛圆内可能有奇点;

(3) 每一个在 z_0 处连续的函数一定可以在 z_0 的某个邻域内展开成泰勒级数.

4. 幂级数 $\displaystyle\sum_{n=0}^{\infty} c_n (z-3)^n$ 能否在 $z=0$ 处收敛而在 $z=4$ 处发散?

5. 求下列级数的收敛半径.

(1) $\displaystyle\sum_{n=0}^{\infty} \dfrac{n}{2^n} z^n$;

(2) $\displaystyle\sum_{n=0}^{\infty} \dfrac{1}{n!} z^n$;

(3) $\displaystyle\sum_{n=0}^{\infty} \dfrac{n!}{n^n} z^n$;

(4) $\displaystyle\sum_{n=0}^{\infty} (1+i)^n z^n$;

(5) $\displaystyle\sum_{n=1}^{\infty} e^{i\frac{\pi}{n}} z^n$;

(6) $\displaystyle\sum_{n=1}^{\infty} \left(\dfrac{z}{\ln in}\right)^n$.

6. 如果 $\displaystyle\sum_{n=0}^{\infty} c_n z^n$ 的收敛半径为 R,证明 $\displaystyle\sum_{n=0}^{\infty} \operatorname{Re}(c_n) z^n$ 的收敛半径不小于 R.

7. 证明:如果 $\displaystyle\lim_{n\to\infty} \dfrac{c_{n+1}}{c_n}$ 存在($\neq +\infty$),下列三个幂级数有相同的收敛半径.

(1) $\displaystyle\sum c_n z^n$;

(2) $\sum \dfrac{c_n}{n+1} z^{n+1}$;

(3) $\sum n c_n z^{n-1}$.

8. 我们知道,函数 $\dfrac{1}{1+x^2}$ 当 x 为任何实数时,都有确定的值,但它的泰勒展开式

$$\dfrac{1}{1+x^2} = 1 - x^2 + x^4 - \cdots$$

却只当 $|x| < 1$ 成立,试说明其原因.

9. 把下列各函数展开成 z 的幂级数,并指出它们的收敛半径.

(1) $\dfrac{1}{az+b}$ 　(a,b 为复数,且 $b \neq 0$);

(2) $\dfrac{1}{1+z^3}$;

(3) $\dfrac{1}{(1-z)^2}$;

(4) $\cos z^2$;

(5) $\operatorname{sh} z$;

(6) $\operatorname{ch} z$;

(7) $e^{z^2} \sin z^2$;

(8) $\dfrac{1}{(1+z^2)^2}$;

(9) $e^{\frac{z}{z-1}}$;

(10) $\sin \dfrac{1}{1-z}$.

提示:$\sin \dfrac{1}{1-z} = \sin\left(1 + \dfrac{z}{1-z}\right) = \sin 1 \cos \dfrac{z}{1-z} + \cos 1 \sin \dfrac{z}{1-z}$.

10. 求下列幂级数在收敛圆内的和函数.

(1) $\displaystyle\sum_{n=1}^{\infty} \dfrac{(-1)^n}{n} z^n$;

(2) $\displaystyle\sum_{n=1}^{\infty} (-1)^{n-1} n z^n$.

11. 求下列函数在指定点处的泰勒展开式,并指出它们的收敛半径.

(1) $\dfrac{1}{z-1}$, $z_0 = 3$;

(2) $\dfrac{1}{(z+1)(z+2)}$, $z_0 = 2$;

(3) $\dfrac{1}{z^2}$, $z_0 = 1$;

(4) $\arctan z$, $z_0 = 0$;

12. 把下列各函数在指定的圆环域内展开成洛朗级数.

(1) $\dfrac{1}{z(1-z)^2}$, 　$0 < |z| < 1$; 　$0 < |z-1| < 1$;

(2) $\dfrac{z+1}{z^2(z-1)}$,　$0<|z|<1$;$|z|>1$;

(3) $\dfrac{z^2-2z+5}{(z-2)(z^2+1)}$,　$1<|z|<2$;

(4) $\dfrac{1}{(z^2+1)^2}$,　$0<|z-i|<2$;

(5) $\dfrac{e^z}{z(z^2+1)}$,　$0<|z|<1$,只要含 $\dfrac{1}{z}$ 到 z^2 各项;

(6) $\dfrac{1}{z^2(z-i)}$,在以 i 为中心的圆环域内.

第五章习题

1. $z=0$ 是否为下列函数的孤立奇点?

(1) $e^{\frac{1}{z}}$;

(2) $\cot\dfrac{1}{z}$;

(3) $\dfrac{1}{\sin z}$.

2. 指出下列函数的所有零点及其阶数.

(1) $\dfrac{z^2+16}{z^4}$;

(2) $z\sin z$;

(3) $z^2(e^{z^2}-1)$.

3. 下列函数在有限复平面内有哪些孤立奇点?各属于哪种类型?如果是极点,指出它的级别.

(1) $\dfrac{1}{z^3(z^2+4)^2}$;

(2) $\dfrac{e^z\sin z}{z^3}$;

(3) $\dfrac{1}{z^3-z^2-z+1}$;

(4) $\dfrac{\ln(1+z)}{z}$;

(5) $\dfrac{z}{(1+z^2)(1+e^{\pi z})}$;

(6) $\cos\dfrac{1}{1-z}$;

(7) $\sin\dfrac{1}{z}+\dfrac{1}{z^2}$;

(8) $e^{z-\frac{1}{z}}$;

(9) $\dfrac{z^{2n}}{1+z^n}$(n 为正整数);

(10) $\dfrac{\mathrm{e}^{\frac{1}{1-z}}}{\mathrm{e}^z-1}$.

4. 如果 z_0 是 $f(z)$ 的 $m(m>1$ 且为整数$)$ 级零点,证明 z_0 是 $f'(z)$ 的 $m-1$ 级零点.

5. 验证:$z=\dfrac{\pi}{2}\mathrm{i}$ 是 $\mathrm{ch}z$ 的一级零点.

6. $z=0$ 是 $\dfrac{z^2\,(\mathrm{e}^z-1)^3}{(1-\cos z)^3\,\sin^4 z}$ 的几级极点?

7. 证明:如果 $f(z)$ 和 $g(z)$ 是以 z_0 为零点的两个不恒等于零的解析函数,那么

$$\lim_{z\to z_0}\frac{f(z)}{g(z)}=\lim_{z\to z_0}\frac{f'(z)}{g'(z)}\ (\text{或两端均为}\infty).$$

8. 函数 $f(z)=\dfrac{1}{(z-1)(z-2)^3}$ 在 $z=2$ 处有一个三级极点,这个函数又有如下的洛朗展开式:

$$\frac{1}{(z-1)(z-2)^3}=\cdots+\frac{1}{(z-2)^6}-\frac{1}{(z-2)^5}+\frac{1}{(z-2)^4}\quad(|z-2|>1),$$

所以 $z=2$ 又是 $f(z)$ 的一个本性奇点,这种说法正确吗?

9. 指出下列函数在无穷远点处的性质.

(1) $\dfrac{1}{2+z+z^2}$;

(2) $\dfrac{z^3}{2-3z^3}$;

(3) $\dfrac{z^5}{(z^2-2)^2\cos\dfrac{1}{z+3}}$;

(4) $\dfrac{1}{\mathrm{e}^z-1}-\dfrac{1}{z}$;

(5) $\dfrac{\mathrm{e}^z}{z(1-\mathrm{e}^{-z})}$;

(6) $\mathrm{e}^{-2z}\cos\dfrac{1}{z}$.

10. 讨论下列各函数在扩充复平面上有哪些孤立奇点,各属于哪一种类型. 如果是极点,请指出它的级别.

(1) $\sin\dfrac{z}{z-1}$;

(2) $\mathrm{e}^{z+\frac{1}{z}}$;

(3) $\sin z\cdot\sin\dfrac{1}{z}$;

(4) $\dfrac{\mathrm{sh}z}{\mathrm{ch}z}$.

11. 求下列各函数 $f(z)$ 在孤立奇点(不考虑无穷远点)的留数.

(1) $\dfrac{z-1}{z^2+2z}$;

(2) $\dfrac{1}{z^3 - z^5}$；

(3) $\dfrac{z^2}{(1+z^2)^2}$；

(4) $\dfrac{1-e^z}{z^4}$；

(5) $\sin\dfrac{1}{1-z}$；

(6) $\tan z$.

12. 利用留数定理计算下列各积分.

(1) $\displaystyle\oint_C \dfrac{\sin z\,\mathrm{d}z}{z}$，$C: |z| = \dfrac{3}{2}$；

(2) $\displaystyle\oint_C \dfrac{z\,\mathrm{d}z}{(z-1)(z-2)^2}$，$C: |z-2| = \dfrac{1}{2}$；

(3) $\displaystyle\oint_C \dfrac{e^{3z}\,\mathrm{d}z}{(z-1)^2}$，$C: |z| = 2$；

(4) $\displaystyle\oint_C e^{\frac{1}{z^2}}\,\mathrm{d}z$，$C: |z| = 1$；

(5) $\displaystyle\oint_C \dfrac{1-\cos z}{z^5}\,\mathrm{d}z$，$C: |z| = 1$；

(6) $\displaystyle\oint_C \mathrm{th}z\,\mathrm{d}z$，$C: |z-2\mathrm{i}| = 1$；

(7) $\displaystyle\oint_C \dfrac{2z-1}{z(z-1)^2}\,\mathrm{d}z$，$C: |z| = 2$；

(8) $\displaystyle\oint_C \tan\pi z\,\mathrm{d}z$，$C: |z| = n$（$n$ 为自然数）.

13. 求 $\mathrm{Res}[f(z), \infty]$ 的值，如果

(1) $f(z) = e^{\frac{1}{z}}$；

(2) $f(z) = \dfrac{2z}{z^2+2}$；

(3) $f(z) = \dfrac{e^z}{z^2-1}$；

(4) $f(z) = \dfrac{1}{z^2(z-1)^5(z+3)}$.

14. 计算下列各积分.

(1) $\displaystyle\oint_C \dfrac{1}{z^4(z^8-2)}\,\mathrm{d}z$，$C: |z| = 2$；

(2) $\displaystyle\oint_C \dfrac{z^{13}}{(z+2)^2(z^4-3)^3}\,\mathrm{d}z$，$C: |z| = 3$；

(3) $\displaystyle\oint_C \dfrac{z^3}{1+z}e^{\frac{1}{z}}\,\mathrm{d}z$，$C: |z| = 2$；

(4) $\displaystyle\oint_C \dfrac{z^{2n}}{1+z^n}\,\mathrm{d}z$，（$n$ 为一正整数），$C: |z| = 2$.

15. 计算下列积分.

(1) $\int_0^{2\pi} \dfrac{\mathrm{d}\theta}{a + \cos\theta} \quad (a > 1)$;

(2) $\int_0^{\frac{\pi}{2}} \dfrac{\mathrm{d}x}{a + \sin^2 x} \quad (a > 0)$;

(3) $\int_0^{\pi} \tan(\theta + \mathrm{i}a)\mathrm{d}\theta \quad (a$ 为实数且 $a \neq 0)$;

(4) $\int_0^{+\infty} \dfrac{x^2}{(x^2 + 1)(x^2 + 4)}\mathrm{d}x$;

(5) $\int_{-\infty}^{+\infty} \dfrac{1}{(x^2 + 1)^2}\mathrm{d}x$;

(6) $\int_0^{+\infty} \dfrac{x^2}{x^4 + 1}\mathrm{d}x$;

(7) $\int_{-\infty}^{+\infty} \dfrac{\cos x}{x^2 + 4x + 5}\mathrm{d}x$;

(8) $\int_0^{+\infty} \dfrac{x\sin x}{1 + x^2}\mathrm{d}x$.

16. 设 $f(z)$ 在复平面上解析, $f(z) = \sum\limits_{n=0}^{\infty} a_n z^n$, 则对任一正数 k, 求 $\mathrm{Res}\left[\dfrac{f(z)}{z^k}, 0\right]$.

第六章习题

1. 求函数 $f(z) = \dfrac{z + \mathrm{i}}{z - \mathrm{i}}$ 在 $z = 1, z = -\mathrm{i}$ 处的伸缩率与转动角.

2. 求映射 $f(z) = (z + 1)^2$ 在点 $z = \mathrm{i}$ 处的伸缩率与转动角.

3. 若映射由下列函数实现, 试问平面上哪些部分放大, 哪些部分缩小?

(1) $w = z^2 + 2z$;

(2) $w = \mathrm{e}^z$.

4. 求 $w = 3z^2$ 在 $z = \mathrm{i}$ 处的伸缩率与转动角. 问: $w = 3z^2$ 将经过点 $z = \mathrm{i}$ 且平行于实轴正向的曲线的切线方向映射成 w 平面上哪一个方向? 并作出草图.

5. 在映射 $w = 2\mathrm{i}z + \mathrm{i}$ 的作用下, $0 < \mathrm{Re}(z) < 3$ 变成什么图形?

6. 在映射 $w = \mathrm{i}z$ 下, 下列图形映射成什么图形?

(1) 以 $z_1 = \mathrm{i}, z_2 = -1; z_3 = 1$ 为顶点的三角形;

(2) $\mathrm{Im}(z) > 0$;

(3) 闭圆域: $|z - 1| \leqslant 1$.

7. 证明: 映射 $w = z + \dfrac{1}{z}$ 把圆周 $|z| = C(C > 0)$ 映射成椭圆

$$u = \left(C + \dfrac{1}{C}\right)\cos\theta, \quad v = \left(C - \dfrac{1}{C}\right)\sin\theta.$$

8. 对函数 $w = \dfrac{1}{z}$, 求下列曲线或区域的像.

(1) 直线束 $y = kx$;

(2) 圆族 $x^2 + y^2 = ax$;

(3) 带形域 $\text{Re}(z) > 0, 0 < \text{Im}(z) < 1$；

(4) 角形域 $x > 1, y > 0$．

9. 求出下列映射中并不保角的 z 平面上的点．

(1) $w = z^2 - z + 1$；

(2) $w = \mathrm{e}^{z^2}$．

10. 如果分式线性映射 $w = \dfrac{az + b}{cz + d}$ 将上半平面 $\text{Im}(z) > 0$ 映射成上半平面 $\text{Im}(w) > 0$，其系数满足什么条件? 若将上半平面 $\text{Im}(z) > 0$ 映射成下半平面 $\text{Im}(w) < 0$，其系数又满足什么条件?

11. 求把 z 平面上的点 $-1, 0, 1$ 分别映射为 w 平面上的点 $1, \mathrm{i}, -1$ 的分式线性映射，并确定上半平面在这个变换下变换成什么区域．

12. 下列各题中，给出了三对对应点 z_1, z_2, z_3 和 w_1, w_2, w_3，试确定分式线性映射．

(1) $2, \mathrm{i}, -2$ 映射成 $-1, \mathrm{i}, 1$；

(2) $1, \mathrm{i}, -1$ 映射成 $\infty, -1, 0$；

(3) $\infty, \mathrm{i}, 0$ 映射成 $0, \mathrm{i}, \infty$；

(4) $\infty, 0, 1$ 映射成 $0, 1, \infty$．

13. 分别求将上半平面 $\text{Im}(z) > 0$ 共形映射成单位圆 $|w| < 1$ 的分式线性变换 $w = L(z)$，使符合条件：

(1) $L(1 + \mathrm{i}) = 0, L(1 + 2\mathrm{i}) = \dfrac{1}{3}$；

(2) $L(\mathrm{i}) = 0, L'(\mathrm{i}) > 0$；

(3) $L(\mathrm{i}) = 0, \arg L'(\mathrm{i}) = \dfrac{\pi}{2}$．

14. 求把单位圆 $|z| < 1$ 映射成单位圆 $|w| < 1$ 的分式线性变换 $w = L(z)$，使符合条件：

(1) $L\left(\dfrac{1}{2}\right) = 0, L(-1) = 1$；

(2) $L\left(\dfrac{1}{2}\right) = 0, L(1) = -1$；

(3) $L\left(\dfrac{1}{2}\right) = 0, \arg L'\left(\dfrac{1}{2}\right) = 0$；

(4) $L\left(\dfrac{1}{2}\right) = 0, \arg L'\left(\dfrac{1}{2}\right) = -\dfrac{\pi}{2}$．

15. 映射 $w = z^3$ 将 $0 < \arg z < \dfrac{\pi}{3}$ 且 $|z| < 2$ 映射成平面上什么图形?

16. 映射 $w = \mathrm{e}^z$ 将 $0 < \text{Im}(z) < \dfrac{3\pi}{4}$ 映射成平面上什么图形?

17. 试求将区域 $-\dfrac{\pi}{3} < \arg z < \dfrac{\pi}{3}$ 变换到单位圆内的一个共形映射．

18. 试求将 $0 < \arg z < \dfrac{\pi}{2}(0 < |z| < 1)$ 共形映射到单位圆的共形映射．

19. 试求将单位圆 $|z| < 1$ 共形映射到 $|w - 1| < 1$，且满足 $L(0) = \dfrac{1}{2}, L(1) = 0$ 的共形

映射 $w = L(z)$.

20. 求将圆 $|z - 4i| < 2$ 变成半平面 $v > u$ 的共形映射，使得圆心变到 -4，而圆周上的点 $2i$ 变到 $w = 0$.

第七章习题

1. 求下列函数的傅里叶积分.

(1) $f(t) = \begin{cases} 1 - t^2, & t^2 < 1, \\ 0, & t^2 > 1; \end{cases}$

(2) $f(t) = \begin{cases} -1, & -1 < t < 0, \\ 1, & 0 < t < 1, \\ 0, & 其他. \end{cases}$

2. 求下列函数的傅里叶积分，并推证下列积分结果：

(1) $f(t) = \mathrm{e}^{-\beta|t|}$ $(\beta > 0)$，证明 $\int_0^{+\infty} \dfrac{\cos\omega t}{\beta + \omega^2}\mathrm{d}\omega = \dfrac{\pi}{2\beta}\mathrm{e}^{-\beta|t|}$；

(2) $f(t) = \begin{cases} \sin t, & |t| \leqslant \pi, \\ 0, & |t| > \pi, \end{cases}$ 证明 $\int_0^{+\infty} \dfrac{\sin\omega\pi\sin\omega t}{1 - \omega^2}\mathrm{d}\omega = \begin{cases} \dfrac{\pi}{2}\sin t, & |t| \leqslant \pi, \\ 0, & |t| > \pi. \end{cases}$

3. 求函数 $f(t) = \mathrm{e}^{-\beta t}$ $(\beta > 0, t \geqslant 0)$ 的傅里叶正弦积分表达式和傅里叶余弦积分表达式.

4. 求函数

$$f(t) = \begin{cases} A, & 0 < t < \tau, \\ 0, & 其他 \end{cases}$$

的傅里叶变换.

5. 证明傅里叶变换的像函数 $F(\omega)$ 与像原函数 $f(t)$ 有相同的奇偶性.

6. 求下列函数的傅里叶变换.

(1) $f(t) = \begin{cases} 1 - |t|, & |t| \leqslant 1, \\ 0, & |t| > 1; \end{cases}$

(2) $f(t) = \begin{cases} \mathrm{e}^{-|t|}, & |t| \leqslant \dfrac{1}{2}, \\ 0, & |t| > \dfrac{1}{2}; \end{cases}$

(3) $f(t) = \begin{cases} \mathrm{e}^{-t}\sin t, & t > 0, \\ 0, & t \leqslant 0; \end{cases}$

(4) $f(t) = \begin{cases} -1, & -1 \leqslant t < 0, \\ 1, & 0 \leqslant t < 1, \\ 0, & 其他. \end{cases}$

7. 计算下列积分.

(1) $\displaystyle\int_{-\infty}^{+\infty} \delta(t)\sin(\omega_0 t)f(t)\mathrm{d}t$；

(2) $\displaystyle\int_{-\infty}^{+\infty} \delta(t)\cos(\omega_0 t)f(t)\mathrm{d}t$；

(3) $\int_{-\infty}^{+\infty} \delta(t-3)(t^2+1)\mathrm{d}t$;

(4) $\int_{-\infty}^{+\infty} \delta''\left(t-\dfrac{\pi}{4}\right)\sin t\mathrm{d}t$.

8. 已知某函数的傅里叶变换为 $F(\omega) = \pi[\delta(\omega+2)+\delta(\omega-2)]$,求该函数 $f(t)$.

9. 求函数 $f(t) = \dfrac{1}{2}\left[\delta(t+a)+\delta(t-a)+\delta\left(t+\dfrac{a}{2}\right)+\delta\left(t-\dfrac{a}{2}\right)\right]$ 的傅里叶变换像函数 $F(\omega)$.

10. 求函数 $f(t) = \sin^3 t$ 的傅里叶变换.

11. 若 $F(\omega) = F[f(t)]$,证明
$$F[f(t)\cos\omega_0 t] = \dfrac{1}{2}[F(\omega-\omega_0)+F(\omega+\omega_0)],$$
$$F[f(t)\sin\omega_0 t] = \dfrac{1}{2\mathrm{j}}[F(\omega-\omega_0)-F(\omega+\omega_0)].$$

12. 若 $F(\omega) = F[f(t)]$,a 为非零常数,证明:

(1) $F[f(at-t_0)] = \dfrac{1}{|a|}F\left(\dfrac{\omega}{a}\right)\mathrm{e}^{-\mathrm{j}\frac{\omega}{a}t_0}$;

(2) $F[f(t_0-at)] = \dfrac{1}{|a|}F\left(-\dfrac{\omega}{a}\right)\mathrm{e}^{-\mathrm{j}\frac{\omega}{a}t_0}$.

13. 若 $F(\omega) = F[f(t)]$,利用傅里叶变换的性质求下列函数 $g(t)$ 的傅里叶变换 $G(\omega)$.

(1) $g(t) = tf(2t)$;

(2) $g(t) = (t-2)f(t)$;

(3) $g(t) = (t-2)f(-2t)$;

(4) $g(t) = t^3 f(2t)$.

14. 利用能量积分公式,求下列积分的值.

(1) $\int_{-\infty}^{+\infty} \dfrac{1-\cos t}{t^2}\mathrm{d}t$;

(2) $\int_{-\infty}^{+\infty} \left(\dfrac{1-\cos t}{t}\right)^2\mathrm{d}t$;

(3) $\int_{-\infty}^{+\infty} \dfrac{\sin^4 t}{t^2}\mathrm{d}t$;

(4) $\int_{-\infty}^{+\infty} \dfrac{t^2}{(t^2+1)^2}\mathrm{d}t$.

15. 设函数 $f_1(t) = f_2(t) = \begin{cases} 1, & |t|<1, \\ 0, & |t|>1, \end{cases}$ 求卷积 $f_1(t) * f_2(t)$.

16. 求下列函数的傅里叶变换:

(1) $f(t) = u(t)\sin\omega_0 t$;

(2) $f(t) = \mathrm{e}^{-\beta t}\cos\omega_0 t \cdot u(t)$ $(\beta>0)$;

(3) $f(t) = \mathrm{e}^{\mathrm{j}\omega_0 t}u(t)$.

17. 若 $F(\omega) = F[f(t)]$,证明
$$F\left[\int_{-\infty}^{t} f(t)\mathrm{d}t\right] = \dfrac{F(\omega)}{\mathrm{j}\omega}+\pi F(0)\delta(\omega).$$

18. 求积分方程 $\int_0^{+\infty} g(\omega)\sin\omega t\,\mathrm{d}\omega = f(t)$ 的解 $g(\omega)$，其中

$$f(t) = \begin{cases} \dfrac{\pi}{2}\sin t, & 0 < t \leqslant \pi, \\ 0, & t > \pi. \end{cases}$$

19. 求解非齐次微分方程 $my''(t) + cy'(t) + ky(t) = f(t)$，其中 m, c, k 为已知常数，$f(t)$ 为已知函数.

20. 求解微分积分方程 $ay'(t) + by(t) + c\int_{-\infty}^t y(t)\mathrm{d}t = f(t)$，其中 $-\infty < t < +\infty$，a, b, c 均为常数，$f(t)$ 为已知函数.

21. 求微分积分方程 $x'(t) - 4\int_{-\infty}^t x(t)\mathrm{d}t = \mathrm{e}^{-|t|}$ 的解，其中 $-\infty < t < +\infty$.

22. 求下列函数的傅里叶逆变换.

(1) $F(\omega) = \dfrac{\mathrm{j}\omega}{\beta + \mathrm{j}\omega}(\beta > 0)$；

(2) $F(\omega) = \dfrac{\mathrm{e}^{-\mathrm{j}\omega}}{\mathrm{j}\omega} + \pi\delta(\omega)$；

(3) $F(\omega) = 2\cos 3\omega$.

第八章习题

1. 用定义求下列函数的拉普拉斯变换，并用查表的方法来验证结果.

(1) $f(t) = \sin\dfrac{t}{4}$；

(2) $f(t) = \mathrm{e}^{-3t}$；

(3) $f(t) = t$；

(4) $f(t) = t^2$；

(5) $f(t) = \cos^2 t$；

(6) $f(t) = \sin^2 t$；

(7) $f(t) = \mathrm{sh}kt$ （k 为实数）；

(8) $f(t) = \mathrm{ch}kt$ （k 为复数）.

2. 求下列函数的拉普拉斯变换.

(1) $f(t) = \begin{cases} 3, & 0 \leqslant t < 2, \\ -1, & 2 \leqslant t < 4, \\ 0, & t \geqslant 4; \end{cases}$

(2) $f(t) = \begin{cases} t+1, & 0 < t < 3, \\ 0, & t \geqslant 3; \end{cases}$

(3) $f(t) = \begin{cases} 3, & t < \dfrac{\pi}{2}, \\ \cos t, & t > \dfrac{\pi}{2}; \end{cases}$

(4) $f(t) = \mathrm{e}^{2t} + 5\delta(t)$；

(5) $f(t) = \delta(t)\cos t - u(t)\sin t$.

3. 设 $f(t)$ 是以 2π 为周期的函数,且在一个周期内的表达式为

$$f(t) = \begin{cases} \sin t, & 0 < t \leqslant \pi, \\ 0, & \pi < t \leqslant 2\pi, \end{cases}$$

求 $L[f(t)]$.

4. 利用拉普拉斯变换的性质求下列函数的拉普拉斯变换式.

(1) $f(t) = 3t^4 - 2t^2 + 6$;

(2) $f(t) = 1 - te^t$;

(3) $f(t) = (t+1)^2 e^t$;

(4) $f(t) = t\cos at$;

(5) $f(t) = 5\sin 2t - 3\cos 2t$;

(6) $f(t) = e^{-3t}\cos 4t$;

(7) $f(t) = e^{-t}\sin 6t$;

(8) $f(t) = t^n e^{at}$ (n 为正整数);

(9) $f(t) = u(3t - 5)$;

(10) $f(t) = u(1 - e^{-t})$.

5. 利用像函数的微分性质,计算下列各式.

(1) $f(t) = te^{-2t}\sin 2t$,求 $F(s)$;

(2) $F(s) = \ln\dfrac{s+1}{s-1}$,求 $f(t)$.

6. 利用像函数的积分性质,计算下列各式.

(1) $f(t) = \dfrac{1 - e^{-t}}{t}$,求 $F(s)$;

(2) $f(t) = \dfrac{e^{-3t}\sin 2t}{t}$,求 $F(s)$;

(3) $F(s) = \dfrac{s}{(s^2 - 1)^2}$,求 $f(t)$;

(4) $f(t) = \displaystyle\int_0^t \dfrac{e^{-3t}\sin 2t}{t}dt$,求 $F(s)$.

7. 计算下列积分.

(1) $\displaystyle\int_0^{+\infty} \dfrac{e^{-t} - e^{-2t}}{t}dt$;

(2) $\displaystyle\int_0^{+\infty} \dfrac{e^{-at}\cos bt - e^{-mt}\cos nt}{t}dt$;

(3) $\displaystyle\int_0^{+\infty} e^{-3t}\cos 2t dt$;

(4) $\displaystyle\int_0^{+\infty} te^{-2t}dt$;

(5) $\displaystyle\int_0^{+\infty} te^{-3t}\sin 2t dt$;

(6) $\displaystyle\int_0^{+\infty} \dfrac{e^{-t}\sin^2 t}{t}dt$;

(7) $\int_0^{+\infty} t^3 \mathrm{e}^{-t}\sin t\,\mathrm{d}t$;

(8) $\int_0^{+\infty} \dfrac{\sin^2 t}{t^2}\,\mathrm{d}t$.

8. 根据拉普拉斯变换定义和拉普拉斯变换性质求出下列函数的拉普拉斯逆变换.

(1) $F(s)=\dfrac{1}{4s^2+1}$;

(2) $F(s)=\dfrac{s^2}{4s^2+1}$;

(3) $F(s)=\dfrac{1}{(s+1)^4}$;

(4) $F(s)=\dfrac{s+3}{(s+1)(s-3)}$;

(5) $F(s)=\dfrac{s+1}{s^2+s-6}$;

(6) $F(s)=\dfrac{2s+5}{s^2+4s+13}$.

9. 设 $f_1(t),f_2(t)$ 均满足拉普拉斯变换存在定理的条件(设它们的增长指数均为 c),且 $L[f_1(t)]=F_1(s),L[f_2(t)]=F_2(s)$,证明乘积 $f_1(t)\cdot f_2(t)$ 的拉普拉斯变换一定存在,且

$$L[f_1(t)\cdot f_2(t)]=\frac{1}{2\pi\mathrm{j}}\int_{\beta-\mathrm{j}\infty}^{\beta+\mathrm{j}\infty}F_1(q)F_2(s-q)\mathrm{d}q.$$

其中,$\beta>c,\mathrm{Re}(s)>\beta+c$.

10. 求下列函数的拉普拉斯逆变换.

(1) $F(s)=\dfrac{1}{(s^2+4)^2}$;

(2) $F(s)=\dfrac{s}{s+2}$;

(3) $F(s)=\dfrac{2s+1}{s(s+1)(s+2)}$;

(4) $F(s)=\dfrac{1}{s^4+5s^2+4}$;

(5) $F(s)=\dfrac{1}{s(s-1)^2(s+1)}$;

(6) $F(s)=\dfrac{3s+1}{(s-1)(s^2+1)}$;

(7) $F(s)=\dfrac{1}{s^2(s^2-1)}$;

(8) $F(s)=\ln\dfrac{s^2-1}{s^2}$;

(9) $F(s)=\dfrac{s+2}{(s^2+4s+5)^2}$;

(10) $F(s)=\dfrac{1}{(s^2+2s+2)^2}$.

11. 求下列函数的拉普拉斯意义下的卷积.

(1) $t * t$；

(2) $t * e^t$；

(3) $t * \mathrm{sh}t$；

(4) $\delta(t-a) * f(t)\,(a \geqslant 0)$．

12. 利用卷积定理，证明 $L^{-1}\left[\dfrac{s}{(s^2+a^2)^2}\right] = \dfrac{t}{2a}\sin at$．

13. 利用拉普拉斯变换求下列微分方程或微分方程组．

(1) $y'' + 4y' + 3y = e^{-t}$，$y(0) = y'(0) = 1$；

(2) $y'' - 2y' + 2y = 2e^t \cos t$，$y(0) = y'(0) = 0$；

(3) $y'' - y = 4\sin t + 5\cos 2t$，$y(0) = -1$，$y'(0) = -2$；

(4) $y^* + 3y'' + 2y' = 1$，$y(0) = y'(0) = y''(0) = 0$；

(5) $y'' - 2y' + y = 0$，$y(0) = 0$，$y(1) = 2$；

(6) $y'' + y = 10\sin 2t$，$y(0) = 0$，$y\left(\dfrac{\pi}{2}\right) = 1$；

(7) $\begin{cases} x' + y' = 1 + \delta(t)，\\ x' - y' = t + \delta(t-1)，\end{cases}$ $x(0) = a$，$y(0) = b$；

(8) $\begin{cases} x' + x - y = e^t，\\ 3x + y' - 2y = 2e^t，\end{cases}$ $x(0) = y(0) = 1$．

14. 求下列变系数微分方程的解．

(1) $ty'' + 2y' + ty = 0$，$y(0) = 1$，$y'(0) = c_0$（c_0 为常数）；

(2) $ty'' + (t-1)y' - y = 0$，$y(0) = 5$，$y'(+\infty) = 0$．

15. 求下列积分方程的解．

(1) $y(t) = e^{-t} - \displaystyle\int_0^t y(\tau)\,\mathrm{d}\tau$；

(2) $y(t) + \displaystyle\int_0^t e^\tau y(t-\tau)\,\mathrm{d}\tau = 2t - 3$；

(3) $y(t) = 3\sin 2t - \displaystyle\int_0^t y(\tau)\sin 2(t-\tau)\,\mathrm{d}\tau$．

习 题 答 案

习题一习题答案

1. (1) $\text{Re}(z)=3, \text{Im}(z)=-1, \bar{z}=3+\text{i}, |z|=\sqrt{10}, \text{arg}z=-\arctan\dfrac{1}{3}$;

(2) $\text{Re}(z)=-3, \text{Im}(z)=4, \bar{z}=-3-4\text{i}, |z|=5, \text{arg}z=\pi-\arctan\dfrac{4}{3}$;

(3) $\text{Re}(z)=\dfrac{3}{2}, \text{Im}(z)=-\dfrac{5}{2}, \bar{z}=\dfrac{3}{2}+\dfrac{5}{2}\text{i}, |z|=\dfrac{\sqrt{34}}{2}, \text{arg}z=-\arctan\dfrac{5}{3}$;

(4) $\text{Re}(z)=1, \text{Im}(z)=-3, \bar{z}=1+3\text{i}, |z|=\sqrt{10}, \text{arg}z=-\arctan3$.

2. (1) $x=-14, y=5$;

(2) $x=2, y=1$ 或 $x=\dfrac{3}{2}, y=\dfrac{1}{2}$.

4. $\text{Re}(w)=\dfrac{1-|z|^2}{|1-z|^2}, \text{Im}(w)=\dfrac{2\text{Im}(z)}{|1-z|^2}, |w|=\dfrac{\sqrt{1+|z|^2+2\text{Re}(z)}}{|1-z|}$.

7. (1) $-3=3(\cos\pi+\text{i}\sin\pi)=3\text{e}^{\text{i}\pi}$;

(2) $-2\text{i}=2\left[\cos\left(-\dfrac{\pi}{2}\right)+\text{i}\sin\left(-\dfrac{\pi}{2}\right)\right]=2\text{e}^{\text{i}\left(-\frac{\pi}{2}\right)}$;

(3) $\sqrt{3}+\text{i}=2\left(\cos\dfrac{\pi}{6}+\text{i}\sin\dfrac{\pi}{6}\right)=2\text{e}^{\text{i}\frac{\pi}{6}}$;

(4) $\dfrac{3\text{i}}{-1+\text{i}}=\dfrac{3\sqrt{2}}{2}\left[\cos\left(-\dfrac{\pi}{4}\right)+\text{i}\sin\left(-\dfrac{\pi}{4}\right)\right]=\dfrac{3\sqrt{2}}{2}\text{e}^{\text{i}\left(-\frac{\pi}{4}\right)}$;

(5) $1-\cos\varphi+\text{i}\sin\varphi=2\sin\dfrac{\varphi}{2}\left[\cos\left(\dfrac{\pi}{2}-\dfrac{\varphi}{2}\right)+\text{i}\sin\left(\dfrac{\pi}{2}-\dfrac{\varphi}{2}\right)\right]=2\sin\dfrac{\varphi}{2}\text{e}^{\text{i}\left(\frac{\pi}{2}-\frac{\varphi}{2}\right)}$;

(6) $\dfrac{(\cos3\varphi+\text{i}\sin3\varphi)^2}{(\cos2\varphi-\text{i}\sin2\varphi)^3}=\cos12\varphi+\text{i}\sin12\varphi=\text{e}^{\text{i}\cdot12\varphi}$.

8. 模变成原来模的两倍,辐角减小 $\dfrac{\pi}{2}$.

9. $1+|a|$.

13. (1) $-16\sqrt{3}-16\text{i}$;

(2) -8i;

(3) $\dfrac{\sqrt{3}}{2}+\dfrac{1}{2}\text{i}, \text{i}, -\dfrac{\sqrt{3}}{2}+\dfrac{1}{2}\text{i}, -\dfrac{\sqrt{3}}{2}-\dfrac{1}{2}\text{i}, -\text{i}, \dfrac{\sqrt{3}}{2}-\dfrac{1}{2}\text{i}$;

(4) $\sqrt[6]{2}\left(\cos\dfrac{\pi}{12}+\text{i}\sin\dfrac{\pi}{12}\right), \sqrt[6]{2}\left(\cos\dfrac{3\pi}{4}+\text{i}\sin\dfrac{3\pi}{4}\right), \sqrt[6]{2}\left(\cos\dfrac{17\pi}{12}+\text{i}\sin\dfrac{17\pi}{12}\right)$.

14.（1）以$(0,2)$为圆心的单位圆周；

（2）以$(0,-2)$为圆心,半径长为2的圆周及圆周外部；

（3）以双曲线$x^2-y^2=1$为边界及其内部区域；

（4）直线$y=3$；

（5）整条实轴；

（6）以原点为圆心,半径长为$\dfrac{1}{2}$的圆周外部；

（7）以-3和-1为焦点,长轴为4的椭圆；

（8）直线$x=\dfrac{5}{2}$及其左边的平面；

（9）第一象限；

（10）以i为起点的射线$y=x+1$　$(x>0)$.

15.（1）$\mathrm{Im}(z)<0$不包括实轴的下半平面,是无界的、单连通区域；

（2）圆$(x-1)^2+y^2=9$的外部区域(不包括圆周本身),是无界的、多连通区域；

（3）由直线$x=1$和$x=2$所围成的带形区域,不包括这两条直线,是无界的、单连通区域；

（4）以原点为中心,内、外半径分别为3与4的圆环域,包括圆周,是有界的、多连通闭区域；

（5）直线$x=-1$右边的平面区域,不包括直线在内,是无界的、单连通区域；

（6）由射线$\theta=1$和$\theta=2$构成的角形域,不包括这两条射线在内,是无界的、单连通区域；

（7）椭圆$\dfrac{x^2}{9}+\dfrac{y^2}{5}=1$及其围成的区域,是有界的、单连通闭区域；

（8）抛物线$y^2=1-2x$为边界的左方内部区域(不含边界),是无界的、单连通区域；

（9）中心在$z=-\dfrac{17}{15}$,半径为$\dfrac{8}{15}$的圆周的外部区域(不包括圆周本身),是无界的、多连通区域；

（10）圆$(x-2)^2+(y+1)^2=9$及其内部区域,是有界的、单连通闭区域.

17.（1）直线$y=-x$；

（2）椭圆$\dfrac{x^2}{a^2}+\dfrac{y^2}{b^2}=1$；

（3）双曲线$xy=1$在第一象限内的一支；

（4）椭圆$\dfrac{x^2}{(a+b)^2}+\dfrac{y^2}{(a-b)^2}=1$.

18.（1）$w_1=1,w_2=-4,w_3=-4$；

（2）$0<\arg w<\pi$,即上半平面.

19.（1）圆周$u^2+v^2=1$；

（2）直线$u=v$；

（3）圆周$\left(u-\dfrac{1}{2}\right)^2+v^2=\dfrac{1}{4}$；

（4）直线$v=-\dfrac{1}{2}$.

20. (1) $-\dfrac{3}{5}+\dfrac{4}{5}\mathrm{i}$;

(2) $\dfrac{3}{2}$.

第二章习题答案

2. (1) $z=0, z=\pm 2\mathrm{i}$;

(2) $z=-2, z=\pm\mathrm{i}$.

3. (1) 仅在直线 $y=-\dfrac{1}{2}$ 上处处可导,在复平面上处处不解析;

(2) 仅在直线 $\sqrt{2}x\pm\sqrt{3}y=0$ 上处处可导,在复平面上处处不解析;

(3) 仅在 $z=0$ 处可导,在复平面上处处不解析;

(4) 在复平面上处处可导,处处解析;

(5) 在复平面上处处可导,处处解析;

(6) 在复平面内除去原点的区域内可导、解析.

5. (1) 至 (5) 错误,(6) 正确.

12. (1) e^{3x};

(2) $\mathrm{e}^{x^2-y^2}$;

(3) $\mathrm{e}^{\frac{x}{x^2+y^2}}\cos\dfrac{y}{x^2+y^2}$.

13. $\mathrm{Ln}\left(-\dfrac{\mathrm{i}}{2}\right)=\ln\dfrac{1}{2}+\mathrm{i}(-\dfrac{\pi}{2}+2k\pi), \ln\left(-\dfrac{\mathrm{i}}{2}\right)=\ln\dfrac{1}{2}+-\dfrac{\pi}{2}\mathrm{i}$;

$\mathrm{Ln}(-3+4\mathrm{i})=\ln 5+\mathrm{i}(\pi-\arctan\dfrac{4}{3}+2k\pi), \ln(-3+4\mathrm{i})=\ln 5+\mathrm{i}\left(\pi-\arctan\dfrac{4}{3}\right)$.

14. (1)(2)(3) 全部正确.

15. (1) $z=k\pi$;

(2) $z=k\pi+\dfrac{\pi}{2}$;

(3) $(2k+1)\pi\mathrm{i}$;

(4) $k\pi-\dfrac{\pi}{4}$.

17. $\mathrm{e}^{1-\mathrm{i}\frac{\pi}{2}}=-\mathrm{i}e$;

$\mathrm{e}^{\frac{1+\mathrm{i}\pi}{4}}=\dfrac{\sqrt{2}}{2}\sqrt[4]{\mathrm{e}}(1+\mathrm{i})$;

$2^{\mathrm{i}}=\mathrm{e}^{-2k\pi}(\cos\ln 2+\mathrm{i}\sin\ln 2)$;

$(1-\mathrm{i})^{\mathrm{i}}=\mathrm{e}^{\frac{\pi}{4}-2k\pi}(\cos\ln\sqrt{2}+\mathrm{i}\sin\ln\sqrt{2})$.

20. $|f'(1-\mathrm{i})|=\dfrac{4}{17}\sqrt{34}; \arg f'(1-\mathrm{i})=\arctan\dfrac{3}{5}$.

21. (1) $-\mathrm{sh}1$;

(2) $\dfrac{\sqrt{2}}{2}$;

(3) $\dfrac{13}{5}$.

22. $z = \mathrm{e}^{1-\frac{\pi}{3}\mathrm{i}} = \mathrm{e}\left(\dfrac{1}{2} - \dfrac{\sqrt{3}}{2}\mathrm{i}\right)$.

第三章习题答案

1. 三种路径的积分值一样,均为 $\dfrac{(3+\mathrm{i})^3}{3} = 6 + \dfrac{26}{3}\mathrm{i}$.

2. $-\dfrac{1}{6} + \dfrac{5}{6}\mathrm{i}, -\dfrac{1}{6} + \dfrac{5}{6}\mathrm{i}$.

3. $\displaystyle\oint_{|z|=1} \bar{z}\mathrm{d}z = \oint_{|z|=1} \dfrac{1}{z}\mathrm{d}z = 2\pi\mathrm{i}$.

4. (1) $4\pi\mathrm{i}$;　　　　　　　　(2) $6\pi\mathrm{i}$.

5. $\displaystyle\oint_C |z|\bar{z}\mathrm{d}z = \int_{-1}^{1} |x|x\mathrm{d}x + \int_0^{\pi} \mathrm{e}^{-\mathrm{i}\theta}\cdot\mathrm{i}\mathrm{e}^{\mathrm{i}\theta}\mathrm{d}\theta = \mathrm{i}\pi$.

7. 被积函数的奇点都在积分曲线外,根据柯西-古萨基本定理可知所有积分为零.

8. (1) $-\dfrac{\mathrm{i}}{3}$;　　　　　　　(2) $2\mathrm{ch}1$;

(3) 4;　　　　　　　　　(4) $\dfrac{1+\mathrm{i}}{\pi}$;

(5) $\sin 1 - \cos 1$;　　　　　(6) $(1-\cos 1) + \mathrm{i}(\sin 1 - 1)$.

10. $\dfrac{16}{3}\pi^3 a^3 + 16\pi^2 a^2 + 2\pi a$.

11. (1) $2\pi\mathrm{e}^3\mathrm{i}$;　　　　　　(2) $14\pi\mathrm{i}$;

(3) $-\dfrac{2}{5}\pi\mathrm{i}$;　　　　　(4) $\pi(\cos 2 + \mathrm{i}\sin 2)$;

(5) 0;　　　　　　　　　(6) 0;

(7) $-\pi\mathrm{i}\mathrm{ch}1$;　　　　　(8) $2\pi\mathrm{i}$;

(9) $\dfrac{\mathrm{i}\pi}{12}$;　　　　　　　(10) 0.

13. $f(1+\mathrm{i}) = -26\pi + 16\pi\mathrm{i}, f'(1+\mathrm{i}) = -12\pi + 26\pi\mathrm{i}$.

16. 当 a 与 $-a$ 不在 C 内时,积分为零;a 与 $-a$ 有一个在 C 内时,积分为 $\mathrm{i}\pi$;如果 a 与 $-a$ 都在 C 内时,积分为 $2\pi\mathrm{i}$.

20. 根据调和函数定义以及解析函数判断,该函数是解析函数.

22. (1) $f(z) = \left(1 - \dfrac{\mathrm{i}}{2}\right)z^2$;　　　　(2) $f(z) = z\mathrm{e}^z$;

(3) $f(z) = -\mathrm{i}(z-1)^2$;　　　　(4) $f(z) = \dfrac{1}{2} - \dfrac{1}{z}$;

(5) $f(z) = \ln z + c$.

23. $k = -1, v(x,y) = 2xy$.

24. $f(z) = z^3 - 2z + c$.

25. $p = \pm 1, f(z) = \begin{cases} e^z + c, & p = 1, \\ -e^{-z} + c, & p = -1. \end{cases}$

26. $2 \pm f'(0)$.

第四章习题答案

1. (1) 收敛,极限为 -1; (2) 发散;

(3) 发散; (4) 发散;

(5) 收敛,极限为 0.

2. (1) 条件收敛; (2) 绝对收敛;

(3) 发散; (4) 发散.

3. (1) 不正确.幂级数在其收敛圆周上可能存在收敛的点,也可能存在不收敛的点;

(2) 不正确.每个幂级数的和函数在收敛圆内解析,所以在收敛圆内不可能有奇点;

(3) 不正确.在 z_0 处连续但却在 z_0 处不解析的函数不可以在 z_0 的某个邻域内展开成泰勒级数.

4. 由阿贝尔定理可知,这不能.

5. (1) $R = 2$; (2) $R = +\infty$;

(3) $R = e$; (4) $R = \dfrac{\sqrt{2}}{2}$;

(5) $R = 1$; (6) $R = +\infty$.

9. (1) $\displaystyle\sum_{n=0}^{\infty} (-1)^n \frac{a^n z^n}{b^{n+1}}$ $\left(|z| < \left|\dfrac{b}{a}\right|\right)$;

(2) $\displaystyle\sum_{n=0}^{\infty} (-1)^n z^{3n}$ $(|z| < 1)$;

(3) $\displaystyle\sum_{n=1}^{\infty} n z^{n-1}$ $(|z| < 1)$;

(4) $\displaystyle\sum_{n=0}^{\infty} (-1)^n \frac{z^{4n}}{(2n)!}$ $(|z| < +\infty)$;

(5) $\displaystyle\sum_{n=0}^{\infty} \frac{z^{2n+1}}{(2n+1)!}$ $(|z| < +\infty)$;

(6) $\displaystyle\sum_{n=0}^{\infty} \frac{z^{2n}}{(2n)!}$ $(|z| < +\infty)$;

(7) $\displaystyle\sum_{n=0}^{\infty} \frac{2^{\frac{n}{2}} \sin \frac{n}{4}\pi}{n!} z^{2n}$ $(|z| < +\infty)$;

(8) $\displaystyle\sum_{n=0}^{\infty} (-1)^n (n+1) z^{2n}$ $(|z| < 1)$;

(9) $1 - z - \dfrac{1}{2!} z^2 - \dfrac{1}{3!} z^3 + \cdots$ $(|z| < 1)$;

(10) $\sin 1 + \cos 1 \cdot z + \left(\cos 1 - \dfrac{1}{2}\sin 1\right) z^2 + \left(\dfrac{5}{6}\cos 1 - \sin 1\right) z^3 + \cdots$ $(|z| < 1)$.

10. (1) $-\ln(1+z)$;

(2) $\dfrac{z}{(1+z)^2}$.

11. (1) $\displaystyle\sum_{n=0}^{\infty}(-1)^n\dfrac{(z-3)^n}{2^{n+1}}$　$(|z-3|<2)$;

(2) $\displaystyle\sum_{n=0}^{\infty}(-1)^n\left(\dfrac{1}{3^{n+1}}-\dfrac{1}{4^{n+1}}\right)(z-3)^n$　$(|z-2|<3)$;

(3) $\displaystyle\sum_{n=1}^{\infty}(-1)^{n+1}n\,(z-1)^{n-1}$　$(|z-1|<1)$;

(4) $\displaystyle\sum_{n=0}^{\infty}(-1)^n\dfrac{z^{2n+1}}{2n+1}$　$(|z|<1)$;

12. (1) 当 $0<|z|<1$ 时,$\displaystyle\sum_{n=-1}^{\infty}(-1)^{n+1}(n+2)z^n$;当 $0<|z-1|<1$ 时,$\displaystyle\sum_{n=-2}^{\infty}(-1)^n\,(z-1)^n$.

(2) 当 $0<|z|<1$ 时,$-\dfrac{1}{z^2}-2\displaystyle\sum_{n=0}^{\infty}z^{n-1}$;当 $|z|>1$ 时,$\dfrac{1}{z^2}+2\displaystyle\sum_{n=0}^{\infty}\dfrac{1}{z^{n+3}}$.

(3) 当 $1<|z|<2$ 时,$2\displaystyle\sum_{n=0}^{\infty}(-1)^{n+1}\dfrac{1}{z^{2n+2}}-\displaystyle\sum_{n=0}^{\infty}\dfrac{z^n}{2^{n+1}}$.

(4) 当 $0<|z-i|<2$ 时,$\displaystyle\sum_{n=1}^{\infty}(-1)^{n+1}n\,\dfrac{(z-i)^{n-3}}{(2i)^{n+1}}$.

(5) $\dfrac{1}{z}+1-\dfrac{z}{2}-\dfrac{5}{6}z^2+\cdots$.

(6) 当 $0<|z-i|<1$ 时,$\displaystyle\sum_{n=1}^{\infty}(-1)^{n-1}\dfrac{n\,(z-i)^{n-2}}{i^{n+1}}$;当 $|z-i|>1$ 时,$\displaystyle\sum_{n=0}^{\infty}(-1)^n\dfrac{(n+1)i^n}{(z-i)^{n+3}}$.

第五章习题答案

1. (1) 是;　　　　　　　　　(2) 不是;
(3) 是.

2. (1) $z=\pm 4i$,且均为一级零点;
(2) $z=0$ 为二级零点,$z=k\pi(k\neq 0$ 且为整数$)$ 为一级零点;
(3) $z=0$ 为四级零点,$z=\sqrt{2k\pi i}(k\neq 0$ 且为整数$)$ 为一级零点.

3. (1) $z=0$ 为三级极点,$z=\pm 2i$ 为二级极点;
(2) $z=0$ 为二级极点;
(3) $z=1$ 为二级极点,$z=-1$ 为一级极点;
(4) $z=0$ 为可去奇点;
(5) $z=\pm i$ 为一级极点,$z_k=(2k+1)i$　$(k=1,\pm 2,\pm 3,\cdots)$ 为一级极点;
(6) $z=1$ 为本性奇点;
(7) $z=0$ 为本性奇点;
(8) $z=0$ 为本性奇点;

(9) $z_k = e^{\frac{(2k+1)\pi i}{n}}$ $(k = 0, 1, 2, \cdots, n-1)$ 为一级极点；

(10) $z = 1$ 为本性奇点，$z_k = 2k\pi i$ $(k \in \mathbf{Z})$ 为一级极点．

6. 五级极点．

8. 孤立奇点的分类，应该是观察该奇点在自己去心邻域内的洛朗展开式的形式做出判断，所以这个说法是错误的．$z = 2$ 是函数 $f(z) = \dfrac{1}{(z-1)(z-2)^3}$ 的三级极点，不是其本性奇点．

9.(1) 为可去奇点；

(2) 为可去奇点；

(3) 为一级极点；

(4) 为极点的极限点，是一个非孤立奇点；

(5) 为极点的极限点，是一个非孤立奇点；

(6) 为本性奇点．

10. (1) $z = 1$ 为本性奇点，$z = \infty$ 为可去奇点；

(2) $z = 0$ 和 $z = \infty$ 均为本性奇点；

(3) $z = 0$ 和 $z = \infty$ 均为本性奇点；

(4) $z_k = \left(k + \dfrac{1}{2}\right)\pi i$ $(k \in \mathbf{Z})$ 为一级极点，$z = \infty$ 为极点的极限点，是一个非孤立奇点．

11. (1) $\operatorname{Res}[f(z), 0] = -\dfrac{1}{2}$，$\operatorname{Res}[f(z), -2] = \dfrac{3}{2}$；

(2) $\operatorname{Res}[f(z), 0] = 1$，$\operatorname{Res}[f(z), \pm 1] = -\dfrac{1}{2}$；

(3) $\operatorname{Res}[f(z), i] = -\dfrac{i}{4}$，$\operatorname{Res}[f(z), -i] = \dfrac{i}{4}$；

(4) $\operatorname{Res}[f(z), 0] = -\dfrac{4}{3}$；

(5) $\operatorname{Res}[f(z), 1] = -1$；

(6) $\operatorname{Res}\left[f(z), \left(k + \dfrac{1}{2}\right)\pi\right] = -1$ $(k \in \mathbf{Z})$．

12.(1) $-2\pi i$；   (2) 0；

(3) $6\pi e^3 i$；   (4) 0；

(5) $-\dfrac{\pi i}{12}$；   (6) $2\pi i$；

(7) 0；   (8) $-4ni$．

13. (1) -1；   (2) -2；

(3) $-\operatorname{sh}1$；   (4) 0．

14. (1) 0；   (2) $2\pi i$；

(3) $-\dfrac{2}{3}\pi i$；   (4) $\begin{cases} 2\pi i, n = 1. \\ 0, n \neq 1. \end{cases}$

15. (1) $\dfrac{2\pi}{\sqrt{a^2-1}}$；   (2) $\dfrac{\pi}{2\sqrt{a^2+a}}$；

(3) $\begin{cases} \pi i, a > 0, \\ -\pi i, a < 0; \end{cases}$　　　　　　　(4) $\dfrac{\pi}{6}$;

(5) $\dfrac{\pi}{2}$;　　　　　　　(6) $\dfrac{\pi}{2\sqrt{2}}$;

(7) $\dfrac{\pi}{e}\cos 2$;　　　　　　　(8) $\dfrac{\pi}{2e}$.

16. a_{k-1}.

第六章习题答案

1. 在 $z=1$ 处,伸缩率为 1,转动角为 0;在 $z=-i$ 处,伸缩率为 $\dfrac{1}{2}$,转动角为 $\dfrac{\pi}{2}$.

2. 在点 $z=i$ 处伸缩率为 $2\sqrt{2}$,转动角为 $\dfrac{\pi}{4}$.

3. (1) 在 $|z+1|<\dfrac{1}{2}$ 缩小,在 $|z+1|>\dfrac{1}{2}$ 放大;

(2) 在 $\mathrm{Re}(z)<0$ 缩小,在 $\mathrm{Re}(z)>0$ 放大.

4. 在 $z=i$ 处的伸缩率为 6,转动角为 $\dfrac{\pi}{2}$. 变成 w 平面上虚轴的正向. 草图略.

5. $1<\mathrm{Im}(w)<7$.

6. (1) 以 $w_1=-1, w_2=-i; w_3=i$ 为顶点的三角形;

(2) $\mathrm{Re}(w)<0$;

(3) 闭圆域: $|w-i|\leqslant 1$.

8. (1) $v=-ku$;　　　　　　　(2) $u=\dfrac{1}{a}$;

(3) $u>0, v<0$ 且 $u^2+v^2+v>0$;　　　　　(4) $v<0, u^2+v^2<u$.

9. (1) $z=\dfrac{1}{2}$;　　　　　　　(2) $z=0$.

10. $ad-bc>0$; $ad-bc<0$.

11. $w=\dfrac{z-i}{iz-1}$;单位圆内部.

12. (1) $w=\dfrac{z-6i}{3iz-2}$;　　　　　(2) $w=i\dfrac{z+1}{1-z}$;

(3) $w=-\dfrac{1}{z}$;　　　　　　　(4) $w=\dfrac{1}{1-z}$.

13. (1) $w=\dfrac{z-1-i}{z-1+i}$;　　　　　(2) $w=i\dfrac{z-i}{z+i}$;

(3) $w=\dfrac{i-z}{i+z}$.

14. (1) $w=\dfrac{2z-1}{z-2}$;　　　　　(2) $w=\dfrac{2z-1}{z-2}$;

(3) $w=i\dfrac{2z-1}{2-z}$;　　　　　(4) $w=i\dfrac{2z-1}{z-2}$.

15. $0<\arg w<\pi$ 且 $|w|<8$.

16. $0 < \arg w < \dfrac{3\pi}{4}$.

17. $w = \dfrac{z^{\frac{3}{2}} - 1}{z^{\frac{3}{2}} + 1}$.

18. $w = \dfrac{(z^2 + 1)^2 - \mathrm{i}\,(z^2 - 1)^2}{(z^2 + 1)^2 + \mathrm{i}\,(z^2 - 1)^2}$.

19. $w = \dfrac{1 - z}{2 + z}$.

20. $w = -\,4\mathrm{i} \cdot \dfrac{z - 2\mathrm{i}}{z - 2(1 + 2\mathrm{i})}$.

第七章习题答案

1. (1) $f(t) = \dfrac{4}{\pi} \displaystyle\int_0^{+\infty} \dfrac{\sin\omega - \omega\cos\omega}{\omega^3}\cos\omega t\,\mathrm{d}\omega$;

(2) $f(t) = \dfrac{2}{\pi} \displaystyle\int_0^{+\infty} \dfrac{1 - \cos\omega}{\omega}\sin\omega t\,\mathrm{d}\omega \quad (t \neq 0,\ \pm 1)$.

2. (1) $f(t) = \dfrac{2}{\pi} \displaystyle\int_0^{+\infty} \dfrac{\beta\cos\omega t}{\beta^2 + \omega^2}\mathrm{d}\omega$; \qquad (2) $f(t) = \dfrac{2}{\pi} \displaystyle\int_0^{+\infty} \dfrac{\sin\omega\pi\sin\omega t}{1 - \omega^2}\mathrm{d}\omega$.

3. 傅里叶正弦积分为 $f(t) = \dfrac{2}{\pi} \displaystyle\int_0^{+\infty} \dfrac{\omega\sin\omega t}{\beta^2 + \omega^2}\mathrm{d}\omega$;

傅里叶余弦积分为 $f(t) = \dfrac{2}{\pi} \displaystyle\int_0^{+\infty} \dfrac{\beta\cos\omega t}{\beta^2 + \omega^2}\mathrm{d}\omega$.

4. $F(\omega) = \dfrac{A(1 - \mathrm{e}^{-\mathrm{j}\omega\tau})}{\mathrm{j}\omega}$.

6. (1) $F(\omega) = \dfrac{4}{\omega^2}\sin^2\dfrac{\omega}{2}$;

(2) $F(\omega) = \dfrac{2}{1 + \omega^2}\Big[1 - \mathrm{e}^{-\frac{1}{2}}\Big(\cos\dfrac{\omega}{2} - \omega\sin\dfrac{\omega}{2}\Big)\Big]$;

(3) $F(\omega) = \dfrac{2 - 2\mathrm{i}\omega - \omega^2}{4 + \omega^4}$; \qquad (4) $F(\omega) = \dfrac{2\mathrm{i}}{\omega}(1 - \cos\omega)$.

7. (1) 0; \qquad\qquad\qquad (2) $f(0)$;

(3) 10; \qquad\qquad\qquad (4) $-\dfrac{\sqrt{2}}{2}$.

8. $f(t) = \cos 2t$.

9. $F(\omega) = \cos a\omega + \cos\dfrac{a\omega}{2}$.

10. $F(\omega) = \dfrac{\mathrm{j}\pi}{4}\big[3\delta(\omega + 1) - 3\delta(\omega - 1) + \delta(\omega - 3) - \delta(\omega + 3)\big]$.

13. (1) $G(\omega) = \dfrac{\mathrm{j}}{2}\dfrac{\mathrm{d}}{\mathrm{d}\omega}F\Big(\dfrac{\omega}{2}\Big)$; \qquad (2) $G(\omega) = \mathrm{j}\dfrac{\mathrm{d}}{\mathrm{d}\omega}F(\omega) - 2F(\omega)$;

(3) $G(\omega) = \dfrac{\mathrm{j}}{2}\dfrac{\mathrm{d}}{\mathrm{d}\omega}F\Big(-\dfrac{\omega}{2}\Big) - F\Big(-\dfrac{\omega}{2}\Big)$; \qquad (4) $G(\omega) = \dfrac{1}{2\mathrm{j}}\dfrac{\mathrm{d}^3}{\mathrm{d}\omega^3}F\Big(\dfrac{\omega}{2}\Big)$.

14. (1) π; \qquad\qquad\qquad (2) π;

(3) $\dfrac{\pi}{2}$;　　　　　　　　　　　　　　(4) $\dfrac{\pi}{2}$.

15. $f_1(t) * f_2(t) = \begin{cases} t+2, & -2 < t \leqslant 0, \\ 2-t, & 0 < t < 2, \\ 0, & \text{其他}. \end{cases}$

16. (1) $\dfrac{\omega_0}{\omega_0^2 - \omega^2} + \dfrac{\pi}{2\mathrm{j}}[\delta(\omega - \omega_0) - \delta(\omega + \omega_0)]$;

(2) $\dfrac{\beta + \mathrm{j}\omega}{(\beta + \mathrm{j}\omega)^2 + \omega_0^2}$;

(3) $\dfrac{1}{\mathrm{j}(\omega - \omega_0)} + \pi\delta(\omega - \omega_0)$.

18. $g(\omega) = \dfrac{\sin\omega\pi}{1 - \omega^2}$.

19. $y(t) = \dfrac{1}{2\pi}\displaystyle\int_{-\infty}^{+\infty} \dfrac{F(\omega)}{\mathrm{j}\omega c + k - m\omega^2} \mathrm{e}^{\mathrm{j}\omega t}\,\mathrm{d}\omega$.

20. $y(t) = \dfrac{1}{2\pi}\displaystyle\int_{-\infty}^{+\infty} \dfrac{F(\omega)}{b + \mathrm{j}\left(a\omega - \dfrac{c}{\omega}\right)} \mathrm{e}^{\mathrm{j}\omega t}\,\mathrm{d}\omega$.

21. $x(t) = \begin{cases} \dfrac{1}{3}(\mathrm{e}^{-t} - \mathrm{e}^{-2t}), & t \geqslant 0, \\ \dfrac{1}{3}(\mathrm{e}^{2t} - \mathrm{e}^{t}), & t < 0. \end{cases}$

22. (1) $f(t) = \delta(t) - \beta h(t)$,其中 $h(t) = \begin{cases} 0, & t < 0, \\ \dfrac{1}{2}, & t = 0, \\ \mathrm{e}^{-\beta t}, & t > 0; \end{cases}$

(2) $f(t) = u(t - 1)$;

(3) $f(t) = \delta(t - 3) + \delta(t + 3)$.

第八章习题答案

1. (1) $F(s) = \dfrac{4}{16s^2 + 1}$　$(\mathrm{Re}(s) > 0)$;

(2) $F(s) = \dfrac{1}{s + 3}$　$(\mathrm{Re}(s) > -3)$;

(3) $F(s) = \dfrac{1}{s^2}$　$(\mathrm{Re}(s) > 0)$;

(4) $F(s) = \dfrac{2}{s^3}$　$(\mathrm{Re}(s) > 0)$;

(5) $F(s) = \dfrac{s^2 + 2}{s(s^2 + 4)}$　$(\mathrm{Re}(s) > 0)$;

(6) $F(s) = \dfrac{2}{s(s^2 + 4)}$　$(\mathrm{Re}(s) > 0)$;

(7) $F(s) = \dfrac{k}{s^2 - k^2}$　$(\mathrm{Re}(s) > |k|)$;

(8) $F(s) = \dfrac{s}{s^2 - k^2}$ $(\mathrm{Re}(s) > |\mathrm{Re}(k)|)$.

2. (1) $F(s) = \dfrac{1}{s}(3 - 4e^{-2s} + e^{-4s})$;

(2) $F(s) = \dfrac{1}{s} + \dfrac{1}{s^2} - \dfrac{4}{s}e^{-3s} - \dfrac{1}{s^2}e^{-3s}$;

(3) $F(s) = \dfrac{3}{s}(1 - e^{-\frac{\pi}{2}s}) - \dfrac{1}{s^2 + 1}e^{-\frac{\pi}{2}s}$;

(4) $F(s) = \dfrac{5s - 9}{s - 2}$;

(5) $F(s) = \dfrac{s^2}{s^2 + 1}$.

3. $L[f(t)] = \dfrac{1}{(1 - e^{-\pi s})(s^2 + 1)}$.

4. (1) $F(s) = \dfrac{72 - 4s^2 + 6s^4}{s^5}$;   (2) $F(s) = \dfrac{s^2 - 3s + 1}{s(s-1)^2}$;

(3) $F(s) = \dfrac{s^2 + 1}{(s-1)^3}$;   (4) $F(s) = \dfrac{s^2 - a^2}{(s^2 + a^2)^2}$;

(5) $F(s) = \dfrac{10 - 3s}{s^2 + 4}$;   (6) $F(s) = \dfrac{s + 3}{(s+3)^2 + 16}$;

(7) $F(s) = \dfrac{6}{(s+1)^2 + 36}$;   (8) $F(s) = \dfrac{n!}{(s-a)^{n+1}}$;

(9) $F(s) = \dfrac{1}{s}e^{-\frac{5}{3}s}$;   (10) $F(s) = \dfrac{1}{s}$.

5. (1) $F(s) = \dfrac{4(s+2)}{[(s+2)^2 + 4]^2}$;   (2) $f(t) = \dfrac{2}{t}\mathrm{sh}t$.

6. (1) $F(s) = \ln\dfrac{s+1}{s}$;   (2) $F(s) = \mathrm{arccot}\,\dfrac{s+3}{2}$;

(3) $f(t) = \dfrac{t}{2}\mathrm{sh}t$;   (4) $F(s) = \dfrac{1}{s}\mathrm{arccot}\,\dfrac{s+3}{2}$.

7. (1) $\ln 2$;   (2) $\dfrac{1}{2}\ln\dfrac{m^2 + n^2}{a^2 + b^2}$;

(3) $\dfrac{3}{13}$;   (4) $\dfrac{1}{4}$;

(5) $\dfrac{12}{169}$;   (6) $\dfrac{1}{4}\ln 5$;

(7) 0;   (8) $\dfrac{\pi}{2}$.

8. (1) $f(t) = \dfrac{1}{2}\sin\dfrac{t}{2}$;   (2) $f(t) = \dfrac{1}{4}\delta(t) - \dfrac{1}{8}\sin\dfrac{t}{2}$;

(3) $f(t) = \dfrac{1}{6}t^3 e^{-t}$;   (4) $f(t) = \dfrac{3}{2}e^{3t} - \dfrac{1}{2}e^{-t}$;

(5) $f(t) = \dfrac{3}{5}e^{2t} + \dfrac{2}{5}e^{-3t}$ (6) $f(t) = 2e^{-2t}\cos 3t + \dfrac{1}{3}e^{-2t}\sin 3t$.

10. (1) $f(t) = \dfrac{\sin 2t}{16} - \dfrac{t\cos 2t}{8}$;　　　　(2) $f(t) = \delta(t) - 2e^{-2t}$;

(3) $f(t) = \dfrac{1}{2}(1 + 2e^{-t} - 3e^{-2t})$;　　　(4) $f(t) = \dfrac{1}{3}\sin t - \dfrac{1}{6}\sin 2t$;

(5) $f(t) = \dfrac{1}{4}(4 + 2te^{t} - 3e^{t} - e^{-t})$;　　(6) $f(t) = 2e^{t} - 2\cos t + \sin t$;

(7) $f(t) = \operatorname{sh}t - t$;　　　　　　　　(8) $f(t) = \dfrac{2(1 - \operatorname{ch}t)}{t}$;

(9) $f(t) = \dfrac{1}{2}te^{-2t}\sin t$;　　　　　(10) $f(t) = \dfrac{1}{2}e^{-t}(\sin t - t\cos t)$.

11. (1) $\dfrac{1}{6}t^{3}$;　　　　　　　　　(2) $e^{t} - t - 1$;

(3) $\operatorname{sh}t - t$;　　　　　　　　(4) $\begin{cases} 0, & t < a, \\ f(t - a), & 0 \leqslant a \leqslant t. \end{cases}$

13. (1) $y(t) = \dfrac{1}{4}[(7 + 2t)e^{-t} - 3e^{-3t}]$;

(2) $y(t) = te^{t}\sin t$;

(3) $y(t) = -2\sin t - \cos 2t$;

(4) $y(t) = \dfrac{t}{2} - \dfrac{3}{2} - \dfrac{1}{4}e^{-2t} + e^{-t}$;

(5) $y(t) = 2te^{t-1}$;

(6) $y(t) = \sin t - \dfrac{10}{3}\sin 2t$;

(7) $\begin{cases} x(t) = \dfrac{t^{2}}{4} + \dfrac{t}{2} + a + \dfrac{1}{2} + \dfrac{1}{2}u(t - 1), \\ y(t) = -\dfrac{t^{2}}{4} + \dfrac{t}{2} + b + \dfrac{1}{2} - \dfrac{1}{2}u(t - 1); \end{cases}$

(8) $\begin{cases} x(t) = e^{t}, \\ y(t) = e^{t}. \end{cases}$

14. (1) $y(t) = \dfrac{\sin t}{t}$;　　　　　　(2) $y(t) = 5e^{-t}$.

15. (1) $y(t) = (1 - t)e^{-t}$;　　　　　(2) $y(t) = -3 + 5t - t^{2}$;

(3) $y(t) = \sqrt{6}\sin\sqrt{6}t$.

附　　录

附录 Ⅰ　傅里叶变换简表

$$F(\omega) = F[f(t)] = \int_{-\infty}^{+\infty} f(t)\mathrm{e}^{-\mathrm{j}\omega t}\,\mathrm{d}t$$

$$f(t) = F^{-1}[F(\omega)] = \frac{1}{2\pi}\int_{-\infty}^{+\infty} F(\omega)\mathrm{e}^{\mathrm{j}\omega t}\,\mathrm{d}\omega$$

附表 1　傅里叶变换简表

序号	像原函数 $f(t)$	像函数 $F(\omega)$
1	矩形单脉冲 $f(t) = \begin{cases} E, & \|t\| \leqslant \dfrac{\tau}{2}, \\ 0, & 其他 \end{cases}$	$2E\,\dfrac{\sin\dfrac{\omega\tau}{2}}{\omega}$
2	指数衰减函数 $f(t) = \begin{cases} 0, & t < 0, \\ \mathrm{e}^{-\beta t}, & t \geqslant 0, \end{cases}\;(\beta > 0)$	$\dfrac{1}{\beta + \mathrm{j}\omega}$
3	三角形脉冲 $f(t) = \begin{cases} \dfrac{2A}{\tau}\left(\dfrac{\tau}{2}+t\right), & -\dfrac{\tau}{2} \leqslant t < 0, \\ \dfrac{2A}{\tau}\left(\dfrac{\tau}{2}-t\right), & 0 \leqslant t < \dfrac{\tau}{2} \end{cases}$	$\dfrac{4A}{\tau\omega^2}\left(1 - \cos\dfrac{\omega\tau}{2}\right)$
4	钟形脉冲 $f(t) = A\mathrm{e}^{-\beta t^2}\quad(\beta > 0)$	$A\sqrt{\dfrac{\pi}{\beta}}\mathrm{e}^{-\frac{\omega^2}{4\beta}}$
5	Fourier 核 $f(t) = \dfrac{\sin\omega_0 t}{\pi t}$	$F(\omega) = \begin{cases} 1, & \|\omega\| \leqslant \omega_0, \\ 0, & 其他 \end{cases}$
6	Gauss 分布函数 $f(t) = \dfrac{1}{\sqrt{2\pi}\sigma}\mathrm{e}^{-\frac{t^2}{2\sigma^2}}$	$\mathrm{e}^{-\frac{\sigma^2\omega^2}{2}}$
7	矩形射频脉冲 $f(t) = \begin{cases} E\cos\omega_0 t, & \|t\| \leqslant \dfrac{\tau}{2}, \\ 0, & 其他 \end{cases}$	$\dfrac{E\tau}{2}\left[\dfrac{\sin(\omega-\omega_0)\dfrac{\tau}{2}}{(\omega-\omega_1)\dfrac{\tau}{2}} + \dfrac{\sin(\omega+\omega_0)\dfrac{\tau}{2}}{(\omega+\omega_0)\dfrac{\tau}{2}}\right]$

序号	像原函数 $f(t)$	像函数 $F(\omega)$
8	单位脉冲函数 $f(t) = \delta(t)$	1
9	周期性脉冲函数 $f(t) = \sum\limits_{n=-\infty}^{+\infty} \delta(t - nT)$ （T 为脉冲函数的周期）	$\dfrac{2\pi}{T} \sum\limits_{n=-\infty}^{+\infty} \delta\left(\omega - \dfrac{2n\pi}{T}\right)$
10	$f(t) = \cos\omega_0 t$	$\pi[\delta(\omega + \omega_0) + \delta(\omega - \omega_0)]$
11	$f(t) = \sin\omega_0 t$	$\mathrm{j}\pi[\delta(\omega + \omega_0) - \delta(\omega - \omega_0)]$
12	单位阶跃函数 $f(t) = u(t)$	$\dfrac{1}{\mathrm{j}\omega} + \pi\delta(\omega)$
13	$f(t) = u(t - t_0)$	$\dfrac{\mathrm{e}^{-\mathrm{j}\omega t_0}}{\mathrm{j}\omega} + \pi\delta(\omega)\mathrm{e}^{-\mathrm{j}\omega t_0}$ $= \dfrac{\mathrm{e}^{-\mathrm{j}\omega t_0}}{\mathrm{j}\omega} + \pi\delta(\omega)$
14	$f(t) = tu(t)$	$-\dfrac{1}{\omega^2} + \mathrm{j}\pi\delta'(\omega)$
15	$f(t) = t^n u(t)$	$\dfrac{n!}{(\mathrm{j}\omega)^{n+1}} + \mathrm{j}^n\pi\delta^{(n)}(\omega)$
16	$f(t) = u(t)\sin\omega_0 t$	$\dfrac{\omega_0}{\omega_0^2 - \omega^2} + \dfrac{\pi}{2\mathrm{j}}[\delta(\omega - \omega_0) - \delta(\omega + \omega_0)]$
17	$f(t) = u(t)\cos\omega_0 t$	$\dfrac{\mathrm{j}\omega}{\omega_0^2 - \omega^2} + \dfrac{\pi}{2}[\delta(\omega - \omega_0) + \delta(\omega + \omega_0)]$
18	$f(t) = u(t)\mathrm{e}^{\mathrm{j}\omega_0 t}$	$\dfrac{1}{\mathrm{j}(\omega - \omega_0)} + \pi\delta(\omega - \omega_0)$
19	$f(t) = u(t - t_0)\mathrm{e}^{\mathrm{j}\omega_0 t}$	$\dfrac{\mathrm{e}^{-\mathrm{j}(\omega - \omega_0)t_0}}{\mathrm{j}(\omega - \omega_0)} + \pi\delta(\omega - \omega_0)$
20	$f(t) = u(t)\mathrm{e}^{\mathrm{j}\omega_0 t}t^n$	$\dfrac{n!}{[\mathrm{j}(\omega - \omega_0)]^{n+1}} + \mathrm{j}^n\pi\delta^{(n)}(\omega - \omega_0)$
21	$f(t) = \mathrm{e}^{a|t|} \quad (\mathrm{Re}(a) < 0)$	$\dfrac{-2a}{\omega^2 + a^2}$
22	$f(t) = \delta(t - t_0)$	$\mathrm{e}^{-\mathrm{j}\omega t_0}$
23	$f(t) = \delta'(t)$	$\mathrm{j}\omega$
24	$f(t) = \delta^{(n)}(t)$	$(\mathrm{j}\omega)^n$
25	$f(t) = \delta^{(n)}(t - t_0)$	$(\mathrm{j}\omega)^n \mathrm{e}^{-\mathrm{j}\omega t_0}$
26	$f(t) = 1$	$2\pi\delta(\omega)$
27	$f(t) = t$	$2\pi\mathrm{j}\delta'(\omega)$
28	$f(t) = t^n$	$2\pi\mathrm{j}^n\delta^{(n)}(\omega)$

续表

序号	像原函数 $f(t)$	像函数 $F(\omega)$
29	$f(t) = e^{j\omega_0 t}$	$2\pi\delta(\omega - \omega_o)$
30	$f(t) = t^n e^{j\omega_0 t}$	$2\pi j^n \delta^{(n)}(\omega - \omega_0)$
31	$f(t) = \dfrac{1}{a^2 + t^2}$ $(\mathrm{Re}(a) < 0)$	$-\dfrac{\pi}{a} e^{a\lvert\omega\rvert}$
32	$f(t) = \dfrac{t}{(a^2 + t^2)^2}$ $(\mathrm{Re}(a) < 0)$	$\dfrac{j\omega\pi}{2a} e^{a\lvert\omega\rvert}$
33	$f(t) = \dfrac{e^{jbt}}{a^2 + t^2}$ $(\mathrm{Re}(a) < 0, b \in \mathbf{R})$	$-\dfrac{\pi}{a} e^{a\lvert\omega-b\rvert}$
34	$f(t) = \dfrac{\cos bt}{a^2 + t^2}$ $(\mathrm{Re}(a) < 0, b \in \mathbf{R})$	$-\dfrac{\pi}{2a}(e^{a\lvert\omega-b\rvert} + e^{a\lvert\omega+b\rvert})$
35	$f(t) = \dfrac{\sin bt}{a^2 + t^2}$ $(\mathrm{Re}(a) < 0, b \in \mathbf{R})$	$-\dfrac{\pi}{2aj}(e^{a\lvert\omega-b\rvert} - e^{a\lvert\omega+b\rvert})$
36	$f(t) = \dfrac{\mathrm{sh}\,at}{\mathrm{sh}\,\pi t}$ $(-\pi < a < \pi)$	$\dfrac{\sin a}{\mathrm{ch}\,\omega + \cos a}$
37	$f(t) = \dfrac{\mathrm{sh}\,at}{\mathrm{ch}\,\pi t}$ $(-\pi < a < \pi)$	$-2j\dfrac{\sin\dfrac{a}{2}\,\mathrm{sh}\dfrac{\omega}{2}}{\mathrm{ch}\,\omega + \cos a}$
38	$f(t) = \dfrac{\mathrm{ch}\,at}{\mathrm{ch}\,\pi t}$ $(-\pi < a < \pi)$	$2\dfrac{\cos\dfrac{a}{2}\,\mathrm{ch}\dfrac{\omega}{2}}{\mathrm{ch}\,\omega + \cos a}$
39	$f(t) = \dfrac{1}{\mathrm{ch}\,at}$	$\dfrac{\pi}{a}\dfrac{1}{\mathrm{ch}\dfrac{\pi\omega}{2a}}$
40	$f(t) = \sin at^2$	$\sqrt{\dfrac{\pi}{a}}\cos\left(\dfrac{\omega^2}{4a} + \dfrac{\pi}{4}\right)$
41	$f(t) = \cos at^2$	$\sqrt{\dfrac{\pi}{a}}\cos\left(\dfrac{\omega^2}{4a} - \dfrac{\pi}{4}\right)$
42	$f(t) = \dfrac{\sin at}{t}$	$\begin{cases} \pi, & \lvert\omega\rvert \leqslant a, \\ 0, & \lvert\omega\rvert > a \end{cases}$
43	$f(t) = \dfrac{\sin^2 at}{t^2}$	$\begin{cases} \pi\left(a - \dfrac{\lvert\omega\rvert}{2}\right), & \lvert\omega\rvert \leqslant 2a, \\ 0, & \lvert\omega\rvert > 2a \end{cases}$
44	$f(t) = \dfrac{\sin at}{\sqrt{\lvert t\rvert}}$	$j\sqrt{\dfrac{\pi}{2}}\left(\dfrac{1}{\sqrt{\lvert\omega+a\rvert}} - \dfrac{1}{\sqrt{\lvert\omega-a\rvert}}\right)$
45	$f(t) = \dfrac{\cos at}{\sqrt{\lvert t\rvert}}$	$\sqrt{\dfrac{\pi}{2}}\left(\dfrac{1}{\sqrt{\lvert\omega+a\rvert}} + \dfrac{1}{\sqrt{\lvert\omega-a\rvert}}\right)$
46	$f(t) = \dfrac{1}{\sqrt{\lvert t\rvert}}$	$\sqrt{\dfrac{2\pi}{\lvert\omega\rvert}}$
47	$f(t) = \mathrm{sgn}\,t$	$\dfrac{2}{j\omega}$
48	$f(t) = e^{-at^2}$ $(\mathrm{Re}(a) > 0)$	$\sqrt{\dfrac{\pi}{2}} e^{-\frac{\omega^2}{4a}}$
49	$f(t) = \lvert t\rvert$	$-\dfrac{2}{\omega^2}$
50	$f(t) = \dfrac{1}{\lvert t\rvert}$	$\dfrac{\sqrt{2\pi}}{\lvert\omega\rvert}$

附录 Ⅱ　　拉普拉斯变换简表

$$F(s) = L[f(t)] = \int_0^{+\infty} f(t)\mathrm{e}^{-st}\,\mathrm{d}t$$

$$f(t) = L^{-1}[F(s)] = \frac{1}{2\pi\mathrm{j}} \int_{\beta-\mathrm{j}\infty}^{\beta+\mathrm{j}\infty} F(s)\mathrm{e}^{st}\,\mathrm{d}s \quad (t > 0)$$

附表 2　　拉普拉斯变换简表

序号	$f(t)$	$F(s)$
1	1	$\dfrac{1}{s}$
2	e^{at}	$\dfrac{1}{s-a}$
3	$t^m \quad (m > -1)$	$\dfrac{\Gamma(m+1)}{s^{m+1}}$
4	$t^m \mathrm{e}^{at} \quad (m > -1)$	$\dfrac{\Gamma(m+1)}{(s-a)^{m+1}}$
5	$\sin at$	$\dfrac{a}{s^2+a^2}$
6	$\cos at$	$\dfrac{s}{s^2+a^2}$
7	$\mathrm{sh}\,at$	$\dfrac{a}{s^2-a^2}$
8	$\mathrm{ch}\,at$	$\dfrac{s}{s^2-a^2}$
9	$t\sin at$	$\dfrac{2as}{(s^2+a^2)^2}$
10	$t\cos at$	$\dfrac{s^2-a^2}{(s^2+a^2)^2}$
11	$t\,\mathrm{sh}\,at$	$\dfrac{2as}{(s^2-a^2)^2}$
12	$t\,\mathrm{ch}\,at$	$\dfrac{s^2+a^2}{(s^2-a^2)^2}$
13	$t^m \sin at \quad (m > -1)$	$\dfrac{\Gamma(m+1)}{2\mathrm{j}\,(s^2+a^2)^{m+1}} \cdot [(s+\mathrm{j}a)^{m+1} - (s-\mathrm{j}a)^{m+1}]$
14	$t^m \cos at \quad (m > -1)$	$\dfrac{\Gamma(m+1)}{2\,(s^2+a^2)^{m+1}} \cdot [(s+\mathrm{j}a)^{m+1} + (s-\mathrm{j}a)^{m+1}]$
15	$\mathrm{e}^{-bt}\sin at$	$\dfrac{a}{(s+b)^2+a^2}$

序号	$f(t)$	$F(s)$
16	$\mathrm{e}^{-bt}\cos at$	$\dfrac{s+b}{(s+b)^2+a^2}$
17	$\mathrm{e}^{-bt}\sin(at+c)$	$\dfrac{(s+b)\sin c+a\cos c}{(s+b)^2+a^2}$
18	$\sin^2 t$	$\dfrac{1}{2}\left(\dfrac{1}{s}-\dfrac{s}{s^2+4}\right)$
19	$\cos^2 t$	$\dfrac{1}{2}\left(\dfrac{1}{s}+\dfrac{s}{s^2+4}\right)$
20	$\sin at\sin bt$	$\dfrac{2abs}{[s^2+(a+b)^2][s^2+(a-b)^2]}$
21	$\mathrm{e}^{at}-\mathrm{e}^{bt}$	$\dfrac{a-b}{(s-a)(s-b)}$
22	$a\mathrm{e}^{at}-b\mathrm{e}^{bt}$	$\dfrac{(a-b)s}{(s-a)(s-b)}$
23	$\dfrac{1}{a}\mathrm{e}^{at}-\dfrac{1}{b}\mathrm{e}^{bt}$	$\dfrac{b^2-a^2}{(s^2+a^2)(s^2+b^2)}$
24	$\cos at-\cos bt$	$\dfrac{(b^2-a^2)s}{(s^2+a^2)(s^2+b^2)}$
25	$\dfrac{1-\cos at}{a^2}$	$\dfrac{1}{s(s^2+a^2)}$
26	$\dfrac{at-\sin at}{a^3}$	$\dfrac{1}{s^2(s^2+a^2)}$
27	$\dfrac{\cos at-1}{a^4}+\dfrac{t^2}{2a^2}$	$\dfrac{1}{s^3(s^2+a^2)}$
28	$\dfrac{\cosh at-1}{a^4}-\dfrac{t^2}{2a^2}$	$\dfrac{1}{s^3(s^2-a^2)}$
29	$\dfrac{\sin at-at\cos at}{2a^3}$	$\dfrac{1}{(s^2+a^2)^2}$
30	$\dfrac{\sin at+at\cos at}{2a}$	$\dfrac{s^2}{(s^2+a^2)^2}$
31	$\dfrac{1-\cos at}{a^4}-\dfrac{t\sin at}{2a^3}$	$\dfrac{1}{s(s^2+a^2)^2}$
32	$(1-at)\mathrm{e}^{-at}$	$\dfrac{s}{(s+a)^2}$
33	$t(1-\dfrac{a}{2}t)\mathrm{e}^{-at}$	$\dfrac{s}{(s+a)^3}$
34	$\dfrac{1-\mathrm{e}^{-at}}{a}$	$\dfrac{1}{s(s+a)}$
35	$\dfrac{1}{ab}+\dfrac{1}{b-a}\left(\dfrac{\mathrm{e}^{-bt}}{b}-\dfrac{\mathrm{e}^{-at}}{a}\right)$	$\dfrac{1}{s(s+a)(s+b)}$

序号	$f(t)$	$F(s)$
36[①]	$\dfrac{\mathrm{e}^{-at}}{(b-a)(c-a)}+\dfrac{\mathrm{e}^{-bt}}{(a-b)(c-b)}+\dfrac{\mathrm{e}^{-ct}}{(a-c)(b-c)}$	$\dfrac{1}{(s+a)(s+b)(s+c)}$
37[①]	$\dfrac{a\mathrm{e}^{-at}}{(c-a)(a-b)}+\dfrac{b\mathrm{e}^{-bt}}{(a-b)(b-c)}+\dfrac{c\mathrm{e}^{-ct}}{(b-c)(c-a)}$	$\dfrac{s}{(s+a)(s+b)(s+c)}$
38[①]	$\dfrac{a^{2}\mathrm{e}^{-at}}{(c-a)(b-a)}+\dfrac{b^{2}\mathrm{e}^{-bt}}{(a-b)(c-b)}+\dfrac{c^{2}\mathrm{e}^{-ct}}{(b-c)(a-c)}$	$\dfrac{s^{2}}{(s+a)(s+b)(s+c)}$
39[①]	$\dfrac{\mathrm{e}^{-at}-\mathrm{e}^{-bt}\left[1-(a-b)t\right]}{(a-b)^{2}}$	$\dfrac{1}{(s+a)(s+b)^{2}}$
40[①]	$\dfrac{\left[a-b(a-b)t\right]\mathrm{e}^{-bt}-a\mathrm{e}^{-at}}{(a-b)^{2}}$	$\dfrac{s}{(s+a)(s+b)^{2}}$
41	$\mathrm{e}^{-at}-\mathrm{e}^{\frac{at}{2}}\left(\cos\dfrac{\sqrt{3}at}{2}-\sqrt{3}\sin\dfrac{\sqrt{3}at}{2}\right)$	$\dfrac{3a^{2}}{s^{3}+a^{3}}$
42	$\sin at\,\mathrm{ch}at-\cos at\,\mathrm{sh}at$	$\dfrac{4a^{3}}{s^{4}+4a^{4}}$
43	$\dfrac{\sin at\,\mathrm{sh}at}{2a^{2}}$	$\dfrac{s}{s^{4}+4a^{4}}$
44	$\dfrac{\mathrm{sh}at-\sin at}{2a^{3}}$	$\dfrac{1}{s^{4}-a^{4}}$
45	$\dfrac{\mathrm{ch}at-\cos at}{2a^{2}}$	$\dfrac{s}{s^{4}-a^{4}}$
46	$\dfrac{1}{\sqrt{\pi t}}$	$\dfrac{1}{\sqrt{s}}$
47	$2\sqrt{\dfrac{t}{\pi}}$	$\dfrac{1}{s\sqrt{s}}$
48	$\dfrac{1}{\sqrt{\pi t}}\mathrm{e}^{at}(1+2at)$	$\dfrac{s}{(s-a)\sqrt{s-a}}$
49	$\dfrac{1}{2\sqrt{\pi t^{3}}}(\mathrm{e}^{bt}-\mathrm{e}^{at})$	$\sqrt{s-a}-\sqrt{s-b}$
50	$\dfrac{1}{\sqrt{\pi t}}\cos2\sqrt{at}$	$\dfrac{1}{\sqrt{s}}\mathrm{e}^{-\frac{a}{s}}$
51	$\dfrac{1}{\sqrt{\pi t}}\mathrm{ch}2\sqrt{at}$	$\dfrac{1}{\sqrt{s}}\mathrm{e}^{\frac{a}{s}}$
52	$\dfrac{1}{\sqrt{\pi t}}\sin2\sqrt{at}$	$\dfrac{1}{s\sqrt{s}}\mathrm{e}^{-\frac{a}{s}}$
53	$\dfrac{1}{\sqrt{\pi t}}\mathrm{sh}2\sqrt{at}$	$\dfrac{1}{s\sqrt{s}}\mathrm{e}^{\frac{a}{s}}$
54	$\dfrac{\mathrm{e}^{bt}-\mathrm{e}^{at}}{t}$	$\ln\dfrac{s-a}{s-b}$

序号	$f(t)$	$F(s)$
55	$\dfrac{2\operatorname{sh}at}{t}$	$\ln\dfrac{s+a}{s-a}=2\operatorname{Arth}\dfrac{a}{s}$
56	$\dfrac{2(1-\cos at)}{t}$	$\ln\dfrac{s^2+a^2}{s^2}$
57	$\dfrac{2(1-\operatorname{ch}at)}{t}$	$\ln\dfrac{s^2-a^2}{s^2}$
58	$\dfrac{\sin at}{t}$	$\arctan\dfrac{a}{s}$
59	$\dfrac{\operatorname{ch}at-\cos bt}{t}$	$\ln\sqrt{\dfrac{s^2+b^2}{s^2-a^2}}$
60[②]	$\dfrac{1}{\pi t}\sin(2a\sqrt{t})$	$\operatorname{erf}\left(\dfrac{a}{\sqrt{s}}\right)$
61[②]	$\dfrac{1}{\sqrt{\pi t}}\mathrm{e}^{-2a\sqrt{t}}$	$\dfrac{1}{\sqrt{s}}\mathrm{e}^{\frac{a^2}{s}}\operatorname{erfc}\left(\dfrac{a}{\sqrt{s}}\right)$
62	$\operatorname{erfc}\left(\dfrac{a}{2\sqrt{t}}\right)$	$\dfrac{1}{s}\mathrm{e}^{-a\sqrt{s}}$
63	$\operatorname{erf}\left(\dfrac{t}{2a}\right)$	$\dfrac{1}{s}\mathrm{e}^{a^2 s^2}\operatorname{erfc}(as)$
64	$\dfrac{1}{\sqrt{\pi t}}\mathrm{e}^{-2\sqrt{at}}$	$\dfrac{1}{\sqrt{s}}\mathrm{e}^{\frac{a}{s}}\operatorname{erfc}\left(\sqrt{\dfrac{a}{s}}\right)$
65	$\dfrac{1}{\sqrt{\pi(t+a)}}$	$\dfrac{1}{\sqrt{s}}\mathrm{e}^{as}\operatorname{erfc}(\sqrt{as})$
66	$\dfrac{1}{\sqrt{a}}\operatorname{erf}(\sqrt{at})$	$\dfrac{1}{s\sqrt{s+a}}$
67	$\dfrac{1}{\sqrt{a}}\mathrm{e}^{at}\operatorname{erf}(\sqrt{at})$	$\dfrac{1}{\sqrt{s}(s-a)}$
68	$u(t)$	$\dfrac{1}{s}$
69	$tu(t)$	$\dfrac{1}{s^2}$
70	$t^m u(t)\quad(m>-1)$	$\dfrac{\Gamma(m+1)}{s^{m+1}}$
71	$\delta(t)$	1
72	$\delta^{(n)}(t)$	s^n
73	$\operatorname{sgn}t$	$\dfrac{1}{s}$

序号	$f(t)$	$F(s)$
74[③]	$J_0(at)$	$\dfrac{1}{\sqrt{s^2+a^2}}$
75[③]	$I_0(at)$	$\dfrac{1}{\sqrt{s^2-a^2}}$
76	$J_0(2\sqrt{at})$	$\dfrac{1}{s}e^{-\frac{a}{s}}$
77	$e^{-bt}I_0(at)$	$\dfrac{1}{\sqrt{(s+b)^2-a^2}}$
78	$tJ_0(at)$	$\dfrac{s}{(s^2+a^2)^{\frac{3}{2}}}$
79	$tI_0(at)$	$\dfrac{s}{(s^2-a^2)^{\frac{3}{2}}}$
80	$J_0[a\sqrt{t(t+2b)}]$	$\dfrac{1}{\sqrt{s^2+a^2}}e^{b(s-\sqrt{s^2+a^2})}$
81	$\dfrac{1}{at}J_1(at)$	$\dfrac{1}{s+\sqrt{s^2+a^2}}$
82	$J_1(at)$	$\dfrac{1}{a}\left(1-\dfrac{s}{\sqrt{s^2+a^2}}\right)$
83	$J_n(t)$	$\dfrac{1}{\sqrt{s^2+1}}(\sqrt{s^2+1}-s)^n$
84	$t^{\frac{n}{2}}J_n(2\sqrt{t})$	$\dfrac{1}{s^{n+1}}e^{-\frac{1}{s}}$
85	$\dfrac{J_n(at)}{t}$	$\dfrac{1}{na^n}(\sqrt{s^2+a^2}-s)^n$
86	$\displaystyle\int_t^\infty \dfrac{J_0(t)}{t}dt$	$\dfrac{1}{s}\ln(s+\sqrt{s^2+1})$
87[④]	$\text{si}t$	$\dfrac{\text{arccot}s}{s}$
88[⑤]	$\text{ci}t$	$\dfrac{1}{s}\ln\dfrac{1}{\sqrt{s^2+1}}$

① 式中 a,b,c 为不相等的常数.

② $\text{erf}(x)=\dfrac{2}{\sqrt{\pi}}\displaystyle\int_0^x e^{-t^2}dt$,称为误差函数.

　　$\text{erfc}(x)=1-\text{erf}(x)=\dfrac{2}{\sqrt{\pi}}\displaystyle\int_x^{+\infty}e^{-t^2}dt$,称为余误差函数.

③ $J_n(x)=\displaystyle\sum_{k=0}^{+\infty}\dfrac{(-1)^k}{k!\Gamma(n+k+1)}\left(\dfrac{x}{2}\right)^{n+2k}$,$I_n(x)=j^{-n}J_n(jx)$,$J_n$ 为第一类 n 阶贝塞尔函数. I_n 称为第一类 n 阶变形的贝塞尔函数,或称为虚宗量的贝塞尔函数.

④ $\text{si}t=\displaystyle\int_0^t \dfrac{\sin t}{t}dt$ 称为正弦积分.

⑤ $\text{ci}t=\displaystyle\int_{-\infty}^t \dfrac{\cos t}{t}dt$ 称为余弦积分.

参 考 文 献

[1] 西安交通大学高等数学教研室.复变函数[M].4 版.北京:高等教育出版社,1996.

[2] 华中科技大学数学系.复变函数与积分变换[M].3 版.北京:高等教育出版社,2008.

[3] 钟玉泉.复变函数论[M].4 版.北京:高等教育出版社,2013.

[4] 余家荣.复变函数[M].5 版.北京:高等教育出版社,2014.

[5] 张元林.工程数学:积分变换[M].4 版.北京:高等教育出版社,2003.

[6] 包革军,邢宇明,盖云英.复变函数与积分变换[M].3 版.北京:科学出版社,2013.

[7] 薛有才,卢柏龙.复变函数与积分变换[M].2 版.北京:机械工业出版社,2014.

[8] 郑唯唯.复变函数与积分变换[M].西安:西北工业大学出版社,2011.

[9] 刘建亚,吴臻.复变函数与积分变换[M].2 版.北京:高等教育出版社,2011.

[10] 杜洪艳,尤正书,侯秀梅.复变函数与积分变换[M].北京:机械工业出版社,2014.

[11] Marsden J E, Hoffman M J. Basic complex analysis[M]. 3rd ed. San Francisco: W. H. Freeman and Company,1973.

[12] 马库雪维奇 A N.解析函数论简明教程[M].阎昌龄,吴望一,译.3 版.北京:高等教育出版社,1992.